绿色大学校园

◉ 王崇杰　薛一冰　何文晶　等著

中国建筑工业出版社

图书在版编目（CIP）数据

绿色大学校园 / 王崇杰，薛一冰，何文晶等著. —北京：中国建筑工业出版社，2012.1
ISBN 978-7-112-13675-9

Ⅰ. ①绿… Ⅱ. ①王…②薛…③何… Ⅲ. ①高等学校－校园规划②高等学校－教育建筑－节能③高等学校－教育建筑－无染污技术 Ⅳ. ①TU244.3②G647

中国版本图书馆CIP数据核字（2011）第208000号

责任编辑：于　莉
责任设计：陈　旭
责任校对：肖　剑　王雪竹

绿色大学校园

王崇杰　薛一冰　何文晶　等著

*

中国建筑工业出版社出版、发行（北京西郊百万庄）
各地新华书店、建筑书店经销
北京京点设计公司制版
北京中科印刷有限公司印刷

*

开本：787×1092毫米　1/16　印张：18¾　字数：465千字
2012年1月第一版　2012年1月第一次印刷
定价：**99.00元**
ISBN 978-7-112-13675-9
（21437）

版权所有　翻印必究
如有印装质量问题，可寄本社退换
（邮政编码　100037）

内容提要

本书从绿色大学校园的规划体系、建筑设计体系、节水与水资源利用、节材与材料资源利用、建筑的室内环境质量、运营管理体系等方面，详细阐述了绿色大学校园各项技术的基本原理、设计方法、系统特性、经济技术评价等内容，提出了绿色大学校园的构建模式，全方位多角度展现了学校在深化"绿色大学"理念方面所进行的探索，以及在研发绿色科技、致力节能减排、建设绿色校园、营造良好环境等方面进行的实践，具有较高的学术研究参考价值。

本书可作为大专院校相关专业师生、研究人员的参考资料，也可为设计者、建造者、投资方及业主等提供有关绿色建筑技术方面的参考。

编委会

名誉主任：綦敦祥　邢世满

顾　　问：韩福元　田嘉玮　徐传贤　李士元

主　　任：薛允洲　王崇杰

副 主 任：张书明

委　　员：（按姓氏笔画为序）

于军亭　王　青　王中枢　王念文

牛　犇　刘奉国　齐保良　李端杰

李孟忠　吴　勇　陈　煜　罗佳君

岳　勇　周纪元　赵学义　赵福顺

徐　建　徐广利　唐建民　崔东旭

崔兆吉　董丛银

前 言

近年来，我国的改革开放和现代化建设取得了举世瞩目的成就，但也付出了较大的能源资源和生态环境代价。党和政府高度重视经济社会的可持续发展，国家"十一五"发展规划纲要和党的十七大报告特别强调要在科学发展观的指导下，转变经济发展方式，加快建设资源节约型、环境友好型社会。建设绿色大学校园，是构建资源节约型、环境友好型社会的重要举措之一。所谓绿色大学校园建设，就是将可持续发展理念和环境保护的原则落实到大学的各项活动中，融入到大学建设的全过程，用"绿色教育"思想培养人，用"绿色科技"意识开展科学研究和推进环保产业，用"绿色校园"示范工程熏陶人。以绿色大学校园建设为载体，开发应用节能环保技术，势必会为资源节约型、环境友好型社会建设夯实基础，必将对转变经济发展方式产生积极的影响。高校要从全面落实科学发展观的战略高度，充分认识建设绿色大学校园的重要性和紧迫性，坚持用绿色理念引领校园基础设施建设和科学研究方向，为经济社会又好又快的发展作出应有的贡献。

在20世纪末，我国高等教育实现了从精英教育向大众化教育的历史性跨越，1998年高等教育毛入学率仅为9.8%，2009年增长到24%，高等教育总规模位居世界第一。在高等教育大发展、大跨越的历史时期，山东建筑大学作为山东省建设行业重要的教育科研基地，抓住机遇，乘势而上，加快发展，办学规模稳步扩大，综合实力明显增强，由一所单一工科类院校逐步发展成为以土木建筑类学科为特色，工、理、管、文、法、农多学科协调发展的综合性大学。为了适应高等教育大众化及学校规模与内涵发展的需要，学校在驻济高校中率先启动新校区建设。新校址规划用地133hm^2，东距济南绕城高速2km，西邻高新技术开发区，南靠经十东路，北接世纪大道，交通便利，位置优越，地形地貌、气象条件、水文地质和工程地质条件及供电、给水排水等都适合建设新校区。2002年9月，新校区建设正式启动。2004年9月，建筑面积近40万m^{2}的一期、二期工程竣工并投入使用，2.2万名学生顺利入住，新校区似一颗璀璨的明珠矗立在济南市最具发展活力的东部新城。

绿色大学校园 | 前 言

学校在新校区建设过程中，围绕绿色大学校园建设主题，依据因地制宜的原则，充分保护和利用原有地形地貌，统筹考虑建筑生命周期内节能、节地、节水、节材、保护环境和建筑功能的辩证关系，以节约使用资源和提高资源利用效率为核心，积极探索绿色大学校园建设的新思路、新举措。在新校区规划和设计的指导思想上，学校坚持"高起点、高水平、高质量"，对规划设计方案反复进行论证，按照"一次规划，分期建设"的原则，规划建设各种校舍面积60万 m^2，能满足2.5万名学生学习生活的需要。新校区的规划设计，根据一山一谷的自然地形，以雪山为景观背景和视线焦点，以自然谷地为基础加以改造，利用自然环境构筑出风格各异的景观。各处景观由一条生态廊道有机相连，并通过连接日泉广场、月泉广场、星泉广场三个主题式的开放景观节点，与音乐化的多层次园林空间，形成山水一体、生态原真、以人为本、高效实用、景色秀丽、格调高雅的新型大学校园，宛如一幅徐徐展开的山水画长卷。

在新校区建设过程中，学校高度重视可再生能源利用和建筑节能工作，充分发挥学科专业优势，积极开展节能设施建设和节能改造，通过中水回用、供暖节能、实施绿色照明、推广太阳能技术等途径，在节能减排方面取得了显著成效。学校与加拿大可持续发展中心合作，建成国内第一座太阳能综合利用学生公寓，整个工程综合运用了太阳能热水、太阳能新风、光伏发电及地源热泵等多项新能源技术。学校建立完善了节能监测平台，把供水、供电、供热、中水管道等全部纳入平台，实现了对各区域能耗的实时监控和综合分析，成功列入全国首批"高校节约型校园建筑节能监管平台示范建设"试点高校，被评为"全国高校节水工作先进单位"、"全国高校节能工作先进单位"。

本书以开阔的视野和翔实的数据，对山东建筑大学新校区的建设实践进行了总结分析，从绿色大学校园的规划体系、建筑设计体系、节水与水资源利用、节材与材料资源利用、建筑的室内环境质量、运营管理体系等方面，详细阐述了绿色大学校园各项技术的基本原理、设计方法、系统特性、经济技术评价等内容，提出了绿色大学校园的构建模式，全方位多角度展现了学校在深化"绿色大学"理念方面所进行的探索，以及在研发绿色科技、致力节能减排方面所做的工作，建设绿色校园、营造良好环境等方面进行的实践，具有较高的学术研究参考价值。本书可作为大专院校相关专业师生、研究人员的参考资料，也可为设计者、建造者、投资方及业主等提供有关绿色建筑技术方面的参考。

本书由王崇杰、薛一冰、何文晶等著,各章节的执笔者依次为:
第1章 王崇杰 李明亮 杨 爽 杨倩苗
第2章 王崇杰 张 蓓 杨倩苗 赵学义
第3章 薛一冰 张亚楠 杨倩苗 赵学义
第4章 韩庆祥 何文晶 管振忠
第5章 薛一冰 何文晶 王新彬 郑 瑾
第6章 何文晶 陈佳敏 张 玲
第7章 齐保良 何文晶
第8章 齐保良 管振忠
第9章 岳 勇 杨秀艳 董丛银
第10章 赵秀珍 王秋霞
第11章 王 旭 王晓光 康玉东 刘青峰
第12章 房 涛 李海波 荆惠林

目 录

第1章 绪 论

1.1 绿色大学校园理论的提出 1
1.2 国外绿色大学研究现状 2
    1.2.1 英国诺丁汉大学朱比丽校区 4
    1.2.2 美国科罗拉多大学波德校区 5
1.3 我国绿色大学校园的现状、发展和展望 6
    1.3.1 汕头大学 7
    1.3.2 同济大学 9
    1.3.3 山东建筑大学 11
1.4 建设绿色大学校园的指导思想 12
    1.4.1 学校与区域的可持续发展 12
    1.4.2 学校与资源的可持续发展 13
    1.4.3 学校文化的可持续发展 13

第2章 绿色大学校园规划策略

2.1 项目概况 14
2.2 建设基地概况 14
    2.2.1 地貌特征 14
    2.2.2 气候条件 14
2.3 规划理念 15
2.4 投标方案 15
    2.4.1 甲方案 15
    2.4.2 乙方案 16

2.5 绿色大学校园规划设计策略 16
　2.5.1 因地制宜的校园规划体系 17
　2.5.2 尊重原有地形地貌下的生态廊道建设 20
　2.5.3 有效利用冲沟，提高土地使用率 23
　2.5.4 场地环境设计 24
　2.5.5 原有建筑的改造利用 24

第3章　绿色大学校园设计策略

3.1 山东建筑大学建筑设计指导思想 26
3.2 建筑设计策略 27
　3.2.1 建筑体形设计 27
　3.2.2 建筑结构体系 32
　3.2.3 建筑围护结构 34
3.3 绿色建筑技术及措施的设计应用 38
　3.3.1 教学楼、办公楼利用半地下空间天然采光设计 38
　3.3.2 图书馆绿色中庭、热缓冲边庭设计 38
　3.3.3 办公楼防晒墙设计 39
　3.3.4 逸夫馆通风隔声窗设计 40
　3.3.5 学生浴室中太阳能热水系统设计 41
　3.3.6 学生公寓中建筑技术的综合应用 42

第4章　绿色大学园区水资源优化设计

4.1 山东建筑大学水资源梯级利用的优化设计 48
　4.1.1 山东建筑大学园区水资源优化配置 48
　4.1.2 山东建筑大学园区水资源综合利用策略 49
4.2 山东建筑大学园区中水设计策略 50
　4.2.1 中水回用的含义及常用术语 50

4.2.2　中水回用水质要求 51
　　　4.2.3　中水处理工艺和设备 54
　　　4.2.4　大学园区中水回用的特点 54
　　　4.2.5　大学园区中水来源及其选择 56
　　　4.2.6　山东建筑大学中水工程 57
　4.3　污水的收集与处理 74
　　　4.3.1　大学园区排水系统的特点 74
　　　4.3.2　生活污水的特征和主要污染指标 74
　　　4.3.3　常用污水处理技术 78
　4.4　山东建筑大学园区雨水的收集与处理 78
　　　4.4.1　雨水资源的水质特点 79
　　　4.4.2　雨水水质的控制 79
　　　4.4.3　雨水径流渗透技术 82
　4.5　节水器具、装置的应用 87

第5章　绿色大学校园太阳能综合利用技术

　5.1　太阳能热水技术 88
　　　5.1.1　太阳能热水技术概述 88
　　　5.1.2　太阳能热水系统的特点、组成与分类 89
　　　5.1.3　太阳能热水技术在学生公寓中的应用 90
　　　5.1.4　太阳能热水技术在学生浴室中的应用 97
　5.2　太阳能采暖技术 100
　　　5.2.1　太阳能采暖技术概述 100
　　　5.2.2　被动式太阳能采暖 100
　　　5.2.3　太阳墙采暖新风技术 102
　5.3　太阳能通风技术 111
　　　5.3.1　建筑通风技术概述 111
　　　5.3.2　建筑通风技术分类 112

5.3.3 太阳能通风技术在绿色大学校园中的应用 114
5.4 太阳能光伏发电技术 120
5.4.1 太阳能光伏发电技术概述 120
5.4.2 高效精确追踪式太阳能光伏发电 120
5.4.3 校园太阳能路灯照明系统 121

第6章 绿色大学校园绿化特色

6.1 造园意匠 123
6.1.1 自然概况 123
6.1.2 指导思想 123
6.1.3 造园原则 125
6.1.4 设计构思 128
6.2 绿化特色 129
6.2.1 教学办公区绿化特色 129
6.2.2 生活区绿化特色 130
6.2.3 体育运动区绿化特色 131
6.2.4 公共区绿化特色 131
6.3 植物配置 139
6.3.1 校园绿化植物配置的原则 139
6.3.2 加强高校绿化植物配置的意义 140
6.3.3 校园各功能区绿化植物配置方法 140
6.3.4 山东建筑大学概况和绿化现状及分析 141
6.4 校园造景 146
6.4.1 校园绿化中植物造景的概念及意义 146
6.4.2 校园植物造景设计原则 146
6.4.3 校园植物造景的基本要求 147
6.4.4 山东建筑大学各功能区植物造景方法 148

6.5 绿化带来的生态效益 154
　6.5.1 涵养水源，缓解校园缺水 154
　6.5.2 防灾减灾，保障校园健康发展 154
　6.5.3 营造环境，改善校园微气候 154
　6.5.4 丰富景观，营造校园绿色环境 155

第7章　绿色大学校园信息化系统

7.1 校园信息化的主要内容和基本需求 156
　7.1.1 校园信息化系统建设依据的现行国家规范 156
　7.1.2 校园信息化基本需求 156
7.2 校园网络系统 157
　7.2.1 校园网建设 157
　7.2.2 千兆位快速以太网 158
　7.2.3 山东建筑大学校园网络拓扑结构 158
　7.2.4 主要网络设备的选型 159
　7.2.5 宽带无线网络 162
　7.2.6 校园网集成应用系统 163
　7.2.7 网络安全系统设计 164
　7.2.8 网络维护管理 166
7.3 通信系统 167
　7.3.1 通信系统设计 167
　7.3.2 跨校区话音虚拟专网（VPN）的构建 168
　7.3.3 主要设备选型 168
7.4 校园一卡通系统 170
　7.4.1 校园一卡通系统构成 171
　7.4.2 系统主要特点 171
　7.4.3 系统主要功能 174

第 8 章 绿色大学校园安全技术防范系统设计

8.1 校园安全技术防范系统的内容及要求 191
8.2 视频安防监控与入侵报警系统 192
    8.2.1 视频安防监控与入侵报警系统概述 192
    8.2.2 视频安防监控与入侵报警系统构成 192
    8.2.3 安防系统主要设备选型 194
8.3 火灾自动报警系统 197
    8.3.1 火灾探测器的选择与设置 197
    8.3.2 火灾自动报警系统方案 198
    8.3.3 信号传输、供电电缆与接地 198
    8.3.4 火灾自动报警系统的主要设备与系统总体功能 198

第 9 章 绿色大学校园施工

9.1 绿色施工的内容及原则 204
    9.1.1 绿色施工的内容 204
    9.1.2 绿色施工的原则 205
9.2 绿色校园施工的主要做法 207
    9.2.1 施工现场具体措施 207
    9.2.2 绿色施工的管理与验收 217
9.3 综合效益分析 220

第 10 章 绿色大学校园节能监控设计

10.1 智能照明控制 221
    10.1.1 校园智能照明系统控制原理 221
    10.1.2 智能照明控制系统的优越性 226

10.1.3 智能照明控制系统的特点 ... 227
  10.1.4 校园智能照明控制系统的设计应用方案 ... 228
  10.1.5 基于 ZigBee 无线网络技术的路灯控制系统 ... 232
10.2 节水控制 ... 236
  10.2.1 节水控制的原理 ... 236
  10.2.2 节水控制的优势 ... 236
  10.2.3 社会和经济效益 ... 237
10.3 制冷与采暖智能控制 ... 237
  10.3.1 制冷智能控制 ... 237
  10.3.2 采暖智能控制 ... 238
10.4 分散设施远程监管系统 ... 239
  10.4.1 分散设施远程监管系统的原理 ... 240
  10.4.2 分散设施远程监管系统的功能特点 ... 241
  10.4.3 分散设施远程监管系统的效益分析 ... 241

第 11 章 绿色大学校园的运行管理体系

11.1 监管体系 ... 243
  11.1.1 组织建设 ... 243
  11.1.2 制度建设 ... 243
11.2 运行维护 ... 247
  11.2.1 设备维护系统 ... 247
  11.2.2 各类建筑运行系统 ... 252
  11.2.3 废弃物管理与处置系统 ... 255
11.3 宣传教育 ... 257
  11.3.1 课程与讲座 ... 257
  11.3.2 科研与实践 ... 257
  11.3.3 宣传与普及 ... 258

第 12 章 绿色大学校园综合评价体系

12.1 绿色大学评价体系简介 260
12.1.1 生态足迹成分法评价体系 260
12.1.2 "绿色度"评价指标体系 260
12.2 分值星级评价体系建立的意义与启示 262
12.2.1 节地与室外环境 262
12.2.2 大学校园节能与能源利用策略 265
12.2.3 大学校园节水与水资源利用策略 267
12.2.4 大学校园节材与材料资源利用策略 268
12.2.5 大学校园室内环境质量保障策略 269
12.2.6 大学校园的运行与管理策略 271
12.3 山东建筑大学绿色校园的绿色综合评价 272
12.3.1 山东建筑大学绿色校园评价体系的选用 272
12.3.2 评价打分标准及格式 272
12.3.3 评价办法说明 275
12.3.4 评价标准设定 279
12.3.5 山东建筑大学绿色校园评价总分 279

参考文献 282

第1章 绪 论

由于世界环境的持续恶化，人与自然的平衡关系遭到破坏，所以可持续发展观与环境保护理念越来越为世界各国人民普遍接受。随着生态文明与生态道德具有的普世价值被逐渐认识并被正式纳入道德与文明体系，绿色大学的创建设想因此而问世。绿色大学的核心，是以大学为平台，为大学校园塑造生态文明的美好环境，为广大师生创造舒适、环保的学习和生活环境，为大学精神融入生态文明的价值观念。绿色大学校园为新世纪大学发展与新型人才培养开拓了崭新之路，为社会弘扬生态文明、促进生态平衡，找到了最为恰当的知识、技术示范与传播的平台。

1.1 绿色大学校园理论的提出

生态文明是人类对工业文明理性反思的产物，是物质文明与精神文明的共同进步在生态层次上的统一，是人类在遭受自然无情报复之后深刻反思得出的全新文明思想，是自然界受到充分尊重的文明。进入21世纪就进入了生态化时代，进入了可持续发展时代。从1987年联合国发表《我们共同的地球》正式提出"可持续发展"的思想，到1992年里约热内卢世界"环境与发展"大会，可持续发展思想逐渐得到不同经济发展水平与文化背景国家的共识与普遍认同，而教育对可持续发展的重要性也因此得到充分肯定。鉴于人类对环境问题的认识不断深入，环境教育所涵盖的内容不断拓宽，世界环境教育进入一个新的高潮。在此背景下，绿色大学的理念在欧美国家大学建设中首先产生，他们为充分发挥大学在生态教学、示范与传播上的独特作用，推动校内外环境保护与可持续发展的进程，宣扬生态道德和生态文明，先后启动了不同层次的绿色行动计划，以不同的行动方式进行"绿色大学"创建的实践，如美国乔治·华盛顿大学（George Washington University）的"绿色大学计划"、加利福尼亚大学的"校园环境规划"、德国亚伦技术学院（Fachhochschule Aalen）的"绿色大学策略"、加拿大滑铁卢大学（Waterloo University）的"校园绿色行动"等。

在借鉴欧美国家创建绿色大学经验的基础上，我国率先在亚洲倡导并创建了"绿色学校"。1996年，国家环保总局、国家教育委员会、中共中央宣传部联合颁布的《全国环境宣传教育行动纲要（1996—2010）》提出："到2000年，在全国逐步开展创建'绿色学校'活动。"1998年，清华大学首次在国内提出创建"绿色大学"，并进行了行之有效的实践，中国大学建设"绿色大学"的历史帷幕由此拉开。

从国内外的校园发展来看，现阶段主要包括"绿色大学校园"和"节约型校园"两种建设思潮。

"绿色大学校园"是从可持续发展和生态文化的角度解析，指学校在实现其基本教育功能的基础上，以可持续发展理论为导向，在校园建设和日常工作管理中纳入可持续发展思想。在绿色大学的建设中，规划设计阶段引入节能环保的评判标准，建设节能建筑，推广和鼓励可再生能源的利用；在学校管理中，成立专门的部门，严格管理学校的各项用能；在学校教育中，通过制定环境管理制度，开展有效的环境教育活动，创设环境保护的文化氛围，促进师生、家长和专家参与环保和可持续发展的实际行动，全面提高师生的环境素养，共同为社会的可持续发展作出贡献。因此，"绿色大学校园"的建设，主要包括物质层面的绿化校园、绿化教育、绿化生活方式和精神层面的保护环境、珍惜资源、坚持自然生态平衡的发展理念。也就是说，作为绿色大学，不仅要建设绿色环保的校园，体现可持续发展的环境生态，更要创建校园人文生态的和谐与协调，体现培养和展示人文素养的校园氛围。

而"节约型校园"是指厉行节约，建立以资源的高效利用和循环利用为核心的一种校园建设模式。教育资源是社会资源的重要组成部分，节约型社会呼唤节约型学校，建设节约型学校，不仅是学校自身发展的需要，更是学校应承担的社会责任，应当积极发挥学校在建设节约型社会中的作用，倡导节俭之风、文明之风。"节约型校园"主要反映在校园建设的物质建设中——合理地选择和使用各种节能的电气设备，应用各种自动的电气控制系统；在校园的日常运行过程中，另外设置专人和专职部门来监督和协同控制学校的各项用水、用电以及采暖等资源的消耗量；制定各项节能的制度并通过有效额度管理以达到节能的目的。

相比而言，节约型校园是绿色大学校园的一部分，前者是通过对校园日常生活和教学活动以及其他各项用能能耗进行分析和统计的管理，通过合理有效的节能管理和节能改造，减少学校能耗；后者在校园规划、建筑设计、校园管理、绿色教育中，坚持可持续发展和生态建设的原则，将绿色生态的理念加以推广。因此，绿色大学校园是节约型校园的延伸和发展，节约型校园是建设绿色大学校园的基础。

1.2 国外绿色大学研究现状

1990 年 10 月，来自全球 20 所著名大学的校长，在法国塔卢瓦尔（Talliores）提出《塔卢瓦尔宣言》，标志着绿色大学建设的开始。截至 2003 年 1 月，全世界已有 293 所大学签署了该宣言。1991 年 12 月，在加拿大发表的《哈利菲克斯（Halifax）宣言》首次明确指出：由于大学教育、研究及公共服务角色，大学能在促进全社会可持续发展上作出有效贡献。至此，在全球范围内，包括美国、加拿大以及欧洲、亚洲的一些国家都相继开始了绿色大学校园的建设和实践工作。

近年来，欧美一些国家和知名大学先后成立了推动绿色校园建设的相关机构，如英国的"高等教育 21 委员会"（The Higher Education 21，HE-21）、哈佛大学的绿色校园促进机构（Harvard Green Campus Initiative）等，并启动了不同层次的绿色行动计划，如美国乔治·华盛顿大学的"绿色大学计划"、加利福尼亚大学的"校园环境规划"、加拿大滑铁卢大学的"校园绿色行动"、德国亚伦技术学院的"绿色大学策略"等。

以美国乔治·华盛顿大学为例，在 1994 年，该大学即开始进行绿色大学（Green

University）的前驱计划，目标是将该校建设成为全美甚至全世界的第一所绿色大学。当时，该校成立了绿色大学推动委员会（Office of Green University Programs），设立专门办公室与专责行政人员，并设立六大行动委员会，分别掌管学术计划（academic program）、研究（research）、公共建设与设施（infrastructure and facilities）、环境卫生（environmental health）、国际议题（international issues）与对外发展（outreach）六大任务。该校并与美国环境保护署（USEPA）建立伙伴关系，建立了绿色大学计划的七大基本指导原则，包括生态系统保护（ecosystem protection）、环境正义（environmental justice）、污染预防（pollution prevention）、坚强的科学与数据基础（strong science and data）、伙伴关系（partnership）、再创大学的环境管理与运作（reinventing GW's environmental management and operation）、环境可会计性（environmental accountability）。在设定目标后，建立评估与度量相关政策有效性的机制，即建立量化指针系统，以进行目标管理。

哈佛大学的绿色校园促进机构的可持续原则是：①通过不断完善管理制度和管理体制的实践来提高可持续能力；②通过良好的建筑设计和校园规划，来提高人们的健康水平、生产效率和安全性；③提高校园生态系统的健康程度，促进本地植被呈现多样性；④制定政策和发展规划时，要同时兼顾资源、经济和环境；⑤鼓励在全校范围内实行环境满意度调查和管理制度的学习；⑥建立可持续性的检测、汇报和逐步改进的监测机制。

加利福尼亚大学的"校园环境规划"强调在建立一个永续社会时的道德义务，政策的目标在于大学的教育及自然的经营方式，并能够将永续的理念落实于课程上，并建立相关永续环境指导原则共15项重要的政策，其中的重点在于能源效率与消耗的议题，强调一个永续的大学应将对资源的浪费降到最低，并通过课程的发展传达环境知识与追求永续经营的理念，除此之外更强调自然经营来达到永续的目标。

加拿大的滑铁卢大学自1990年3月就开始进行校园绿化的工作，比美国的乔治·华盛顿大学更早。滑铁卢大学的绿色大学五大指导原则为觉知（awareness）、效率（efficiency）、平等（equality）、合作（co-operation）、自然系统（natural systems），强调着眼于社会、环境、生态与政治议题方面的全面永续发展。该校绿色大学计划的另一特色，是强调学生、教师、职员的全体共同参与。

德国亚伦技术学院的"绿色大学策略"以环境友善的运行（environmentally friendly operations）为核心，着重于纸质耗材、采暖、照明、用水与采购的可持续性。

英国在1997年由25所大学共同成立了"高等教育21委员会"（HE-21），拟定关于高等院校可持续发展的行动策略，强调环境管理系统（EMS）中的持续改善，并开发了针对环境、社会与经济的评量指标。在HE-21的"绿色大学"策略中，负责大学运作的职员被视为评量指标的重点宣教对象，必须充分了解如何做才能让大学朝着绿色大学的目标迈进。

亚洲国家也进行了"绿色"实践的大学，日本有名城大学、东海大学、东海大学教育学部等；韩国有汉阳大学；印度有新德里大学、印度统计学院、Devi Ahiyla University、Manipur University等；马来西亚有马拉亚大学；菲律宾有马尼拉大学与Cagayan State University等；泰国有清迈大学与Chulalongkorn University等；越南有位于河内的国际关系学院。

国外对于绿色大学校园建设的主要研究方向为绿色的校园建筑、校园交通方式、校园能源利用、校园资源利用与废弃物处理等。下面通过 2 个实例来分析国外绿色大学校园的建设情况。

1.2.1 英国诺丁汉大学朱比丽校区

1999 年建成的英国诺丁汉大学朱比丽校区是近几年来国外比较有代表性的绿色大学校园建设实例。诺丁汉大学朱比丽校区建设项目由迈克·霍普金斯（Michael Hopkins）建筑师事务所负责，设计中突出了校园可持续性这一特征，将一个废旧的自行车制造厂成功转变为一个充满自然生机的公园式校园。2001 年，这一项目成为了英国皇家建筑师学会杂志的年度可持续性奖得主（RIBA Journal Sustainability Award）。

整个校区在选址、规划、采光、通风等方面进行了一系列的可持续发展策略的改造创新。

（1）在选址方面。朱比丽校区距离主校区约 1.6km，整个校区约 12hm^2 的月牙形基地，是在原有自行车工厂用地的基础上更新再利用的（图 1-1），这一项目对位于城市中的工业废地的再利用有积极的推广作用。

图 1-1　朱比丽校区鸟瞰图

（2）在规划方面。校区内的人工湖将新建建筑与郊区住宅连接起来，成为改善城区微气候的"绿肺"。同时，人工湖对雨水形成了自然的回收利用，通过培养水生动植物带动实现水体的生态循环，从而减少人工维护费用。在建筑的朝向选择上也根据当地气候进行了精心的考虑，使建筑能够获得充足的自然通风和采光（图 1-2）。夏季时，主导风通过湖面冷却后进入建筑内；在冬季，则通过栽植的树林形成有效的风屏障（图 1-3）。

图 1-2　建筑布局有利于自然通风和日照

图 1-3　夏季主导风经湖面冷却进入建筑

(3) 在采光方面。为尽可能地利用自然光照明，在校园的主要教学建筑内均采用了被动式红外线探测器和日照传感器，通过智能照明中央系统进行统一调节。在利用自然光照明的同时，为了避免室内因过强日光直射而产生眩光，在外立面窗口上均安装了水平的百叶窗，且百叶窗上部均涂为白色，以增强反射。朝向西南夏季主日照面上的窗口则设置了可拆卸的临时性遮阳帆布，以减少制冷能耗。这些外遮阳与内遮阳技术的合理利用，使光线充足而均匀地分布在室内各处。

(4) 在通风方面。除充分利用自然通风外，还设计应用了一种热回收低压机械式自然通风的混合系统，设置在屋顶的风塔是集成的机械抽风和热回收利用装置。根据风向旋转，保证排风总是朝下向负压区排风，依靠风压差加强排风效果，能耗仅为普通风扇的1/100（图1-4）。

(5) 在保温隔热方面。在建筑的屋顶处使用了人工覆土栽植苔藓类植被，减小屋顶的热损失。在保持室内温度方面，所有的建筑物皆由具玻璃顶盖的中庭所串联，整个中庭是一个小型温室阳光间和缓冲空间，在寒冷的冬天储存适当的太阳能热量以达到一定的舒适度，减少室内暖气

图1-4　屋顶风塔

的使用。同时，在中庭内种植大量中型植物，利用植物的保湿遮荫特性，自动调节室内温湿度，并且对由靠近湖面进气口进入室内的冷风可起到预热的作用，减少寒冷带来的不适与能源浪费。

(6) 在太阳能光电利用方面。中庭屋顶玻璃采用面积约450m^{2}的半透明太阳能光电板，每年所产生的电能约45000kWh，这种再生能源足以供应建筑物全年的机械通风的电能需求，让机械能不再依赖化石能源。

在校园投入使用后，对校园的能耗进行了长期监测，最终建筑的平均能耗估算每年是85kWh/m^2，这一数据低于英国建筑能耗指标ECON19的自然通风办公建筑每年112kWh/m^{2}的良好标准，与主校区相比，朱比丽校区达到60%的节能效果。

1.2.2　美国科罗拉多大学波德校区

美国科罗拉多大学波德校区位于科罗拉多州的波德市，紧邻落基山脉。科罗拉多大学波德校区在建设之初就确立了校园可持续发展的目标，在校园建设和更新的过程中，尽可能地通过提高能源、交通和资源的利用率来降低对环境的破坏和影响。为达到以上目标，绿色校园的建设计划包括以下几个方面：

(1) 建立环境友好型校园。严格管理控制学校温室气体的产生，以已达到保护环境的目的。

(2) 不提高机动车需求水平的增长。科罗拉多大学致力于限制交通的增长不突破当前

的水平，学生和教职员工的个人机动交通不产生净增长。

（3）创建安全和健康的校园。科罗拉多大学致力于研究减少校园危险废弃物的产生，继续促进污染防治工程的进展以减少校园中现存废弃物的数量。同时，致力于减少人们接触有毒化学品和杀虫剂的机会，通过综合的有害物管理显著减少建筑和场地治理中有害化学物质和挥发性杀虫剂的使用，通过提高通风和控制室内空气污染源达到提高校园空气质量的目的。

（4）校园消费和废弃物处理绿色化。科罗拉多大学采用一项环境友好型的采购政策，即建立环境负责型的采购标准。通过市场激励机制、新技术和采购政策来减少校园中固体废弃物的产生。此外，通过提高循环使用和堆肥法，努力限制被填埋的固体废弃物的数量不突破当前水平。

1.3 我国绿色大学校园的现状、发展和展望

我国具有人口众多、人口密度大的特点，随着城市化的发展，人们对人工环境的呆板枯燥开始产生厌倦，渴望增加与自然的接触，国家也已开始注意自然环境的维护与发展。许多国内高校积极开展"绿色大学"创建活动，大学绿色教育的研究与实践向着纵深发展，许多高校成立了专门的环境教育研究机构，参与研究与实际工作的高校教师涉及各个领域和学科，目前的研究工作主要集中在环境教育理论、绿色校园建设等方面。

1998年，清华大学率先提出"绿色大学计划"，并与国内外20多所重点大学一起召开了"大学绿色教育国际学术研讨会"。1998年5月，国家环境保护总局对清华大学提出的建设"绿色大学"示范工程的计划给予了充分肯定，正式下发了《关于清华大学建设绿色大学示范工程项目的批复》，为中国大陆绿色大学教育研究拉开了序幕。

清华大学根据国内大学建设发展的实际需要，提出围绕"人的教育"这一核心，将可持续发展和环境保护的原则、指导思想落实到大学的各项活动中、融入到大学教育的全过程，开展用"绿色教育"思想培养人，用"绿色科技"意识开展科学研究和推进环保产业，用"绿色校园"示范工程熏陶人的三个层次的"绿色大学"建设实践。

而其他高校也在"绿色大学校园"建设方面进行了不断的研究。哈尔滨工业大学提出了"建好一个中心、搞好三个推进"的绿色大学建设模式，即建好环境与社会研究中心，搞好环境理论研究、环境宣传教育和环境行动。

西南交通大学对绿色大学污水资源化问题进行了研究，得到的结论是：在绿色大学建设中，建立中水回用系统，结合小型污水处理站是可行的，可以做到经济效益、环境效益、社会效益的最佳融合；建成后的小型污水处理站，可作为高校相关专业学生的实习基地；能够合理地利用现有的水资源，减少自来水用量，缩减水费开支；项目的建成和运行将会积累大量的数据和经验，对未来绿色大学的建设有很好的指导和借鉴作用。

2001年，南开大学、天津大学等19所高校学生会联合倡议创建"绿色大学"。云南省14所高校向全省高校发出倡议，希望全省高校加入到全国"绿色大学"的创建行列中。合并后的广州大学在原来环境教育取得良好成绩的基础上，也于2001年提出了自己的"绿色教育计划"。

北京师范大学2002年初提出在广东珠海校区建设符合国际标准的全国首家"绿色大学"的设想并实施。2002年6月，中山大学也提出创建"绿色大学"的设想，并积极开展有关"绿色大学"评估标准的研究工作。

2005年，烟台大学大学生的科技创新基金项目《绿色大学规划与建设的研究——以烟台大学为例》得到了学校的支持，同时，该校开展了一系列宣传活动，包括烟台大学第一届节约型校园建设宣传周、节水节电大型签名活动、节约型宿舍评比等。2006年4月，进行了"绿色烟大——烟大人环境意识调查"活动，该活动按在校人数10%的比例向全校师生发放并回收3000份包括"绿色意识"、"绿色烟大"、"绿色行动"等6部分内容的调查表，通过分析调查表的结果，为建设"绿色烟大"提供了更详细的资料，也为其他学校建设绿色大学提供了参考资料。

台湾地区是最早开始绿色大学校园建设并颇见成效的地区之一。由于自身城市人口压力较大，台湾地区在独立探索解决方式的同时与欧美国家保持着广泛频繁的交流，较早地提出了许多关于促进环境可持续发展的政策，更于21世纪初树立了建设"绿色硅岛"的目标；在推行环境教育与绿色校园改造上不遗余力，从校园绿化到技术开发，再到绿色教育，旨在打造一个可持续发展的绿色校园环境。台湾地区高雄大学和高雄师范大学分别于2004年6月和2005年11月签署了《塔卢瓦尔宣言》。

1.3.1 汕头大学

汕头大学是1981年经国务院批准成立的广东省省属"211工程"重点建设的综合性大学，也是全国唯一长期得到李嘉诚基金会捐资支持的大学。在李嘉诚基金会的倡导下，汕头大学启动"绿色校园"（Green Campus）计划，通过深入进行教育思想和教育观念的改革，逐步建立起适应时代发展需要的人才观、质量观和教学观，将环境保护与可持续发展的绿色理念融入大学教育的全过程，形成具有鲜明特色的绿色校园文化。

汕头大学绿色校园的主要规划措施是"推进绿色行政，加强绿色教育，发展绿色科技，提供绿色服务，营造绿色环境"，从校园规划、环境管理、科研、教学和活动等各方面，积极提升在校师生的绿色环保意识和理念，努力创造一个和谐、健康、舒适的环境。

汕头大学绿色校园建设取得的成果主要表现在以下几个方面：

（1）绿色规划

2003年汕头大学邀请设计北京奥运场馆鸟巢的赫尔佐格与德梅隆（Herzog and de Mouron）

图1-5 汕头大学新建校园平面示意图

建筑事务所对汕头大学校园进行重新规划,以绿色中央公园为主要设计理念,打造绿色园林校园。与此同时,国际著名建筑师林璎(Maya Lin)联手赫尔佐格与德梅隆为汕头大学设计新一代的绿色建筑,新建的校园建筑将进一步以"绿"为主题,力求创建一个环保的绿色大学文化园区(图1-5)。

将建筑的可再生理念融入已建校园建筑中,通过改建和修复的模式进行建筑改造,降低建筑垃圾的产生,在改建过程中选用节能和环保的建筑材料,目前已经完成了学生宿舍、教学楼等多处校园建筑的节能改造工程。新建的汕头大学图书馆,也以环保与简朴美学为设计主题,重视建筑本身的节能与通风。

(2)校园绿化

目前,汕头大学的绿化面积达80.5万m^2,绿化覆盖率达75%,拥有乔木7000余株,灌木2000多株,防护林带长约1500m,并拥有大量的罗汉松和安心树等珍贵名木(图1-6)。每年,学校还组织大量学生参加义务植树活动,不断扩大校园绿化面积,共同创造绿色的校园环境。

(3)节水

汕头大学充分利用地理优势,通过建立山泉水供水管道系统,充分利用校园周边丰富的天然水资源,经粗滤加压后代替自来水用于校园林木草地喷灌、公共卫生间冲厕等。

图1-6 汕头大学校园绿化实景

每年可节约自来水约80万t,占学校总用水量的45%,直接节约140万元。同时,由于对自来水需求量的大幅度下降,长期以来困扰校园用水高峰期自来水供水量不足的问题也得到了解决。

(4)绿色科研

汕头大学利用人才和资源优势,发展绿色科研项目及其产业,不断提升绿色科研队伍的思想与业务水平,在绿色技术应用与绿色产品开发方面取得了显著的成效。这其中包括风能利用研究、海洋生物环境研究、高效能生物可分解塑料PHA的微生物合成、海洋微生物表面活性剂在近岸海域石油烃污染生物修复中的应用、可再生资源风光互补发电系统、小型氢—空质子交换膜燃料电池的示范应用研究、基于废水处理的微生物燃料电池等。

(5)绿色教育

汕头大学的绿色教育是通过建立自然、和谐、开放、创造的新型教育模式,对在校师生进行全面的可持续发展与环境保护意识的教育,重视和突出人文精神,通过各个院系的专业特色,设置相关的绿色教育课程,把教育活动看成是一个有机的生态整体。加强绿色宣传,邀请国内外知名专家,举办以环保和绿色为主题的国际研讨会,与国际环保组织联合举办活动,开展绿色主题的知识竞赛与宣传活动,增强广大师生的节能意识,树立节能理念,把绿色行为作为学生的素质规范,使绿色理念深入人心。

汕头大学经过多年来的绿色校园建设活动,已成功通过了ISO14001环境管理体系认证，建立了有效的环境管理系统，提高了校园管理水平，强化了全体师生的环保意识，营造出一个绿色、生态、环保、节能与自然和谐的优美校园。

1.3.2 同济大学

同济大学有着悠久的历史，经过院校合并以后，现在总共有 6 个校区，分布在上海的市中心和郊外。同济大学校园总建筑面积 150 万 m^2，学生人数加起来有 6.7 万人。在节约型校园建设过程中，学校注意到学校的特点是量大、面广，进行节能建设全部抓肯定有一定的难度，所以在节能建设的初级阶段先重点分析能源消费结构和能源消费特点，从主要矛盾入手（图 1-7）。

图 1-7 同济大学校园实景

（1）成立节能部门，加大宣传力度。

自开展节约型校园建设活动以来，学校领导对节能工作非常重视，并将重视转化为具体组织制度，专门成立了节能委员会，下设能源管理办公室，将原来的基建处能源建设、后勤能源收费功能整合在一起，挂靠资产管理处，负责全校能源的建设、运行、收费和节能工作，减少了不同部门之间的摩擦现象。同时，利用学校专业优势，还成立了由暖通、热能、电信、建筑、材料、环境等学科带头人组成的专家咨询委员会，为学校节能工作的开展提供技术支持。

学校宣传部门以"节约是美德，节约是智慧，节约是品质，节约是责任"为主题，在校内广泛开展宣传教育活动。通过一系列宣传和活动，加深了对学校节能建设的理解，各学院及广大机关和后勤职工都积极响应建设节约型校园的号召，纷纷开展各项节约降耗活动，推进和谐校园建设。

（2）进行具体可行的技术改造，实现节能减排。

学校注重发挥学科优势，加大对相关节能设备、设施的投入，使学校对能源、资源的利用更加合理，将创建节约型校园活动落实到日常的管理工作中，创造了显著的效益。

1）IC 卡智控系统。各校区的学生宿舍、浴室、开水房都已陆续安装了 IC 卡智能系统，在用水用电的节约和管理上都发挥了极好的社会效益和经济效益。

2）中水回用措施。实施中水回用节能项目，对浴室废水通过膜生物技术处理，使水质达到一定标准，可用于校园景观水体的补充及绿化浇灌等，同时用洗澡废水中的余热加热锅炉冷水，产生了一定的经济效益和社会效益。

3）新能源使用。目前，在 3 个主要校区均安装太阳能热水系统，部分学生浴室和学生宿舍使用太阳能热水供学生洗浴。

4）淘汰高耗能设施，清理管网表具。将校园原有的蒸汽供热管道改造为天然气、电和其他替代能源；投入两条自动米饭生产流水线，解决了各食堂分散加工带来的能耗过大、场地设施浪费等问题；部分食堂将传统的灶具燃烧器更换为预混旋火式节能环保灶具燃烧器；协同有关部门，对学校供水管网进行普查，对违反学校相关制度安接的水管、水斗逐一拆除，对老化的供水管网进行更新，全校的年用水量下降了31万 m^3；加强管理，经有关单位确认拆除了部分闲置表计，年节约了几十万元的空置费。

5) 建筑节能新技术的运用。综合教学楼采用了蓄冰空调、座椅送风、全热回收、地板送风、自然通风等建筑节能关键技术；对文远楼进行节能生态改造，采用多项生态技术，该项目已列入住房和城乡建设部（下文简称住建部）建筑节能示范工程；在旭日楼改建中，采用了地源热泵加毛细管辐射吊顶的新技术组合；在嘉定校区建设中，重点突出节能和生态建筑技术。

(3) 进行坚持不懈的节能管理，强化节能效果

在基础设施逐步完善的基础上，学校大力加强节能管理，领导带头，后勤先行，措施有力，责任落实，取得了很好的成绩。

1) 公共教学场所节能管理。2007年，同济物业成立了图书馆节能管理小组，在相关部门和图书馆的指导支持下，对照明灯、景观灯、计算机、空调、电梯、水泵、饮水机等，根据学生流量、开放时间、季节、寒暑假等具体情况制定了节能分类管理方案和细则，每一项都责任到人。

2) 饮食中心能源实行定额管理。饮食中心是学校用能大户，2007年学校对饮食中心能耗指标实行了定额补贴，按2006年发生数的90%作为定额，节约留用，超额自负。饮食中心加强能耗成本核算，层层分解能耗指标，每个食堂都有专人负责节能监督检查，将能源消耗与奖金分配挂钩，通过一系列的技术改造和管理措施，全年在营业额增长的情况下，能源消耗比2006年下降15%，百元营业额能源消耗下降了3个百分点。

3) 对大功率用电设备加强管理。学校制定中央空调使用办法，严格督察执行情况，对违规使用者由校办公开曝光。要求物业公司定期对空调进行清洗，可以节约5%的用电量。对各大楼电梯使用也作了规定和限制，原则上三楼以下不停，夜间停用，寒暑假部分大楼缩短开放时间、部分停用。

4) 加强巡视督察。建立"校园节能督察队"，这是上海市首个大学生自发开展校园节能督察工作的组织。节能督察队的同学们负责对同济校园教学楼、办公楼、宿舍楼、食堂等公共区域的水电、粮食、办公学习用品以及生活物品等各种资源使用情况进行每日检查。能源管理中心、物业管理中心都聘请专兼职节能督察员巡视检查，督促大家勤俭节约、节省能源、减少浪费，在校园节能工作中发挥了重要作用。

(4) 完善管理制度，落实节能责任

1) 完善规章制度。从2002年起，学校陆续制定了《同济大学关于水电定额分配及收费管理办法》、《同济大学电力及供水管理暂行办法》、《同济大学空调使用办法》、《同济大学教学楼节能管理办法》、《同济大学图书馆节能管理办法》、《后勤职工节约手册》等一系列管理办法，以达到按章管理，使规范用能长效化的目的。

2) 逐步开展适合学校特点的合同能源管理。学校在2007年与后勤集团签订的管理服务协议中，已将节能管理纳入考核检查范围，对后勤使用的能源实行定额包干管理，制定出饮食百元营业额的能源消耗指标以及生均能耗指标定额，将能源定额作为后勤服务协议的一项重要内容。后勤各部门都有专人负责，核定分解指标，分析耗能情况，制定节能方案，

抓检查落实。2009 年开始对物业公司管理的一些公共楼宇节约用电实行目标管理，在同等用电设施前提下要求节能 10%。

3) 奖惩分明，鼓励节能。节能降耗是一项长期而艰巨的工作，学校正逐步完善水电计量系统，做到每栋楼有单独水电计量，有条件的楼宇做到每层楼有分类表计，逐渐向每个单元装置表计。

4) 对节能工作由点到面，及时总结，层层推进，落实奖惩机制。学校在总结 2007 年节能工作时，对物业中心、饮食中心等节能工作成绩显著的先进单位给予了表彰和奖励，按照协议，定额节余部分可用于奖励和技术改造等；对超额用能和浪费现象予以了批评或公示。这一做法有助于形成良性运行，激励节能。

1.3.3 山东建筑大学

山东建筑大学新校区位于济南市东部产业带，西靠临港科技开发区，地块的南面和东面为绿化用地，北面为区域规划中心和住宅区。新校区的建设是为了满足学校日益发展的教学规模要求，建设更好的校园学习、生活和科研环境。学校从最初的准备阶段就确立了以建设绿色大学的理念为指导的方针，在之后的规划、设计、施工以及使用管理中，都将这一理念贯穿其中，取得了良好的社会效益和经济效益，成为国内新建绿色大学校园的成功案例（图 1-8）。

图 1-8　山东建筑大学校园实景

(1) 尊重原始地貌，保护环境，节省资金

由于大学校园的占地面积大，所以很多新校区在建设的时候往往都是大兴土木，对原有地貌进行大量的改造后再进行建设。这样，不仅很难形成学校自身独有的环境特征，而且破坏了原有的地形地貌和生态系统。而山东建筑大学在规划初期对原有的地形地貌和地质条件进行了详尽的分析，校址原始地貌是地势南高北低，西侧略高，东侧有一条冲沟，中间有雪山拔地而起，周边有所起伏，属丘陵地带，落差不大，坡度较为平缓。

在最大限度保护原有的地理环境的前提条件下，学校在进行规划方案选择时，选择了能够最大程度地减少对原始地貌的破坏、尽可能地利用原有地貌特征的方案。方案中保留了原有的雪山，作为学校的地标和景观中心；利用东侧的冲沟作为贯穿南北的道路和绿化走廊，同时，利用原有平均 8.5m 的深坑建成 2 层车库及工程训练中心，充分利用了地下空间；在原有地势上，挖湖填土，在满足建设要求的基础上，保证了最少的土石方的开挖。

(2) 建筑设计中利用地形，进行节能优化

在建筑设计中，充分发挥了山东建筑大学自身的科研优势。在设计之初，进行了充分而具体的地形分析，建筑设计采用了灵活多变的剖面设计，利用原始的地形高差，不仅减

少了工程量，而且创造了很多地下使用空间，形成了自身的特征。这样的设计在宿舍楼、食堂、图书馆等建筑中都有体现。同时，在建筑设计时，对建筑进行了保温隔热的考虑，减少了建筑的冷热负荷，以达到节能的目的。在建筑照明方面，采用了节能灯具和自动控制的照明系统，避免了因为非正常使用而造成的浪费现象。

（3）采用绿色技术和施工，确保环境的可持续发展

充分利用了山东建筑大学自身在建筑节能和太阳能建筑一体化方面的科研成果和技术优势，在学校建设中采取了各项节能措施，不仅减少了学校的运营费用，而且对于这些节能技术在国内的普及也产生了深远的影响。特别是与加拿大合作建设的梅园宿舍楼，曾经在国内引起了广泛的关注。这些技术包括了太阳能空气集热墙技术、太阳能热水器技术、中水利用技术、校园一卡通技术、被动式太阳能采暖技术、太阳能通风技术、太阳能路灯技术和追踪式太阳能发电技术等。在建筑投入使用后，还对现有的节能技术进行跟踪检测和分析，并对其进行优化设计和技术改进，以便在学校以后的建设中普及更多的节能新技术和成果。

将对于"绿色大学校园"理念的贯彻贯穿于校园建设的全过程，在施工中采用绿色的施工技术，充分使用环保型的建筑材料，对原有的建筑拆弃物进行分类回收和废物再利用，严格控制对建筑垃圾的管理，尽量保证总土石方量的平衡，而剩余的土石方则作为植被用土，保证建设期间最大限度地减少对环境的影响。

（4）强化绿色大学理念，推行绿色校园管理

从建设初期到工程竣工投入使用，学校一直坚持的"绿色大学校园"理念已经深入到学校的各级部门，通过学校的建设让大家都深刻地理解了建设绿色大学的重要性和社会意义，并通过学校的教育有力地宣传和发扬下去。

山东建筑大学新校区绿色大学校园的理念，不仅能为学校的建设节约一次性的投入，而且在学校今后的运营中也会发挥更好的作用。通过学校对祖国的建设者们进行绿色节能的宣传教育，让大家在教育阶段养成绿色节能的习惯，是具有深远的历史意义的。

1.4 建设绿色大学校园的指导思想

目前，大学校园建设的发展方向将从"注重数量的增加"转向"注重质量的提高"。在快速发展的过程中，迫于校舍面积、扩大招生等压力，大学校园建设以往更注重在数量和建设速度方面满足大学发展的需要，而难以全面顾及校园环境品质的提高。而在今后的绿色大学校园建设中则应注意遵循以下原则。

1.4.1 学校与区域的可持续发展

随着学校"产、学、研"的发展和学校规模的日益扩大，新时代的大学已经有了新的含义。学校潜在的巨大消费能力、学校创业能力的增强以及学校自身的科研产业能力的提升，都使得学校在城市或者区域中的作用越来越巨大，学校成为了影响一个区域发展的决定因素，甚至对于一个城市的影响也是不可忽视的。正确定位学校在城市和区域中的地位和作用，对学校的发展有着极其重要的作用。首先，不应该再将学校仅仅作为

一个独立的个体,而应该加强大学与周边地区的互动,实现区域的发展与整合。其次,对于学校环境,应该充分运用规划、景观、建筑整体设计的城市设计观念与方法,对校园空间环境进行深化、细化和调整,对服务配套设施进行补充和系统化整理,重视校园独特文化和地域性特征价值的发掘和积累,营造绿色校园。另外,应该建立弹性的规划和建设模式、系统的规划调整机制,定期评估现有规划方案,以确保校园建设适应区域发展需求,并得到可持续发展。

1.4.2 学校与资源的可持续发展

目前,一些校园在性质和规模的确定、土地的合理使用和建筑节能等方面都存在不少问题,这既不符合国情,也是对资源的浪费。教育资源是社会资源的重要组成部分,节约型社会呼唤节约型校园,建设节约型校园,不仅是学校自身发展的需要,更是高校应有的社会责任。向节约型校园发展,在规划层面上,应注重以下几个方面:资源的优化配置,环境的保护,使开发与环境容量平衡;大学区位、选址与城市空间的协同;研究大学发展策略与定位,确定适度的校园规模,避免重复建设;适宜的校园结构与布局,优化的功能与效率,科学的管理与技术实施等。在建筑层面上,包括以下几个方面:适用的建筑内部格局,建筑本身相关指标的调整,以适应新的形势;适宜的建筑结构、构造方法和建筑材料;建筑生态与节能等。在高校管理层面上,成立节能部门,进行具体可行的技术改造,突显节能效果;完善管理制度,进行坚持不懈的节能管理,强化节能效果,落实节能责任。

1.4.3 学校文化的可持续发展

大学校园是培养高新人才的摇篮,是知识的殿堂,是人文精神的家园。校园建设不但应满足使用功能的基本要求,更应强调营造校园的文化氛围,体现和弘扬校园自身的特色。这需要从校园的地域性、文化性和时代性入手去不断挖掘,并通过建筑的语言来塑造。大学校园植根于具体的自然环境和人文环境之中,从地方传统中寻根,才能使校园融入所在环境,形成校园鲜明的个性和地域特色;各院校有着自身的历史传统和校园文化,应对其进行挖掘和弘扬,在新老校园之间建立有机的联系,形成一种文化上的认同感,展现校园建筑应有的典雅、简朴的品质;同时,在建筑的形式上应着力表现建筑的时代精神,要适当地运用新技术、新材料,在设计创意上不断尝试新思路、新手法,塑造中国大学校园的新形象。

绿色大学建设是全方位的系统工程。绿色大学校园是一个人与自然协调共处的系统。在这个系统中,社会、经济、环境效应达到高度统一,它不仅仅是对环境进行保护,更重要的是培养出来的高级知识分子,会带着全新的可持续发展理念走向社会,给社会的可持续发展贡献力量。在这个系统中遵循可持续发展的思想开发和研制出的各种绿色工艺、绿色技术直接给社会、经济发展带来效益,这是一个大社会系统中的子"绿色"系统,它所获取的成功经验可以向其他单元推广,如绿色家庭、绿色公司、绿色工厂乃至绿色城市等。当然,绿色大学建设不是一朝一夕之事,但在人与自然和谐发展的理念的指导下,作为人们"精神牧场"的大学理应肩负更多的责任,也将取得更辉煌的成果。

第 2 章 绿色大学校园规划策略

绿色大学校园的规划是在可持续发展的大背景下，生态学思想、环境教育理论与校园环境规划等多方面相结合的产物。自 20 世纪 80 年代以来，绿色大学校园的理念被广泛地在世界各地传播并实践着。本章将围绕绿色大学校园的内涵，以山东建筑大学绿色大学校园建设为例，探讨绿色大学校园规划的策略。

2.1 项目概况

山东建筑大学（原名山东建筑工程学院）始建于 1956 年，是一所以工科为主，以土木建筑为特色，多学科协调发展的综合性大学。历经 50 余年的建设和发展，特别是进入 21 世纪之后，它面临着学科发展、办学规模扩大等一系列问题，有限的基地已不能满足学校发展的需求，因此，2002 年，学校在济南市的高校中率先作出建设新校园的决定。

山东建筑大学新校区校园规划以保护生态环境为出发点，将行为环境和形象环境有机结合，尊重自然生态，旨在结合地域、地区特点，以高起点的环境艺术及景观设计，创造一个适于师生学习生活的、现代化的山水园林式校园环境。同时，校园规划又以信息时代特征为指导，反映信息教育和教育智能化的特点，打破院系独立封闭的布置，设计共享环境，以适应学科交叉的教学、科研模式，实现资源共享、信息共享，有利于培养新时代的复合型人才。学校将利用其紧邻科技开发区的地理条件，结合高校的科研优势，设置科技创业园区，未来的发展目标是"产、学、研"一体化的现代新型高校。

2.2 建设基地概况

2.2.1 地貌特征

山东建筑大学绿色大学校园建设基地位于济南市东部，用地 133hm^2，西靠临港科技开发区，南面和东面为绿化用地，北面为区域规划中心和住宅小区。南、北、东三侧紧邻城市干道——经十路、世纪大道和泉港路，中南部有植被良好的山体——雪山镶嵌其中。

建设基地内地势起伏有致，西南高、东北低，基本特征为一山一谷一洼地（西山东谷中洼）。地形西南高、东北低，东西高差约 20m。中南部雪山相对高程约 80m，植被良好。东部有一条呈南北走向的冲沟，形成天然小谷地。

2.2.2 气候条件

济南市属于大陆性季风气候区，四季分明，气候温和，阳光充足。年平均气温

14.2℃，1月最冷，平均气温-1.4℃，7月最热，平均气温27.4℃。全年主导风向为SSW，年平均降水量600mm。

2.3 规划理念

在总用地133hm² 范围内，规划、建设81.56万 m² 的建筑，整个校区的规划和建设应突出体现生态化、园林化、高效率和高品位的主题。其中，一期建设：2003年在校全日制学生人数10000人，建筑面积20万 m²；二期建设：2005年在校学生规模18000人，建筑面积40.19万 m²，最终达到30000人。

2.4 投标方案

山东建筑大学绿色大学校园规划邀请了多家建筑设计研究院参与规划竞标。经过对基地现状、规划构思、建筑设计、道路等多方面认真细致的评审和多方面的协调讨论，最终确定华南理工大学建筑设计研究院的设计方案（甲方案）为中标方案。

2.4.1 甲方案

甲方案将山东建筑大学新校区规划结构概括为"一轴三点"。该方案根据用地内"一山一谷"的自然地形，以雪山作为新校区规划设计的景观背景和视线焦点，以自然谷地为基础加以改造，形成连接各个功能片区的一轴——生态廊道，廊道连接三个重要的开放空间节点——日泉广场、月泉广场、星泉广场，形成三水一体、生态原真、以人为本、高效实用、景色秀丽、格调高雅的新型高校校区（图2-1）。

在新校区校园规划空间结构设计上，注重从整体上把握地势，综合运用多种手段传承和发展校区的文脉，秉承以人为本的设计理念和可持续发展观点，塑造出三位一体的、具有特色的高校校园的景观空间。在车行路线上，环绕核心教研区的一圈外环干道，有效地解决了核心区的交通问题，避免了车行穿越对生态廊道的不良影响，保持了一片学习研究的净土。

图2-1 甲方案规划结构分析图

在绿化环境方面，南北走向的生态廊道南端开敞，北端略微封闭，引入夏季的西南季风，阻挡冬季的东北季风，形成一个冬暖夏凉的谷地，结合雪山的生态、景观功能，改善周边建筑的微气候，使整个校园的每个角落都能从雪山和生态廊道中获益。

2.4.2 乙方案

乙方案在设计中强调资源共享、科学布局、合理分期、山水造景的规划理念。

在功能布局与结构上（图2-2）设计了与经十东路垂直，沿偏东南15°方向组织校园主轴线，由南至北依次形成校园前区、主教学区、中心绿带、体育运动区，沿泉港路纵深形成完整的学生宿舍区，主轴线以西、雪山腰部形成两片二级学院区，教工宿舍区在雪山以北，沿经十东路、雪山以南形成完整的科研产业开发园区。

新校区形成四纵六横的主干道网络系统。道路系统为同时兼顾封闭式管理和学校对外开放与联系的便捷，在全校区共设置5个对外出入口：南向经十东路为主要出入口和主校门，东向泉港路为学生出入口，西向临港路为教工住宿区出入口，在经十东路和临港路上还设置了科研产业区的专用集中出入口。

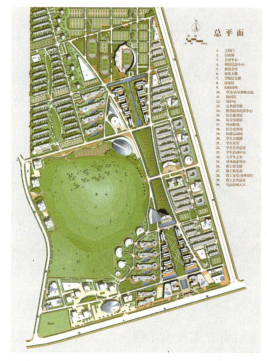

图2-2 乙方案功能布局与结构分析图

在水景布置与塑造方面，将校园水系分为自然水系和人工水系。自然水系在现有基地排洪沟的基础上适当整理，形成或直或曲的林荫河道；人工水系则是在主轴线上组织不同的水景。

2.5 绿色大学校园规划设计策略

以上2个方案，虽各具特色，但从总体上来看，均体现了绿色大学校园规划设计策略。

（1）结合基地"一山一谷"的地貌特征，因地制宜地建立校园规划体系，考虑到校园今后的发展，每个组团都留有拓展的余地，使校园结构有很大的弹性，能够满足学校未来发展的需要。

（2）在尊重原有地形地貌的前提下建设生态廊道，注重校园文脉的延续，注重环境整体美和自然美的创造，在规划中体现"以人为本"的设计思想。

（3）有效利用冲沟，提高土地使用率。

（4）在遵循因地制宜原则的基础上，对校园的噪声、天然采光、自然通风等进行了合理的规划和设计。

（5）注意对选址区域尚可使用的旧建筑的保护和改造再利用。

2.5.1 因地制宜的校园规划体系

1. 规划结构分析

针对用地东西窄、南北宽的特点,校园规划设计将学生生活区布置在北段,将公共教室、二级学院、图书馆、综合实验和计算中心等主要的学习科研活动场所集中布置在用地中段,将学校科技创业园区布置在用地南段,生态廊道贯穿其中。这样不仅为学校最主要的活动区域提供了优质的环境,利于营造人文学术氛围,也利于实现资源利用的最大化,同时也为学生提供了更多的交流机会与场所。科研、教学、生活、体育各区有序排列,形成有机规划结构,体现高效的学习生活、密切的信息交流和大家庭式的校园生活。

2. 规划功能结构分析

高校的建设与管理讲求效率与效益,功能区域集中有利于交流与资源共享,分区则有利于管理及保证不同功能体系的完整性。因此,山东建筑大学新校区校园规划设计依据自然地势、大学校园功能的要求以及与城市规划衔接的考虑,利用基地中相对平缓开阔的地段建设相对独立的办公、教研、生活、体育、发展备用等区域(图2-3)。由于功能面积要求较大,用地有限,各功能建筑布局紧凑、集中,体现了网络时代的高效主题。

图 2-3 规划功能分析图

3. 空间结构分析

场地空间的一个主要功能是根据人们不同的交往需求,创造不同尺度、不同氛围的空间环境。反之亦然,不同尺度的交往空间决定了不同的交往级别。本规划将校园空间分为三个层次:集会型空间、交往型空间和独处型空间。

集会型空间是指日常和节假日时,以学院或系、年级为单位组织的大型公共活动所使用的空间,包括日泉广场、月泉广场、星泉广场,这类主题式的空间往往和主要景观轴线相结合(图2-4)。

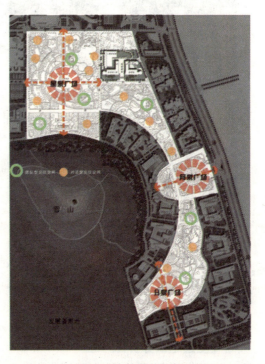

图 2-4 空间结构分析图

交往型空间包括团队交往空间和对话交往空间。前者指以班级或小社团为单位组织的小规模的活动所使用的空间，后者指几个人交谈与讨论问题所使用的空间，包括小型广场和休息角等（图2-5、图2-6）。

图2-5　校园内由古建筑围合而成的小广场　　　　图2-6　映雪湖畔休息角

独处型空间主要是指能够满足个人独处静思或读书要求的空间，主要包括树林、散步小径、沿山脚带和滨水的幽静空间（图2-7、图2-8）。

图2-7　布置于林间的休息座椅　　　　图2-8　林间小路

新校区校园规划空间结构设计注重从整体上把握地势，综合运用多种手段传承和发展校区的文脉，秉承以人为本的设计理念和可持续发展观点，塑造出三位一体的、具有特色的高校校园的景观空间，通过三个不同层次空间的运用，保证了校园空间的延续性和交往性，既有适当的分隔，又有密切的联系，承载了多姿多彩的校园生活。

4. 交通组织分析

出入口。主入口，即校区的功能性大门，设在泉港路中段，方便南北向交通，功能性较强。经十东路设礼仪性、标志性的南大门。另外,还在东北、北、西、西北设置了次入口,分别解决部分交通出入问题,各司其职,保证交通便捷合理(图2-9)。

车行。环绕核心教研区的一圈外环干道,有效地解决了核心区的交通问题,避免了车行穿越对生态廊道的不良影响,保持了一片学习研究的净土。除此之外,还规划了与环路衔接的尽端路,解决各功能组块的交通问题。校园的次级干道由主干道向各个组团内部延伸,解决其内部的交通。主干道宽18m,次干道宽12m,符合大学校园的尺度,产生宜人的效果。主次干道,层次分明,各尽其能。同时,将城市公共交通系统引入校园,沿车行道设置公交站点,保证了学校各建筑出入口到公共交通站点的步行距离不超过500m(图2-10)。

图2-9 校园交通组织分析图

图2-10 校园内的公交站点

图2-11 位于地下的集中停车场

图2-12 位于教学楼外的自行车停车处

人行。新校区南北用地狭长，学生规模较大，势必会造成以自行车交通为主的交通模式，故在人行道基础上加宽路面，形成中间10m自行车道、两侧各4m人行道的自行车与步行专用道、此专用道沿生态廊道两侧贯穿各功能组块，较好地解决了南北狭长的交通问题，又形成了两条极佳的景观视线走廊。

停车场。汽车停靠采用集中式停车场和路边停车相结合的方式，均衡分布在校园内部；自行车停车分散布置，结合教学区、宿舍区的底层架空和室外自行车停车场来解决停放问题（图2-11、图2-12）。

5. 环境绿化分析

绿化与水系集中在生态廊道两侧布置，使其成为学校的中心绿地，改善整个校园的微气候。南北走向的生态廊道南端开敞，北端略微封闭，引入夏季的西南季风，阻挡冬季的东北季风，形成一个冬暖夏凉的谷地，结合雪山的生态、景观功能，改善周边建筑的微气候，使整个校园的每个角落都能从雪山和生态廊道中获益（图2-13）。

环境绿化同样采用分层分布，以雪山为背景或对景，生态廊道延伸出绿轴到达各组块内部的中心绿化区域，再由组块绿化到达各庭院内部。整个校园有机地生长在山水一体、生态原真的自然生态之中。

6. 服务设施布点规划

"以人为本"的设计原则，要求有方便的服务设施。除了校园内的大学生活动中心这一综合建筑外，经过分析生态廊道内的人流特点和空间形式，布置了商业服务点、邮箱、校车站、IC电话亭、宣传栏、公厕等六类服务设施。

2.5.2 尊重原有地形地貌下的生态廊道建设

生态廊道位于整个校园的核心轴线位置，自南侧二级学院区，顺西南季风方向，抱雪山，穿主入口区和公共教学区，于北部星泉广场达到高潮，渗透至学生生活区和体育运动区，是校园规划"三泉映雪"主题的集中体现（图2-14）。

图2-13 校园绿化景观分析图

图2-14 生态廊道区位图

在生态廊道的规划设计中，充分利用绿化、水面、广场作为基本元素，精心构筑校园室外空间。生态廊道是属于整个大学的共享资源，是师生相互交流的场所，包含了人文生态意义，也为建筑、规划、园林的教学实践提供了第二课堂。

1. 规划设计的原则

山东建筑大学新校区，校园规划结构清晰，功能布局合理，交通联系便捷；建筑设计造型新颖，整体感强，与地形结合紧密。这都为做好生态廊道的规划打下了良好的基础。在规划设计过程中，遵循师法自然的环境观、多层次的空间组织手法、主题式景观节点原则、立体化的植物配置原则，最终实现了山水一体、生态原真、景色秀丽、格调高雅的新校区中心绿地景观。

2. 总体构思和规划结构

生态廊道规划紧扣新校区"三泉映雪"的规划主题和"三泉润泽四季秀，一院山色半园湖"的总体构思，围绕雪山这一景观核心，确定了"三泉、一廊、七园"的规划结构。因势利导，通过空间的收放穿透，顺应山、谷之势，将西南季风引入，有效辐射影响整个校园，不仅在形态上体现出整体大气的格局，更具有本质的生态实效，体现了生态主题。"三泉"是指以日泉广场、月泉广场、星泉广场三个主要公共空间为主题景观节点；"一廊"是指以弧形环山绿脉为廊道；"七园"是指以憩园、映雪湖、树人园、求知园、北园、南园、望日园七块主题绿地为主要休闲活动空间（图2-15）。

3. 生态廊道内的水系布置

近年来，北方地区普遍缺水，作为"泉城"的济南也受此困扰。在众多的园区建设中，营造大面积的人工水景已成为奢望。但是，在山东建筑大学的生态廊道中，充分利用了原有的地形地貌特征，建造了低造价、高景致的水景体系。这主要得益于以下几个有利因素：①流经校园的郎茂山水库至雪山水厂和工业区的原水管道能够为校园水体提供纯生态的原质水，保证了水质的更新；②以校园内原有泄洪沟的低洼地势为基础进行水系的设计建造，避

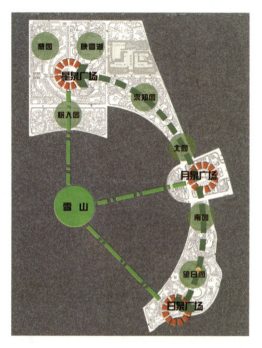

图2-15　生态廊道区位图

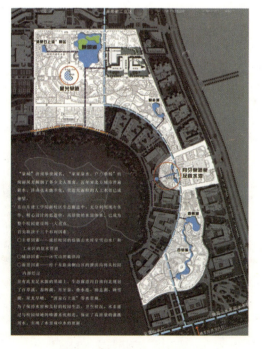

图2-16　生态廊道水系分析图

免了挖填土石方，同时也不会对自然地势地貌造成破坏；③在单体施工中需要部分回填土，在水面区域挖土造湖一举两得。

因此，在有充足水源的基础上，生态廊道内自南向北规划了百草溪、春晖湖、月牙泉、叠水池、励志湖、映雪湖、星光旱喷、"清泉石上流"等水景景观（图2-16）。为了保持水质和良好的校园生态、卫生状况，水系通过与校园绿地的喷灌系统相连，实现了水景中水的再利用，有效节约了水资源。

4. 植物种植配置

生态廊道内的植物景观设计和配置充分考虑了济南的气候、特色以及防风沙的需要，特别是在湖区的植物配置上，重点突出泉城"三面荷花四面柳，一城山色半城湖"的特色。在校道两旁列植法国梧桐和槐树；次要道植白玉兰与紫玉兰；在湖区岸边植柳树，点植枫树；水中丛植荷花；庭院种植桃、李、杏树，点植银杏；草地上丛植迎春、郁金香与龙柏；主要广场植雪松；西北边的住宿区和运动区植白杨。在树种的选择上，以"落叶乔木、常绿灌木为主，常绿乔木、落叶灌木为辅，适当点缀花卉地被"为准则，突出地方特色，充分利用乡土树种。在注重发挥树木生态效益的同时，兼顾树木的叶、花、果以及其自身的观赏价值。

植物种植采用乔灌结合的立体化方式（图2-17），力争取得三季有花、四季常绿的效果，冬季观赏主要突出树形（如雪松、黑松、龙柏等）、枝干（如白皮松、红瑞木、紫等）、果实（如：金银木、柿子等）、开花植物（如腊梅等）；秋季突出叶色的丰富变化（如银杏、栾树、枫树、紫叶李、南天竹、红叶小檗、地被菊等）；夏季植物品种丰富，考虑此时开花的植物（如合欢、紫薇、珍珠梅、荷花、金银花等）；春季可观赏开花植物，（如碧桃、玉兰、樱花、海棠、迎春、连翘等）。

图2-17 生态廊道内乔灌木组合绿化实景

主要体现在以下几个区域：

（1）简洁大方的广场与主入口区（图2-18）。中心以草坪为主，外围配植雪松、日本樱花及其他多种花木。

（2）滨水秋色区（图2-19）。以白蜡、芦苇、鸢尾、金银木为主，适当配植垂柳、桃花、蔷薇、水杉等。

（3）秀木佳荫的内环路（图2-20）。以合欢为主，配植白皮松、紫荆、紫薇等。

图2-18 广场与主入口区

(4) 林荫广场区（图2-21）。以毛白杨作庇荫树，少量配有香味的花木，如丁香、海桐、腊梅、大叶女贞等。

(5) 雪山自然山林风光区（图2-22）：以黄栌、桧柏、五角枫为主，适当配植国槐、刺槐、火炬、山杏、连翘等。

图2-19　滨水秋色区

图2-20　秀木佳荫的内环路

图2-21　林荫广场区

图2-22　雪山自然山林风光区

2.5.3　有效利用冲沟，提高土地使用率

鉴于基地内地势起伏较大的特点，在建设施工过程中，尽量利用基地内谷地、冲沟建设新的"地景"，大大减少施工土方量，节省劳动力，缩短工期。例如，校园原址东部有一南北走向冲沟，也就是校园自然地势特征中的"一谷"、"一洼"，利用此冲沟设置立体交通和地下停车场，实现人车分流，提高土地利用率，体现人文关怀（图2-23）。同时，利用此冲沟形成的部分地下空间作为工程训练中心用房，在节约土地资源的同时扩大了建筑使用面积，也降低了土方填埋量，有效降低了建设费用（图2-24）。对于其他地段的施工，在高程设计中考虑了土方量的平衡，尽量使挖方和填方量相等，减少施工工程量，降低施工难度，节约运输费用。

图 2-23 结合南北向冲沟设置立体交通　　图 2-24 作为工程训练中心的地下空间

2.5.4 场地环境设计

校园的整体规划在遵循因地制宜原则的基础上，又对校园的噪声、天然采光、自然通风等进行了合理的规划和设计。校园建筑尽量避免布置在城市主干道附近，对于面向城市主干道的建筑均作后退处理，且在城市主干道与建筑之间种植高大乔木形成声屏障。一系列噪声控制措施保证了园区环境噪声符合现行国家标准的规定，为教学、生活提供了有利的声环境。

校园建筑布置于生态廊道周围，合理的布局使每座建筑都能获得良好的日照和采光，并且生态廊道因势利导，通过空间的收放穿插，顺应山、谷之势，夏季将西南季风送入校区的各部分，有效辐射影响整个用地区域，为园区建筑的夏季自然通风降温提供了有利条件。同时，园区的大面积绿地及丰富的水系，极大地降低了园区地面对太阳热辐射能的吸收。因此，园区室外日平均热岛强度低于 1.5℃。

2.5.5 原有建筑的改造利用

绿色大学校园建设应注意对选址区域尚可使用的旧建筑的保护和改造再利用，充分利用尚可使用的旧建筑，延长建筑的使用寿命，节省旧建筑拆除和新建筑施工过程中的能源和资源消耗，避免建筑垃圾的产生。对旧建筑的利用，可根据校园规划要求，保留或改变其原有使用性质，纳入校园规划建设项目中。

山东建筑大学新校区建设用地基本上为市郊的荒地，原址并无已建成且投入使用的建筑。但在新校区的建设过程中，搭建了许多临时性建筑，其中规模较大的，当属新校区建设指挥部。该建筑位于校园的中部，雪山东侧。当校园一期工程建成投入使用后，对该建筑进行了改造再利用。在拆除原有建筑外围护结构的基础上，对保留的建筑结构主体部分及周围环境进行景观绿化设计，形成现今的"源远亭"。这不仅降低了建筑的拆除费用，而且还具有重要的纪念意义。它表达了对山东建筑大学新校区建设者的感激之情，而且寄予山东建筑大学"立足新起点，开创更加美好未来"的美好祝愿（图 2-25）。

原位于济南市经八纬一路的一栋老别墅，为一层带阁楼砖木结构，占地面积约为 $135m^2$，总重 320t，距今已有 80 余年历史。2009 年 3 月 1 日，经过近 12h 的"长途跋涉"，迁往距旧址 30km 的山东建筑大学校园内"安家落户"。

在此次迁移中,采用单梁式墙下钢筋混凝土托换梁($b \times h = 500\text{mm} \times 350\text{mm}$),分批分段掏空墙体下原基础后施工托换梁。等到全部墙体托梁混凝土达到设计强度后,在预设的顶升点布置 22 个螺旋千斤顶,将建筑物整体同步顶升 0.8m,然后将大型液压平板拖车移动到建筑物下部指定位置,拖车底盘升起,建筑物全部荷载转移到平板拖车上。老别墅内的门窗等能拆卸的东西在迁移前已部分拆除,只剩一副"骨架"迁移。

迁移中使用的是法国 NICOLAS 自带动力大型液压平板拖车。此次托运共使用 2 列 20 组车板,车轮共计 128 个。建成了国内首座建筑平移技术展览馆,同时供山东建筑大学教学使用。

迁移后的老别墅新址位于博文馆西玉兰路、天健路交叉口(图 2-26),经过进一步的修整复原后,老别墅焕发"新颜",成为学校又一亮丽的建筑人文景观。

图 2-25　指挥部旧址改造后的"源远亭"

图 2-26　从博文馆上看老别墅

第3章 绿色大学校园设计策略

3.1 山东建筑大学建筑设计指导思想

山东建筑大学具有50多年的办学历史，是山东省内唯一的一所建筑类高等院校。新校区位于济南市东部产业带，西靠临港科技开发区，东面和南面为绿化用地，北面为区域规划中心和住宅区，距济南市中心约15km，南邻84m宽的城市快速路经十东路，东、北两侧邻60m的城市干道泉港路和十号路，交通方便，地理位置优越（图3-1、图3-2）。

图3-1　山东建筑大学地理位置图

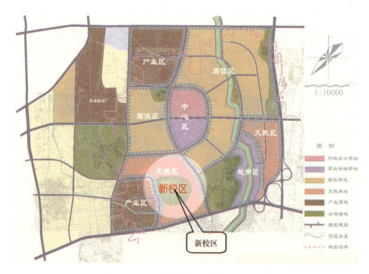

图3-2　山东建筑大学区位分析图

新校区建筑在设计上遵循以下指导思想：

(1) 设计满足功能需求，遵循"适用、经济、美观"的设计方针，突出以人为本的设计思想，结构形式经济可行。建筑体形和立面设计要体现出学校建筑的性格特征，立面美观大方，具有时代气息。

(2) 在建筑设计过程中，采用被动式节能设计策略，利用场地自然条件，合理设计建筑体形、朝向、楼距和窗墙比，使建筑获得良好的日照、通风和采光。同时，根据建筑使用功能的不同，采用了多种生态设计手法和建筑技术措施，节约了能源。

(3) 建筑设计遵循生态原则，尊重、保护和利用现有的校园自然景观资源，创造一个人工环境与自然环境和谐共存、相互补充，可持续发展的理想的校园生态环境。

3.2 建筑设计策略

3.2.1 建筑体形设计

建筑体形设计应综合考虑建筑功能、造型与节能要求。寒冷地区，体形设计的基本原则为：尽可能降低建筑外围护结构表面积的比例，并使热工性能较差的外围护构件面积降至最小；尽量扩大南立面面积占总围护结构表面积的比例，在满足基本通风采光要求的基础上，减少北向、西向等不利朝向墙面面积及窗墙比。通过控制建筑体形系数来节约建筑能耗，降低建筑造价。鉴于建筑设计的复杂性，不能单纯以理论计算的理想体形代替丰富的建筑形态设计。

1. 宿舍区"Z"字形公寓

学生生活区位于校园西北部，由 13 栋学生公寓和 2 栋学生食堂组成（图 3-3），南侧为星泉广场，北侧为体育运动区。学生公寓楼的朝向偏东南或西南 30°，使北面房间获得一定的日照，兼顾了南、北两侧宿舍的采光要求。生活区自东向西分别命名为松园（图 3-4）、竹园、梅园、榴园，各园之间均有活动场地以加强联系。食堂靠近学生公寓布置，方便学生就餐。

图 3-3　学生公寓分布图

图 3-4　学生公寓松园

根据地势起伏的特点,平面采用错层布置形式,每栋公寓楼由东向西底层逐渐升高,每层的地面标高分为三大部分,由两段踏步连接。错层打破了单内廊式走廊的冗长感、无场所感,增加了走廊的空间层次感。平面形式呈折线形,两端部分采用正南朝向,中间部分与南向成一定角度,在一定程度上解决了北向房间通风采光差、冬季温度偏低的问题,使每个公寓所有房间都能提供舒适、健康的居住环境。

2. 图书馆

图书馆位于求索路的西侧(图 3-5),是校园的标志性建筑。它以雪山为背景,面迎月泉广场,成为东入口的主要对景。在充分考虑基地实际环境的基础上,以两片极富动感的绿坡结合层层迭起的花园平台(图 3-6),营造了新世纪图书馆的形象。一方面,在合理解决建筑功能的前提下,绿坡地有效地化解了图书馆庞大的体量,缓解了东入口及月泉广场因基地狭窄导致的压迫感。另一方面,绿坡地既给人们留下生态节能的鲜明印象,迎合了时代大潮,又与缓起的山地融为一体,并和逐层退台的教学楼相互呼应,大方得体又不失气度。由两片绿坡南北围合的逐级平台花园为交流提供了亲切宜人的场所,既有丰富的景观、合适的尺度,又有通捷的可达性,同时,暗喻了孔子讲学之地的杏坛。

图 3-5　图书馆平面位置图

图 3-6　图书馆前层层迭起的花园平台

建筑侧面用自然质朴的石材创造"墙"的意象，如古语云："夫子之墙数仞，不得其门而入，不见宗庙之美，百官之富。"在这连同月泉广场上的"泮池"意象，共同契合了山东深厚的历史文化肌理。

图书馆设置中庭（图3-7），形成一个高大的空气自然流通空间，并采用采光顶，使每个楼层光线格外充足，充分利用自然采光，不再需要采取人工照明措施，节约能源，降低了运营成本。大开间采用块状体大空间，沿中庭设置走廊，交通流线明确、简捷。

3. 建筑艺术系馆

建筑艺术系馆位于主入口的南侧（图3-8），紧靠月泉广场（图3-9），面向生态区开敞设置，是一个视线转折点，主要以

图3-7　图书馆中庭

3、4、5层设置。采用老校区原有的传统"红楼"的红砖元素，与现代材料相结合进行设计，立面设计简洁明快，传统元素的门和现代结构的阅览中心和谐共融，内部庭院和外部开敞的小广场穿插结合，空间丰富，尺度宜人。

建筑学子园由建筑城规学院和艺术学院围合而成，庭院入口以高大乔木为主，象征着建大学子经历二十年的风雨，已经成为国家的栋梁。庭院内以此为主题布景并结合花池设置多处座椅，是学生晨读的好去处。建筑艺术系馆内部设置多个中庭，为学生提供交流、展示的场所，符合专业要求。

图3-8　建筑艺术馆

图3-9　从月泉广场看建筑艺术馆

4. 博文馆

博文馆位于天健路与玉兰路的交叉口（图3-10）。在平面布局上，南北两侧的教室通过廊道连接，使空间通透，同时形成丰富的光影及形体效果。博文馆（图3-11）内部中庭对外开敞，学生可以便捷地到达各个自习室。在建筑造型上，新颖、活泼，层层退台，与

山呼应，为学生提供晨读、休息的场所。

5. 逸夫馆

逸夫馆紧邻博文馆，位于博文馆的北侧，科学馆的东侧，敏学路与天健路的交叉口（图3-12）。在平面布局上，南北两侧的教学楼围合成开放的馆前广场，可以作为学生课余交流、休息的空间。在建筑造型上，巧妙地运用楼梯间作为观景空间，将对面"求知园"的景色尽收眼底，立面简洁明快（图3-13）。

图 3-10　博文馆　　　　　　　　　　　图 3-11　远看博文馆

图 3-12　逸夫馆　　　　　　　　　　　图 3-13　从敏学路看逸夫馆

6. 科学馆

科学馆位于映雪湖东岸的科学园内（图3-14）。科学园内含科学馆一期、科学馆二期和二期实验室，规划中将其命名为"科学园"，强调了"科技为先，科技为准"的理念。建筑在平面布局上对称，体现出严谨的风格。园内设有月季园及大量绿化，与西边的水面交相呼应（图3-15），实现科技与自然的完美结合。

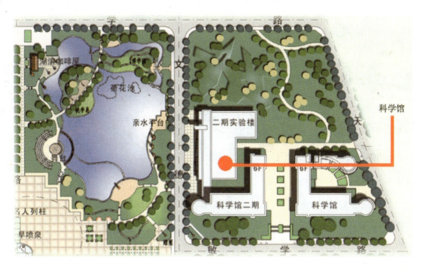

图 3-14　科学馆

图 3-15　从映雪湖看科学馆

图 3-16　科技工程馆

7. 科技工程馆

科技工程馆位于主入口以南的二级学院内，紧邻建筑艺术系馆（图 3-16），与各个二级学院围合成生态廊道南庭院。这种布局便于增强个性，塑造环境归属感，与雪山呈环抱之势（图 3-17）。

科技工程馆的建筑实体与原有地形融合，在平面布局上采用半围合的手段，形成庭院（图 3-18）。人行路线结合坡地形成丰富有趣的空间。

图 3-17 科技工程馆西立面

图 3-18 科技工程馆庭院

3.2.2 建筑结构体系

1. 砖混结构体系

砖混结构一般指建筑物中竖向承重结构的墙采用砖砌筑或砌块砌筑，柱、梁、楼板、屋面板等采用钢筋混凝土结构。

学生公寓（图 3-19）采用的砖混结构充分利用价格低廉的空心砖、空心砌块等建筑材料，节约了生产过程对环境影响大、价格相对较高的钢筋的用量，而且施工速度快，缩短工程建设周期。

图 3-19 学生公寓

2. 钢筋混凝土结构体系

在建筑工程中，绝大多数结构构件都应该是钢筋混凝土构件。钢筋混凝土结构在建筑物和构筑物中得到广泛的应用，主要因其具有如下优点：

（1）合理地利用了钢筋和混凝土两种材料各自的特性，相互取长补短，发挥各自优势，使之结合在一起形成强度较高、刚度较大的结构。

（2）钢筋混凝土结构具有很好的耐久性和耐火性。钢筋受到混凝土包裹，混凝土是不良导体，火灾发生时不致因钢筋很快达到软化温度而导致结构破坏。钢筋混凝土结构与钢结构相比还可省去经常性维修费用。

（3）钢筋混凝土结构，尤其是现浇结构具有很好的整体性，其抵抗地震、振动以及爆炸冲击波的性能都比较好。

（4）便于取材，与钢结构相比，可节约钢材、降低造价。

（5）现浇混凝土具有良好的可塑性，可按建筑物的需要浇制成各种形状。

鉴于以上钢筋混凝土的优点，图书馆采用钢筋混凝土—钢结构混合结构形式，南北两侧采用钢筋混凝土结构，通过中间的钢架桥连接（图 3-20），钢架桥只在五层将南北两部分连接起来。图书馆因势而建，坐落在雪山脚下，留出一个景观"窗口"，雪山的景色一览无余，整个图书馆建筑与雪山的景观和谐统一。

3. 钢结构体系

山东建筑大学在校园建设过程中，针对使用空间大、结构承载力大的建筑（如土木学院的实验室等），应用了钢结构体系（图3-21）。这一结构体系具有自重轻、基础省料、工业化程度高、施工快捷和使用面积大的优点，与钢筋混凝土结构相比，大大减少了混凝土的使用量。而且，钢结构体系所用的钢材是可再利用的建筑材料。拆除建筑中的废旧钢材，一部分经过"喷砂除锈—加工制作—喷锌保护—油漆封闭"四道工序重新用作结构型钢，一部分经过钢厂的回炉再炼加工成新的钢材产品，减少了建筑垃圾填埋对环境的破坏，避免了对资源的浪费。

图 3-20　图书馆的中间钢架桥

图 3-21　土木学院实验楼外部裸露钢结构

从生命周期的角度考虑，钢结构对资源和能源的利用相对合理，对环境的破坏相对较小，是一项绿色环保型建筑产品。钢材是再利用率较高的材料，边角料都可以回收利用。对同样规模的建筑物，钢结构建造过程中有害气体的排放量只相当于混凝土结构的65%。钢结构建筑物由于很少使用砂、石、水泥等散料，从而在根本上避免了扬尘、废弃物堆积和噪声等污染问题。

4. 膜结构

膜结构是建筑美学与结构力学完美结合的一种结构体系，具有优良的力学特性，是一种理想的抗震建筑物，制作方便，施工速度快，造价经济。

膜结构的分类方式很多，从结构上简单地可概括为张拉式和充气式两大类。在张拉式中采用钢索加强的膜结构又称为索膜结构。薄膜结构是张拉结构中发展起来的一种形式，它以优良的柔软织物为薄膜材料，利用拉

图 3-22　位于泉港路的次入口

索结构或刚性的支撑结构将薄膜紧绷或撑起,从而形成具有一定刚度、能够覆盖大跨度空间的结构体系;也可以向膜内充气,由空气压力支撑膜面。

位于泉港路的次入口(图3-22)就是采用钢索张拉成型的膜结构,简洁大方,矗立在郁郁葱葱的法国梧桐树背景前,保持了景观的通透性,在树叶之间可以眺望远山的轮廓。张拉膜的大门同时也成为展示校园生机勃勃、丰富多彩形象的窗口。

5. 网架结构

网架结构是由多根杆件按照一定的网格形式通过节点连接而成的空间结构。具有空间受力、重量轻、刚度大、抗震性能好等优点;可用作体育馆、影剧院、展览厅、候车厅、体育场看台雨篷、飞机库、双向大柱距车间等建筑的屋盖。

网架结构主要分三类:第一类是由平面桁架系组成,第二类是由四角锥体系组成,第三类由三角锥体系组成。网架结构由复杂的杆件系统组成超静定次数极高的空间结构,它具有各向受力性能,是一种大面的刚性覆盖结构。在节点荷载作用下,网架的杆件主要承受轴力,跨度一般可达 30~60m,甚至 60m 以上。由于网架的整体空间作用,杆件相互支持,刚度大,稳定性好,网架具有各向受力性能,应力分布均匀。网架是高次超静定结构,结构安全度特别大,倘若某一构件受压屈曲,也不会导致破坏。

鉴于网架结构的优点和体育馆的特点,体育馆的屋面采用网架结构(图3-23),既经济省钢,又能减轻屋面重量,解决屋面跨度大的问题。在主操场看台上的雨篷也采用网架结构(图3-24),造型活泼,符合现代体育场的特点。

图 3-23 体育馆屋面的网架结构

图 3-24 看台上的网架结构

3.2.3 建筑围护结构

1. 绿色墙体材料

山东建筑大学在绿色校园建设过程中,为减少对土地资源的浪费,最大程度地化废为宝,在校园一期建设工程中,墙体材料选择了黄河淤泥多孔承重砖(图3-25)。黄河淤泥是一种大自然废料,量大面广,危害极大,如不加以整治,会淤积河道,抬高河床,迫使水位上升,若遇到洪水汛期,会出现险情,严重危害黄河两岸人民群众的生命财产安全。

将黄河淤泥制成建材加以利用，不仅可以化害为利、变废为宝、节省资源、改善环境，而且有利于河道治理。黄河淤泥作为多孔砖的原材料具有众多优势：材料更轻、抗冻能力更强、节约能源、节省砌筑砂浆用量及劳动力、提高工作效率、原材料取材方便环保并有助于黄河治理。

目前，国内有关专家已对黄河淤泥多孔砖进行了材料的物理性能试验研究，证实指标均符合《烧结多孔砖》GB13544—2000标准，代替实心黏土砖用于承重墙是可行的。黄河淤泥承重多孔砖的重量轻，其表观密度为 1100～1200kg/m³，与实心黏土砖相比可减小自重，节约运输费用。

图 3-25　黄河淤泥多孔承重砖

同时，多孔砖的块体厚，砌筑时水平灰缝少，可节约砌筑砂浆用量，节省劳动力，提高工作效率。表 3-1 和表 3-2 所列为黄河淤泥多孔承重砖的物理和力学性能。

黄河淤泥多孔承重砖的物理性能　　　　　　　　　　　　　表3-1

表观密度（kg/m³）	孔洞率（%）	单砖重（kg）
1149	22	2.785

黄河淤泥多孔承重砖的力学性能　　　　　　　　　　　　　表3-2

强度等级		规范标准值（$\delta \leq 0.21$）	检测值	单项结论
抗压强度（MPa）	平均值	≥10	11.0	MU10级合格
	最小值	≥6.5	9.0	

2. 外墙外保温系统

目前，不论是公共建筑还是民用建筑，建筑的外围护保温材料大多用 EPS 保温板、岩棉及玻璃棉等保温材料，墙体保温构造做法以外保温、内保温和夹心保温为主。外保温构造与其他两种保温构造形式相比，有着明显的优势，主要包括以下几个方面：①它能有效地切断外墙上的混凝土圈梁、构造柱等热桥，提高外墙保温的整体性和有效性，防止外墙表面在冬季出现结露；②外保温做法是把密度较大的结构材料设置在室内一侧，重质材料的热容量大、蓄热性能好，从而提高房间的热稳定性；③外墙采用外保温，能对外墙主体结构起到良好的保护作用，不受室外空气温度和太阳辐射的影响；④外墙采用外保温，即把保温材料设置在密实结构材料层的外侧，符合围护结构防潮设计原则，外墙内部不会存在冷凝水而影响其保温性能；⑤采用外保温不会因保温层的增加而减小室内使用面积；⑥外保温不受室内装修的影响。

以学校生态学生公寓为例，外墙外保温系统主要分为粘结层、保温层、防护面层、饰面层（图 3-26）。粘结层由聚合物砂浆找平，再刷一层挤塑板专用胶粘剂，聚合物砂浆采用干混砂浆加水搅拌而成。固定粘结只使用胶粘剂是不够的，还要采用固定件。固定件为工程塑料膨胀钉和自攻螺钉，大约每平方米采用4个固定件。防护面层由聚合物砂浆和涂塑玻纤网格布组成。在挤塑板上刷界面剂1道，再刷聚合物砂浆，总厚度约为2.5～3mm，底层建筑外墙约为3.5～4mm，中间压入网格布增强，涂塑玻纤网格布具有耐碱性能。墙身阴阳角处、门窗洞口处的网格布需要搭接增强。饰面层采用面砖，面砖及结合层自重小于0.35kN/m²，且面砖粘结材料及勾缝材料使用瓷砖专用胶粘剂。

3. 屋面保温系统

作为建筑外围护结构的一部分，屋面与外墙同样需进行保温隔热设计，不同的是，在进行屋面保温设计时需兼顾屋面的防水性能和抗压能力。济南属于夏热冬冷地区，进

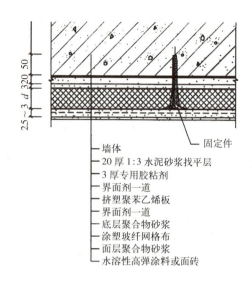

图3-26 外墙挤塑板外保温体系构造做法

行屋面保温设计时需注意以下几点：①保证内表面不结露，即内表面温度不得低于室内空气的露点温度；②对于校园居住建筑不仅要保证内表面不结露，还需要满足一定的热舒适性，限制内表面温度，以免产生过强的冷辐射效应；③屋面保温系统在降低热损失的同时还应具有一定的热稳定性；④屋面保温层不宜选用密度较大、导热系数较高的保温材料，以防止屋面重量、厚度过大；⑤屋面保温材料不宜选用吸水率较大的材料，以防止屋面湿作业时，保温层大量吸水，降低保温效果；⑥屋面保温设计应根据屋面实际使用功能确定保温系统类型。目前，常用的保温屋面做法有高效保温材料屋面、保温找坡结合型屋面、架空型保温屋面和倒置式屋面等。

山东建筑大学校园建筑屋面保温构造均严格按照相关标准进行设计建造，并对有特殊需求的屋面保温构造进行适宜性改进设计。例如，生态学生公寓的屋面保温构造设计。生态学生公寓屋面为上人屋面，为最大程度地利用太阳能资源，屋面还要附设太阳能集热器、太阳墙通风管道等设备，还要考虑参观人群在屋面的活动，所以屋面的做法一定要满足设备恒荷载和活荷载的要求，同时保证其保温节能的功能。考虑到以上特殊要求，在选择屋面材料和做法的时候，不仅应满足屋面的排水、防水、耐候性的要求，还要重点考虑其节能保温效果、承受荷载、便于施工操作和日后维护清理等方面的要求。为此，选择聚苯乙烯保温板和水泥膨胀珍珠岩作为屋面的保温材料。聚苯乙烯板的高抗水性能够适应混凝土浇筑等潮湿施工环境的要求，长久保持良好的保温隔热性能，同时它还具有

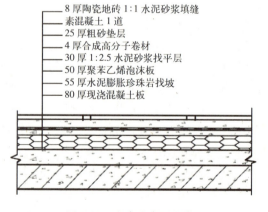

图3-27 生态公寓屋面做法

优良的抗渗性和耐腐蚀性,在同等保温效果下,聚苯乙烯板还可以减轻屋面自重。

生态学生公寓屋面的具体做法(图3-27),在80mm厚的现浇混凝土板上铺设55mm厚防水珍珠岩作为找坡层(最薄处20mm,坡度3%,兼作保温),粘贴50mm厚的聚苯乙烯板作为保温层,其上为30mm厚1:2.5水泥砂浆找平层,刷基层处理剂1道,4mm厚合成高分子卷材,25mm厚粗砂垫层,面撒素水泥1道,其上为8mm厚陶瓷地砖,1:1水泥砂浆填缝。此上人屋面做法不仅满足了防水和保温设计的要求,同时也使屋顶K值降至0.655W/$(m^2·K)$,有效减少了屋顶传热损失。

4. 节能门窗技术应用

外门窗是建筑围护结构中保温隔热最薄弱的环节。有关实际测量资料分析结果显示,门窗的传热热损量与空气渗透热损量相加,约占建筑全部耗热量的50%以上。影响门窗保温节能的主要因素是玻璃、门窗框的材料、构造及其气密性。因此,合理选择门窗框、玻璃和构造开启方式能够有效提高门窗的保温隔热性能,同时也是防止建筑物热量损失最经济、最直接、最有效的方法。目前,市场上的节能门窗在开启形式上主要有平开式、倾转式、平开倾转式和提拉式等;在框料使用上,主要有塑钢节能门窗、铝合金隔热断桥门窗、玻璃钢门窗等;在玻璃使用上,主要有双层玻璃、中空玻璃、镀膜玻璃等。

山东建筑大学在学生公寓建设中全部采用节能窗,窗框为塑钢材质,开启方式为平开式(图3-28)。为了对比不同类型的窗对室内热环境和舒适度的影响,在生态学生公寓中采用了不同的构造方式和玻璃材质。一层、六层为普通双层中空玻璃塑钢窗,二层、三层、五层为高级双层中空玻璃塑钢窗(空气间层中充以黏度系数大而导热系数小的惰性气体),四层为Low-E中空玻璃塑钢窗,其传热系数见表3-3所列。所有窗户都具有良好的隔热性能,尤其是四层的Low-E中空玻璃,在具备较低传热系数的同时可有效降低室内对室外的低温热辐射损失,具有表面热发射率低、对太阳光的选择透过性能好等优点,大幅减少窗户的传递散热和冷风渗透造成的热损失。

图3-28 节能窗外观

门窗传热系数 表3-3

门窗类型	传热系数[W/$(m^2·K)$]
普通中空塑钢门	<2.6
普通中空塑钢窗	<2.6
高级中空塑钢窗	<2.4
Low-E中空镀膜玻璃窗	<2.0
高级中空塑钢窗+通风孔	<2.0

3.3 绿色建筑技术及措施的设计应用

3.3.1 教学楼、办公楼利用半地下空间天然采光设计

随着中国高等教育由精英化向平民化的转型,由此带来了大量的高校校园改扩建工程,因此大学校园建设必须走集约化利用土地资源的道路,挖掘有限空间的深层容纳能力,提高基础设施的和谐有序,走能源和空间节约为主的可持续发展道路,努力发展地下空间。

大学校园地下空间的开发利用必须遵循以下几点要求:①可持续性开发,不以牺牲环境为代价;②地下空间的开发利用必须与学校未来发展定位和社会发展趋势相结合,兼具超前性和灵活性;③坚持"人在地上,物在地下"和"人的长时间活动在地上,短时间活动在地下"的原则,充分利用地下空间作为公共活动场所、停车场、实验室或设备用房等;④各单体之间建立空间上的相互联系和协调,发挥整体功能优势;⑤地下空间应为营造积极的校园文化创造条件。

考虑到山东建筑大学新校区的地形高差,在新校区规划建设时,采用了结合地上建筑附建地下室或半地下室的解决方案。这不仅具有地上地下建筑同步协调、功能互补的优点,而且具有施工方便、造价经济等优势。但是,教学楼及办公楼附建的地下室或半地下室常被用作工作间、实验室、资料室及仓库,会有人经常或长时间在其中工作,因此,应尽可能地采取必要措施改善其内部的空间环境,满足天然采光及自然通风的需求。为此,在校园建设过程中,为使用半地下空间的教学楼(采光井宽6460mm,深4400mm,图3-29)及办公楼(采光井宽3600mm,深4400mm,图3-30)设置了采光通风廊道,这不仅保证了地下空间的日照、采光和通风要求,而且提高了地下空间的使用效率,减少了因地下空间的照明及通风而带来的额外能源消耗,有效降低了运行费用。

图 3-29　建艺馆半地下空间天然采光设计　　图 3-30　办公楼半地下空间天然采光设计

3.3.2 图书馆绿色中庭、热缓冲边庭设计

山东建筑大学图书馆依据地势变化,在室内空间设计中引入了绿色中庭的设计手法,

这种室内开放空间具有解决交通集散、综合各种功能、组织环境景观、完善公共设施和提供信息查询的作用,它反映了现代建筑中室内室外化的倾向。该绿色中庭位于图书馆内部中心区域,以高架的玻璃采光顶和周围建筑空间围合而成,空间高大通透,并且将传统园林的设计创意引入室内空间。用于绿化的花草树木外形轮廓自然,形态多变,高低疏密,各有不同,这样不仅柔化了建筑实体的生硬感和单调感,而且由于绿色植物的存在,室内空气的温湿度、含氧量得到有效改善,创造出宜人的室内环境舒适度(图3-31)。

为防止绿色中庭出现温度过高及室内空气品质低下的问题,在中庭西侧设置了热缓冲边庭,这样不仅柔化了建筑实体的生硬感和单调感,而且由于绿色植物的存在,减少了透过绿色中庭西侧玻璃幕墙进入中庭的太阳直接辐射,同时改变了绿色中庭的通风方式(图3-32)。热缓冲边庭因受太阳直接辐射的缘故,其内部温度高于绿色中庭内部温度,利用热压作用将绿色中庭内的废热空气引入热缓冲边庭,最终排到室外。这一措施不仅促进了中庭内的空气交换,而且也为绿色中庭创造出舒适的室内热环境。

图 3-31　图书馆的绿色中庭　　　　图 3-32　图书馆的缓冲边庭

3.3.3　办公楼防晒墙设计

为适应济南地区冬冷夏热的气候特征,山东建筑大学校园内单体建筑采用围合的设计手法,这种建筑形式在夏季能够通过自然通风为室内空间降温,在冬季也有利于防止冷风侵袭,保持室内温度,降低采暖能耗。建筑的东西向围合部分大多采用交通或公共交往空间,受西晒影响较小,且这一部分可成为整个建筑的热缓冲区域,能够防止室内温度在夏季过高、冬季过低。在行政办公楼的设计中,为提高建筑室内空间的利用率,将西向围合部分空间用作办公用房,因此有效防止西晒成为该部分室内空间正常使用的重要前提(图3-33)。

防晒墙位于办公楼的西立面上(图3-34),经设计人员反复研究比较后,确定采用实体防晒墙的做法，该防晒墙采用钢筋混凝土框架填充墙，并在墙体预留采光窗和进气孔，它与建筑西侧立面平行，且留有2m左右的空隙（图3-35）。在夏季或过渡季节，该防晒墙可以完全遮挡西晒的直射阳光，同时防晒墙与建筑主体之间的空隙在热压的作用下形成自然通风效应，保证室内空气的流通；冬季，防晒墙作为建筑外侧一个热保护层，能够有效遮挡冷风对建筑的侵袭，从而缓解外部冷空气对建筑室内温度的影响。

3.3.4 逸夫馆通风隔声窗设计

逸夫馆紧邻次要干道泉港路，车辆的噪声对教学楼的影响较大，所以在逸夫馆的次要入口位置设置通风隔声窗（图3-36）。经设计人员反复研究，该通风隔声窗采用钢筋混凝土框架填充墙，并在墙体预留采光窗，它与建筑东侧立面平行（图3-37），且留有1m左右的空隙（图3-38）。该隔声窗与建筑主体之间的空隙在热压的作用下形成自然通风效应，保证室内空气的流通；同时能够有效阻挡噪声对建筑的侵袭，从而缓解外部噪声对建筑室内环境的影响。

图3-33 应用于办公建筑中的防晒墙

图3-34 办公楼中防晒墙的位置

图3-35 防晒墙

图3-36 逸夫馆中通风隔声窗的位置

图 3-37　应用于逸夫馆的通风隔声窗　　　　　图 3-38　通风隔声窗

3.3.5　学生浴室中太阳能热水系统设计

在山东建筑大学绿色校园的建设过程中,对校园一期工程建成的学生浴室进行了太阳能热水系统设计。该太阳能热水系统工程采用集中集热、集中蓄热及辅助加热、集中供水的方式为学生浴室提供热水,并通过强制循环的方式使太阳能的利用达到最大化。整个太阳能热水系统由真空管连接式太阳能集热循环系统、防冻循环系统、自动补水系统、储热系统、控制系统和保温系统等多个子系统组合而成,并且对原有的燃煤锅炉供热系统进行了合理改造,利用燃煤锅炉作为辅助热源,降低了一次性设备投入。

图 3-39　学生公共浴室集中式太阳能热水系统

太阳能热水系统集热器集中布置于浴室屋面上(图 3-39),根据学生浴室的日常使用需求,开放日每天 1500 人洗浴,每周开放 4d,如果每人每天按 50L、45℃ 热水供应,则该太阳能热水系统每天需要提供 45℃ 热水 75000L,考虑到管路及热量损失,每天热水供应量需 80000L。按照每天每支真空管产 40~80℃ 的热水 7.5L 计算,集热面积应按照表 3-4 确定。

学生浴室太阳能热水改造工程的实施,不仅最大程度上利用了校园建筑的顶层屋面,而且有效降低了不可再生能源的消耗量,减少了校园日常的运行费用开支。同时,由于燃煤锅炉使用频率的降低,大大减少了污染物的排放量,园区的空气质量得到了有效改善。

集热面积的计算 表3-4

用水房间数量	72个
每间平均用水量（L）	120
每天用水总量（L）	120×72=8640
集热器单元数量（组）	30
集热单元特征	每组由40支直径为47mm、长度为1500mm的集热管组成
集热管的数量（支）	30×40=1200
集热面积（m²）	150

3.3.6 学生公寓中建筑技术的综合应用

1. 太阳能热水系统

在山东建筑大学生态学生公寓的太阳能热水系统中，为方便集热器的安装与调试，将太阳能集热器集中布置于生态公寓楼顶平屋面上（图3-40）。

为弥补在阴雨天气和冬季太阳辐射量不足情况下导致的水温过低，在蓄水箱的底部安装了辅助加热装置，该辅助加热装置采用60kW的电热丝，平铺在储热水箱的底部，保证在没有太阳的情况下可以使水温4h上升25℃以上。虽然辅助加热装置需要耗费一定的电能，但是，该太阳能热水系统在全年使用的情况下，太阳能可以提供70%的热量，并且，由于冬季洗澡次数较少，在最冷月学校已经放假，所以实际所消耗的电能十分有限。

图3-40 生态学生公寓集中式太阳能热水系统

2. 太阳能空气采暖系统

太阳能空气采暖系统是一种太阳能采暖系统，由空气集热器、辅助加热装置和控制装置组成。通过安装在建筑立面或屋面的太阳能空气集热器循环加热室内空气从而达到采暖的目的，当太阳能不足时，由辅助热源及时进行补充。集热和补热的过程均由控制装置操作，人工设定参数后系统自动运行。分为被动式太阳能采暖设计、主动式太阳能采暖设计。

被动式太阳房按照传热过程分为两类：①直接受益式，指阳光透过窗户直接进入采暖房间；②间接受益式，指阳光不直接进入采暖房间，而是首先照射在集热部件上，通过导热或空气循环将太阳能送入室内。按照集热形式的基本类型，分为五类：直接受益式、集热蓄热墙式、附加阳光间式、蓄热屋顶式、对流环路式。下面，以集热方式的基本类型对其原理进行简要介绍。

（1）直接受益式

这是较早的一种太阳房（图3-41），南立面是单层或多层玻璃的直接受益窗，利用地板和侧墙蓄热。当没有日照时，被吸收的热量释放出来，主要加热室内空气，维持室温，其余则传递至室外。

(2) 集热蓄热墙式

1956年，法国学者 Trombe 等人提出了一种集热方案，在直接受益式太阳窗的后面筑起一道重型结构墙，阳光透过玻璃照射在集热墙上，集热墙外表面涂有选择性吸收涂层以增强吸热能力，其顶部和底部分别开有通风孔，并设有可开启活门（图3-42）。

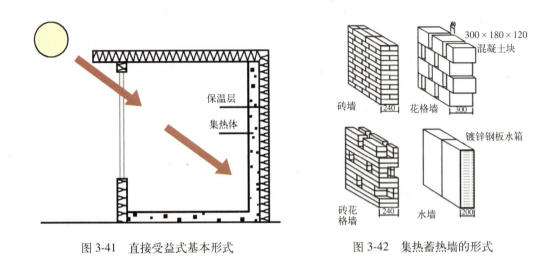

图3-41　直接受益式基本形式　　　　　图3-42　集热蓄热墙的形式

(3) 附加阳光间式

在向阳侧设透光玻璃构成阳光间接受日光照射，阳光间与室内空间由墙或窗隔开，蓄热物质一般分布在隔墙内和阳光间地板内。其机理完全与集热墙式太阳房相同，是直接受益式和集热蓄热墙式的组合（图3-43）。

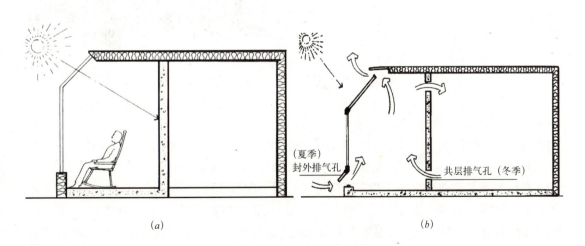

图3-43　附加阳光间式

3. 山东建筑大学学生公寓采暖系统设计

（1）被动式太阳能采暖设计

山东建筑大学生态学生公寓在南向房间采用了直接受益式采暖方式。南向房间采用了较大的窗墙面积比，外窗尺寸由 1800mm×1500mm 扩大为 2200mm×2100mm，窗墙比值达到 0.39，以直接受益窗的形式引入太阳辐射热。扩大南窗并安装了遮阳板，采用了外遮阳的方式，遮阳板方案：一至五层南窗上方 200mm 出挑宽 500mm 的遮阳板，六层上方 400mm 处有太阳墙集热部分出挑 1050mm，能够起到遮阳作用，不用另外设置遮阳板。遮阳板采用铝合金格栅，叶片可以微调角度，既能防止夏季正午强烈的阳光直射入室内，又不会影响冬季太阳能的引入。房间在秋分到来年的过渡季节和采暖季期内得到的太阳辐射量多于原有设计，而在夏至到秋分的炎热季节里得到的太阳辐射量少于原设计。另外，由于原方案中卧室通过封闭阳台间接获取日照，采暖季节直接得热会折减。

通过模拟计算，生态公寓的南向房间在白天可获得采暖负荷的 25%～35% 左右。虽然窗墙面积比超过了我国《夏热冬冷地区居住建筑节能设计标准》JGJ134—2001 中推荐的数值 0.35，但是由于采用了节能窗，增大的窗户面积在夜间只有有限的热量损失。

（2）太阳墙空气加热系统

太阳墙采暖新风系统是近几年来新兴的一种太阳能热利用技术，它能够为建筑提供经济适用的采暖通风解决方案，整个系统由集热和气流输送两部分组成。太阳墙空气加热系统的集热系统包括金属集热板、空气间层、支撑框架和遮雨板，气流输送系统包括风机和管道。

在山东建筑大学生态学生公寓的设计中，利用太阳墙空气加热系统为北向房间提供采暖和新风。在建筑南向墙面利用窗间墙和女儿墙的位置安装了 $157m^2$ 的深棕色太阳墙板，该色彩的选用在满足较高太阳辐射吸收率的情况下（黑色的太阳吸收率为 0.94，深棕色为 0.91），保证了建筑立面色彩的统一协调（图3-44）。

图3-44　太阳墙板与建筑结合

（3）低温地板辐射采暖系统

低温地板辐射采暖是在室内的楼地板层内铺设管道，通过管内低温热媒质将地板加热到一定温度，再由地板均匀地向室内辐射热量，热空气上升形成室内空气的自然对流现象，从而创造出具有理想温度分布的室内热微气候，"温足凉顶"，使室内环境达到人体感官最舒适的状态。

在校园建筑的部分房间采用了低温地板辐射采暖技术（图3-45），低温热媒质来自于采暖系统回水管道内的低温热水，相比采用传统的散热器散热采暖方式的房间，低温地板辐射采暖具有以下特点：①低温地板辐射采暖中的热量集中在人体受益的高度，较对流采暖方式热效率高。②热媒来自采暖系统回水管道的低温热水，不必单独设置加热设备及输送管道，降低能耗和工程造价。③低温地板辐射方式采暖使室内地表温度均匀，室温由下而上逐渐递减,给人以脚暖头凉的良好感觉,从而形成真正符合人体要求的热微气候。④由于楼地板层蓄热量大,因此在夜间间歇供暖的条件下,室内温度变化缓慢,热稳定性好。⑤盘管安装于地下,不占用地上空间,取消了室内传统的散热器及其支管,增加了室内使用面积。⑥分水器中的每一个环路配置了各自的控制阀门,学生可按照各自寝室所需的室温调节流量,做到最大限度地节省能源。

4. 建筑通风系统

(1) 可控制的进风设备——外窗涓流通风技术

生态公寓南向房间运用了冬季涓流通风技术来进行室内外空气交换。通风器安装在南向外窗上,与窗户成为一体(图3-46)。通风器有格栅的一端装在室外,共有3个开度,在室内通过绳索控制室外格栅的开口大小,使用十分方便。通风器的最大通风量为8.4L/s,风压为10Pa。在使用时可设定最小持续通风量,使房间一直有微量新风供应。通风器中的过滤器可以过滤掉进入室内的空气中夹杂的粉尘和悬浮物,保证新风质量。过滤器可方便地拆卸、清洗及更换,防止长时间使用后产生粉尘及悬浮物堆积,影响新风数量和质量。

图3-45 低温地板辐射采暖系统　　图3-46 生态学生公寓窗上安装通风器实景

(2) 机械排风设备——背景通风技术

目前,学生宿舍普遍存在人员过多的问题,这一问题直接导致了室内CO_2等污染气体含量过高,且室内异味较大,如果室内卫生间排风不畅,很容易造成室内空气污染。为保证生态公寓内空气质量,除了引进新风外,还应及时排除室内污浊空气。因此,在生态公寓的卫生间设置了通风口,每个通风口都装有可调节排风口大小的排风装置(图3-47)。排风风道分为南北两组,每组均用横向风管将屋面处排风口连接起来,并接入设置在屋面的二级变速排风机上(图3-48)。风机功率是1.5~2.2W,平时低速运转,提供背景通风,当有人使用卫生间时,排风装置开关开启,风机改为高速运转,将卫生间异味抽走,有效减少了卫生间污浊空气对室内空气的污染。卫生间内的风机还装有延时控制器,可根据实际需要设定延时时间,避免浪费电能。

(3) 太阳能烟囱通风技术

在建筑设计中,经常利用"烟囱效应"实现建筑的自然通风、降温。当建筑内部存在

图 3-47 排风装置　　　　　　　　图 3-48 二级变速排风机

贯穿多层的竖向空腔（如楼梯间、中庭、拔风井等），并且竖向空腔设置了足够高差的进出风口时，就可以利用"烟囱效应"将室内污浊的热空气排到室外。"烟囱效应"的通风效果受内外温差和进出风口高差的影响。室内外空气温差越大，则热压作用越强；在室内外温差相同和进气、排气口面积相等的情况下，上下开口之间的高差越大，则热压越大。与风压式自然通风相比，热压式自然通风更能适应常变的外部风环境。

在生态学生公寓的设计中加入了一个太阳能烟囱，其目的是充分利用热压和风压加强夏季室内自然通风降温。太阳能烟囱位于生态学生公寓的西墙中部，与走廊通过窗户连通。烟囱采用钢结构支架，由槽形压型钢板围合而成，并将钢板外表面涂黑，增加太阳辐射吸收率。太阳能烟囱的外部尺寸和造型经计算机通风模拟得出，其遵循以下设计原则：

1）满足使用要求

太阳能烟囱的特殊位置决定了其必须在满足采光等建筑使用功能的前提下解决技术问题。烟囱以一层西侧疏散出口的门斗为基础，外壁开大窗，窗扇固定，为走廊提供间接采光（图 3-49）；一层走廊通过顶棚处的风道与门斗处的烟囱相连；二至六层走廊近端的窗户尺寸为 2600mm×2400mm，均分成 6 扇下悬窗，室内污浊热空气由此进入太阳能烟囱（图 3-50）。冬季关闭所有下悬窗防止室内热空气散失，屋面处留有检修口（图 3-51），并在风帽下安装铁丝网，防止飞鸟进入。

2）烟囱效应

当室内温度高于室外温度时，室内热空气因密度小，便沿着这些垂直通道自然上升，透过门窗缝

图 3-49 太阳能烟囱外观

图 3-50 与太阳能烟囱相连接的通风窗

图 3-51 太阳能烟囱风帽与检修口

隙及各种孔洞从高层部分渗出,室外冷空气因密度大,由低层渗入补充,这就形成烟囱效应。烟囱效应是室内外温差形成的热压及室外风压共同作用的结果,通常以前者为主,而热压值与室内外温差产生的空气密度差及进排风口的高度差成正比。按照热力学原理,沿高度方向温度场分布不均匀,拉大空间中气流入口和出口位置的高差,加剧空间内上下温差,有利于增大热压,促进通风效果。太阳能烟囱总高度 27.2m,风帽高出屋面 5.5m。充足的高度能保证有足够的热压,

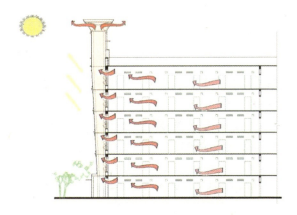

图 3-52 太阳能烟囱通风示意图

而且宽高比接近 1:10,通风量最大、通风效果最佳(图 3-52)。

3)漏斗作用

根据热力学第二定律和热量散失规律可知,热量总是由高温区流向低温区,由热密度高区域流向热密度低区域,所以在太阳能烟囱漏斗形的空间内,受形体造成的上疏下密影响,热量要向低密度区域扩散。因此,太阳能烟囱设计为近似漏斗状,横截面自下而上从 1.2m×3m 扩大到 2m×4m,这种形状有利于热空气的上升,此外还可保证各层的气流均衡。底层距出风口远、位置低、热压大,所以通道横截面小、下悬窗开启角度小,可减小空气流速;顶层距离出风口近、位置高、热压小,所以通道横截面尺寸和下悬窗开启角度变大,以增大气流速度。

4)避免涡流和气流回灌

在炎热季节,风帽的形状和气流在出风口附近的加速流动等因素会加强"烟囱效应",因此,烟囱出风口处的外部造型和风帽的底部造型设计应符合文丘里效应,以有效减少空气阻力,防止形成涡流和气体倒灌。

第4章　绿色大学园区水资源优化设计

现阶段，淡水资源匮乏和水质污染已成为影响中国经济和社会发展的因素。从全球水资源分析，我国可再生淡水资源为 28000 亿 m^3/a，居世界第 6 位。但人均淡水资源占有量约为 $2300m^3$，为世界人均水资源量的 1/4，属缺水国家。同时，我国的水资源分配也很不均衡，地区差异、南北差异都很大，水的供需矛盾非常突出。目前，随着我国社会经济的迅猛发展，人民生活水平的不断提高，需水量在逐年增加。人们的生活方式从温饱型逐渐向享受型过渡，对水质量的要求也在提高，这更加大了制水的成本，使得水资源的开发日益昂贵。另外，随着工业化经济的发展，水的消耗量逐日增加，随之增加了污废水的排放量，致使我国的许多水域和河流遭到了前所未有的污染。大量未经处理或经部分处理的污废水直接排放入水体，不仅污染了地面水，而且随着污染物渗入地下，许多地区的地下水也遭受到了严重污染。

由此可见，我国水资源危机不仅表现为水资源量的日益短缺和匮乏，而且还表现为污染型缺水。因此，治理污染、合理开发利用水资源、节约用水等，是改变目前我国水资源危机的重要手段，也是发展循环经济，实现我国经济可持续发展的重要条件。

山东建筑大学新校区地处济南市郊区，远离市区，该区域城市市政建设还没有完善，学校在建设阶段还没有城市排水系统。

4.1　山东建筑大学水资源梯级利用的优化设计

4.1.1　山东建筑大学园区水资源优化配置

水是大学园区生态环境的重要组成部分，是校园生态体系的结构组成和生命活动的主要物质基础。绿色大学园区水资源优化配置是指在大学园区内，工程与非工程措施并举，对有限的不同形式的水资源进行科学合理的分配，其最终目的就是实现校园水资源的可持续利用，保证社会经济、资源、生态环境的协调发展。其实质就是提高水资源的配置效率，提高水的分配效率及利用效率，合理解决园区各部门、各用水单位的用水需求平衡问题。

水资源的优化配置强调水资源的合理开发与利用，包含需水和供水两个方面：需水方面，即在满足用水要求的前提下，合理用水，降低水的使用量；供水方面，即既要满足使用者的用水安全，又要合理调配水资源。

随着山东建筑大学建设规模的不断扩大，大学园区的需水量在不断增加，污水的排放量也在逐年递增。水是连接整个校园生态系统的纽带，健康的自然生态系统应该既能控制水的流动又能不断促进水的净化和反复循环。自然环境中的水源包括降水、地表水、地下水三种形式。这三种不同的水源之间是相互转化的——降水既可转化为地表水，也可渗入地下转化为地下水；地表水与地下水相互补给、转化，关系就更为密切。因此，在"三水"

开发利用上,以及与其他水源配置上,在水量与水质、供水与排水相互关系上是一个不可分割的整体,必须进行统一规划和统一管理。另外,在水资源的开发上,"中水"也已经纳入水资源的范畴。这样,水资源的优化配置实际上是四种水资源的合理配置。

山东建筑大学对可以利用的水资源主要从以下几个方面进行规划和配置:第一个可以利用的是城市的生活自来水系统,它来自附近的水库水,经过净化后达到国家《生活饮用水卫生标准》GB 5749—2006,主要供给校区生活用水。第二个可以利用的是来自大气中的降水,雨水通过规划和设计,采取相应的工程措施,并加以利用作为景观湖的补水。第三个可以利用的水资源是"中水"系统,它是将山东建筑大学的所有污水集中起来,经过物理及生化处理后,使其达到国家《城市污水再生利用 城市杂用水水质》GB/T 18920—2002 标准中城市杂用水水质标准,主要用于山东建筑大学园区的厕所冲洗、楼内保洁、绿化用水以及景观湖的补水。其中,"中水"水资源作为山东建筑大学除城市自来水系统外的主要水资源系统,承担了山东建筑大学每日用水总量的一半以上。

4.1.2 山东建筑大学园区水资源综合利用策略

大学园区在团体(区域)用水中是除部分工业用水外的第一大户,在校园的设计、规划和建设中就要充分考虑水的综合利用问题。通过自然和谐的水环境,制定合理的校园用水安全措施,进行水资源的有效利用。可以从以下几方面考虑水资源的充分利用,建设节水型绿色校园。

(1) 在规划和论证阶段就将水资源的充分利用纳入建设的初步阶段,根据校园水资源状况,合理地制定节水规划方案。利用学校自身的位置和特点,按"高质高用、低质低用"的原则,制定水系统规划方案,统筹、综合利用各种水资源。

(2) 设计比较完善的供水、排水系统和体制。从设计、建设、选材上建立健全合理的组织体系,设置比较完善的管理体制,降低管道的漏损率。采用雨水、污水分流系统,充分考虑雨水和污水的再生回用。

(3) 生活用水、景观用水和绿化用水等按用水水质要求分别提供梯级处理回用。合理开发水资源,通过技术经济比较,将污水或较洁净的废水资源化;通过适当的处理技术,将处理后达到国家再生水回用标准的污水或废水回用于冲厕、绿化等,降低对洁净水的利用。

(4) 合理规划雨水径流途径,最大程度地降低地表径流,采用多种渗透措施增加雨水的渗透量。对于新建校区或新建建筑,产生的暴雨径流量宜小于或等于建设前的水平,以减小对城市暴雨径流峰值的影响,维持当地生态用水;大学园区的绿化环境、地域等为雨水的利用都创造了很好的条件(图4-1),可以将雨水和人工湖充分联系起来,也可以充分利用管道系统、

图 4-1 山东建筑大学生态水系——映雪湖畔芦苇

绿地系统、人行道铺装系统等，尽可能地将雨水收集起来。

（5）合理确定节水指标，努力实现浇灌用水不使用市政自来水和地下水等传统水源，对用水量比较集中的地方（如学生公寓）设置用水计量表。

（6）选择合理的卫生洁具，尽可能地选用节水器具。

4.2 山东建筑大学园区中水设计策略

4.2.1 中水回用的含义及常用术语

中水指各种排水（生活污水、生活废水）经过适当处理后，达到回用的标准，可在生活、市政、环境等范围内使用的非饮用水。

原建设部《城市中水设施管理暂行办法》中将中水定义为：部分生活优质杂排水经处理净化后达到国家标准，可以在一定范围内重复使用的非饮用水。在我国，之所以叫中水，实际上是沿用了日本的说法，将自来水系统通俗地称为"上水"，把污水或废水称做"下水"，污水或废水经过适当处理后，其水质通常介于"上水"与"下水"之间，所以通常被称做"中水"，也称做"再生水"。日本从 20 世纪 60 年代起一直大力研究和推广城市污水回用和中水技术，广泛供给工厂、企业和居民小区。南非 1986 年建成了世界上第一座城市污水"再生水"厂，用做城市自来水的补充水源。以色列、南非等严重缺水地区，中水发展历程长，技术起步比较早。而我国，早在 1958 年就开始将对城市污水处理与利用的研究列入国家科研课题；20 世纪 60 年代关于污水灌溉的研究已达到一定的水平；70 年代中期进行了城市污水以回用为目的的污水深度处理试验；80 年代初，青岛、大连、北京、太原、天津、西安等缺水的大城市相继开展了污水回用于工业和民用的试验研究，其中有些城市修建了回用试点工程并取得了积极的成果，不少公共建筑建设了污水回用装置。

中水回用是污、废水资源化的一种重要方法，它既可减少对环境的污染，又能增加可利用水资源的数量，具有明显的经济效益、社会效益和环境效益。城市污水处理后回用是节约用水的必然要求，而开发中水、利用中水、实现分质用水是一条可行之路。原建设部于 1995 年颁布了《城市中水设施管理暂行办法》，该规定对推动城市中水综合利用，促进城市节约用水，缓解城市用水的供需矛盾起到了积极作用。

中水主要用于厕所便器的冲洗、树木浇灌、城市绿化、道路清洁、车辆冲洗、基建施工、设备冷却水的补充用水以及可以接受其水质标准的其他用水。例如，在美国、日本、以色列等国，厕所冲洗、园林和农田灌溉、道路保洁、洗车、城市喷泉、冷却设备补充用水等，都大量地使用中水。

城市污、废水作为水资源，具有水量稳定、供给可靠的特点。另外污、废水可利用资源位于校区内，易于收集，就近可得，回用处理技术无论从技术上还是从难度上都不是很大，处理的费用一般都不很高，根据水量大小一般介于 0.5 ~ 0.8 元 $/m^3$ 之间。城市自来水是经过人工加工或开发的一种特殊商品，具有所有商品的性质。但它不同于一般的商品，它具有一定的福利性质。由于目前水价过低，城市中水在价格因素上就不具备竞争优势，因而阻碍污、废水可再生利用的发展。但随着这几年国家有关建设性政策的出台、城市用水阶梯性价格因素的影响和水资源费价格的不断提升，目前城市中水在价格因素上已经显露出其优越性。因此，城市污、废水的再生利用是开源节流、减轻水体污染、改善生态环境、解决城市缺水问题的有效途径之一。

目前，我国有660个城市存在水资源匮乏的问题，因此提高水资源的利用率，实现中水回用成为重要途径。中水利用对我国的环境保护、水资源保护、水污染防治、经济可持续发展能起到重要作用。但我国目前还没有中水利用专项工程，也没有专项资金，只是政策上引导，各城市的中水利用量是根据城市的缺水程度不同而定的，中水利用的范围及规模发展缓慢。近年来，很多有识之士都在呼吁尽最大的可能利用中水，提高社会对中水的认识和接受程度。每一个新建小区、学校等集中用水量较大的地区都应该设有污水处理和中水利用设施，特别是用水量较大的高等院校、居住小区等民用部门以及工业部门，如石油化工、农产品加工企业、电力等更应该优先采用中水，即便是消防这种短期用水，也要使用中水。总之，只要不是饮用水都可以考虑采用中水，把污、废水在本地消化，达到零排放，既节能又减排，同时达到了减少污染、美化环境的目的。

中水常用概念和术语如下：

(1) 建筑物中水。指一栋或几栋建筑物内建立的中水系统。

(2) 小区中水。在建筑小区内建立的中水系统。小区主要指居住小区，也包括高等院校、寄宿制中学、机关大院等集中建筑区，通称建筑小区。

(3) 建筑中水。建筑物和小区中水的总称。

(4) 中水系统。中水原水的收集、储存、处理和供给等工程设施组成的有机结合体，是建筑或建筑小区的功能配套设施之一。

(5) 中水设施。是指中水原水的收集、处理，中水的供给、使用及其配套的检测、计量等全套构筑物、设备和器材。

(6) 水量平衡。对原水水量、处理量与中水用量和自来水补水量进行计算、调整，使其达到供与用的平衡和一致。

(7) 中水原水。作为中水水源而未经处理的水。

(8) 杂排水。民用建筑中除粪便污水外的各种排水，如冷却排水、游泳池排水、沐浴排水、盥洗排水、洗衣排水、厨房排水等。

(9) 优质杂排水。杂排水中污染程度较低的排水，如冷却排水、游泳池排水、沐浴排水、盥洗排水、洗衣排水等。

目前从我国实际出发，中水正处于发展阶段。依据用户心理接受的程度，建筑中水主要用于冲洗厕所、绿化用水、道路清扫、清洗车辆等使用安全、可靠的场合。

4.2.2 中水回用水质要求

1. 中水水源及水质情况

中水水源的选择，根据国家《建筑中水设计规范》GB 50336—2002的规定，污水的污染程度、人们从感官容易接受的程度选取的先后顺序为：

(1) 卫生间、公共浴室的盆浴和淋浴等的排水。

(2) 盥洗排水。

(3) 空调循环冷却系统排污水。

(4) 冷凝水。

(5) 游泳池排污水。

(6) 洗衣排水。

(7) 厨房排水。

(8) 冲厕排水。

而从建设的规模对高等院校、建筑小区等的中水水源的选择,要依据水量平衡和技术经济比较确定,并应优先选择水量充裕稳定、污染物浓度低、水质处理难度小、安全且人们易接受的中水水源。可以从以下几个方面来进行其先后顺序的选择:

(1) 建筑物优质杂排水。

(2) 建筑物杂排水。

(3) 城市污水处理厂出水。

(4) 相对洁净的工业排水。

(5) 雨水。

(6) 生活污水。

中水水源的水量应根据中水用量和可回收排水项目的水量,经过平衡计算确定。高等院校的综合排水量应按《建筑给水排水设计规范》的规定进行计算,最高日给水量,再乘以最高日折算成平均日给水量的折减系数和排水折减系数的方法计算确定,折减系数取值按有关规定和设计规范执行。但真正在设计中一般是按建筑物的给水量来折算其排水量,但是给水量与排水量是两个完全不同的概念。给水量可以由规范、文献资料或实测取得,但排水量的资料取得则较为困难,目前一般按给水量的80%～90%折算,按用水项目自耗水量多少取值。

2. 中水回用水质标准

(1) 中水用于冲厕、道路清扫、消防、城市绿化、车辆冲洗、建筑施工等杂用的水质按《城市污水再生利用 分类》GB/T 18919—2002 中城市杂用水类标准执行。为便于应用,列出《城市污水再生利用 城市杂用水水质》GB/T 18920—2002 标准中城市杂用水水质标准,见表4-1所列。

(2) 中水用于景观环境用水,其水质应符合国家标准《城市污水再生利用 景观环境用水水质》GB/T18921—2002 之规定。为便于应用,将《城市污水再生利用 景观环境用水水质》标准中的景观环境用水的再生水水质指标列出(表4-2),其他有关内容见该标准。

污水处理的程度可按下式进行计算:

$$\eta = (C_0 - C_e)/C_0 \times 100\%$$

式中　　η——污水需要处理的程度,以百分率计;

C_0——未经处理的污水某种污染物的平均浓度,mg/L;

C_e——经过处理后污水中该污染物的平均浓度,mg/L。

最终确定中水回用的标准,当回用于不同的地方时,要求处理后的程度要达到回用的水质要求较高者的程度,并以此作为中水的回用标准。

3. 中水水质必须满足的条件

(1) 满足卫生要求。其指标主要有大肠菌群数、细菌总数、余氯量、悬浮物、BOD_5 等。

城市杂用水水质标准　　　　　　　　　　　　　　　表4-1

序号	项目 指标	冲厕	道路清扫消防	城市绿化	车辆冲洗	建筑施工
1	pH	6.0～9.0				
2	色（度）≤	30				
3	嗅	无不快感				
4	浊度（NTU）≤	5	10	10	5	20
5	溶解性总固（mg/L）	1500	1500	1000	1000	—
6	5日生化需氧量BOD_5（mg/L）≤	10	15	20	10	15
7	氨氮（mg/L）≤	10	10	20	10	20
8	阴离子表面活性剂（mg/L）≤	1.0	1.0	1.0	0.5	1.0
9	铁（mg/L）≤	0.3	—	—	0.3	—
10	锰（mg/L）≤	0.1	—	—	0.1	—
11	溶解氧（mg/L）≥	1.0				
12	总余氯（mg/L）	接触30min后≥1.0，管网末端≥0.2				
13	总大肠菌群（个/L）≤	3				

注：混凝土拌合物用水还应符合《混凝土用水标准》JGJ63的有关规定。

景观环境用水的再生水水质指标　　　　　　　　　　　　表4-2

序号	项目	观赏性景观环境用水			娱乐性景观环境用水		
		河道类	湖泊类	水景类	河道类	湖泊类	水景类
1	基本要求	无漂浮物，无令人不愉快的嗅和味					
2	pH值（无量纲）	6～9					
3	5日生化需氧量BOD_5（mg/L）≤	10	6		6		
4	悬浮物SS（mg/L）≤	20	10		—*		
5	浊度（NTU）≤	—*			5.0		
6	溶解氧（mg/L）≥	1.5			2.0		
7	总磷（以P计）≤	1.0	0.5		1.0	0.5	
8	总氮 ≤	15					
9	氨氮（以N计）≤	5					
10	粪大肠菌群（个/L）≤	10000	2000	500	不得检出		
11	余氯** ≥	0.05					
12	色度（度）≤	30					
13	石油类 ≤	1.0					
14	阴离子表面活性剂（mg/L）≤	0.5					

注：1.对于需要通过管道输送再生水的非现场回用情况采用加氯消毒方式；而对于现场回用情况不限制消毒方式。
　　2.若使用未经过除磷脱氮的再生水作为景观环境用水，鼓励使用本标准的各方在回用地点积极探索通过人工培养具有观赏价值水生植物的方法，使景观水体的氮磷满足表中的要求，使再生水中的水生植物有经济合理的出路。
　* "—"表示对此项无要求。
　** 氯接触时间不应低于30min的余氯。对于非加氯方式无此项要求。

(2) 满足人们的感观要求，即无不快的感觉。其衡量指标主要有浊度、色度、臭味等。

(3) 满足设备构造方面的要求，即水质不易引起设备、管道的严重腐蚀和结垢。其衡量指标有pH值、硬度、蒸发残渣、溶解性物质等。

(4) 当中水回用于灌溉绿化，尤其是花卉时，要注意相关指标的控制，如余氯量不能过高，避免伤害绿化植物，尤其是较名贵娇弱的品种。

4.2.3　中水处理工艺和设备

中水处理工艺主要根据中水原水的水量、水质和要求的中水水量、水质与当地的自然环境条件的适应情况，经过技术经济比较确定。

中水处理工艺按组成段可分为：预处理、主处理及后处理部分。预处理包括格栅、调节池；主处理包括混凝、沉淀、气浮、活性污泥曝气、生物膜法处理、二次沉淀、过滤、生物活性炭以及土地处理等主要处理工艺单元；后处理为膜滤、活性炭、消毒等深度处理单元。中水处理工艺按主要处理方法分为：以物理化学处理方法为主的物化工艺、以生物化学处理为主的生化处理工艺、生化处理与物化处理相结合的处理工艺以及土地处理（如天然或人工土地生物处理和人工土壤毛管渗滤法等）四类。由于中水回用对有机物、洗涤剂去除要求较高，而去除有机物、洗涤剂有效的方法是生物处理，因而中水处理常用生物处理作为主体工艺。

中水处理工艺，对原水浓度较高的水宜采用较为复杂的人工处理法，如二段生物法或多种物化法的组合；对原水浓度较低的水宜采用较简单的人工处理法；不同浓度的污水均可采用土壤毛管渗滤等自然处理法。

处理工艺的确定除依据上面提到的基本条件和要求外，通常还要参考已经应用成功的处理工艺流程。在实践中常用的工艺汇总，见表4-3所列。

4.2.4　大学园区中水回用的特点

大学校园是一个相对比较单一的独立区域，校园内有独立的管网系统，其排水的性质比较单一。排水系统可以分为可纳入城市市政的排水系统和不可纳入城市市政的排水系统。校园在建设中一般绿地面积都很大，大部分还建设有水景系统，中水系统建成后将为社会节省大量的宝贵水资源。

大学校园建设中水回用和其他建设单位的中水回用相比，具有以下特点：

(1) 建筑规模大，区域广，功能相对单一，因而生活用水量也相对较大。目前，我国大学园区建设规模都比较大，用水量每天都在几千吨，生活区和教学区占有整个校园建筑的大部分。

(2) 用水分区明显，水质相对稳定。校园一般分为办公区、教学区、学生公寓生活区。生活区以学生居住为主，水质较为单一，可生化性好。教学区的用水主要是洗刷、冲厕用水，较好处理，便于收集利用。

(3) 水质水量变化幅度大。在白天，教学区的水量较大；早晨和晚上，生活区的用水较为集中。

(4) 中水的应用范围较广。绿化灌溉、景观水体、冲厕是校园中水回用的主要途径之一。

常用工艺汇总　　　　　　　　　　　　　　　　　　　　　表4-3

原水类型	处理流程
以优质杂排水为原水的中水工艺流程	(1) 以生物接触氧化为主的工艺流程： 原水→格栅→调节池→生物接触氧化池→沉淀→过滤→消毒→中水 (2) 以混凝沉淀为主的工艺流程： 原水→格栅→调节池→混凝沉淀→过滤→活性炭→消毒→中水 (3) 以混凝气浮为主的工艺流程： 原水→格栅→调节池→混凝气浮→过滤→消毒→中水 (4) 以微絮凝过滤为主的工艺流程： 原水→格栅→调节池→微絮凝过滤→活性炭→消毒→中水 (5) 以过滤臭氧为主的工艺流程： 原水→格栅→调节池→过滤→臭氧→消毒→中水 (6) 以物化处理—膜分离为主的工艺流程： 原水→格栅→调节池→絮凝沉淀过滤（或微絮凝过滤）→精密过滤→膜分离→消毒→中水
以综合生活污水为原水的中水工艺流程	(1) 以生物接触氧化为主的工艺流程： 原水→格栅→调节池→两段生物接触氧化→沉淀→过滤→消毒→中水 (2) 以水解—生物接触氧化为主的工艺流程： 原水→格栅→水解酸化调节池→两段生物接触氧化→沉淀→过滤→消毒→中水 (3) 以厌氧—土地处理为主的工艺流程： 原水→水解池或化粪池→土地处理→消毒→植物吸收利用→中水
以粪便水为主要原水的工艺流程	(1) 以多级沉淀分离—生物接触氧化为主的工艺流程： 原水→初沉池→接触氧化1→沉淀1→接触氧化2→沉淀2→接触氧化3→沉淀3→沉淀4→过滤→活性炭→消毒→中水 (2) 以膜生物反应器为主的工艺流程： 原水→化粪池→膜生物反应器→中水
以污水处理厂出水为原水的工艺流程	二级处理厂出水→混凝、沉淀（澄清）→过滤→消毒→中水

(5) 需要一定的投资。虽然中水回用需要一定的前期投资，但是从长远来看，中水回用可以节约大量的水资源，是水资源合理利用的有效途径。

根据对校园中水回用的跟踪调查，山东建筑大学园区中水平均用水量的统计情况，见表4-4所列。

山东建筑大学校园中水用水量统计表　　　　　　　表4-4

序号	用水性质	用水定额	数量	日用水量（m^3/d）
1	冲厕用水	75L/(人·d)	25000人	1875
2	绿化、浇灌	2.0L/(m^2·d)	200000m^2	400
3	景观补水		湖总容积2万m^3	200
4	其他			75
5	合　计			2550

虽然校园水质比较单一，主要以生活污水为主，但是不同的校园又有区别。文科类大学是以生活污水为主，但综合类大学和不同专科类大学由于都建设有不同的实验室和实习工厂，就会产生性质不同的污废水，对此要分别对待。有条件时，以实测和采纳与其类似的相关学校的数据为主。山东建筑大学的中水原水水质进行实测后的平均参考值，见表4-5所列。

校园原水水质参考表　　　　　　　　　　　　　　　　表4-5

指标	单位	优质杂排水	杂排水	全部污水	备注
BOD_5	mg/L	50	80	195	
COD_{Cr}	mg/L	100	150	450	
SS	mg/L	100	100	210	
氨氮	mg/L	25	30	45	

4.2.5　大学园区中水来源及其选择

在选择大学园区中水水源时，主要从以下几个方面来考虑。

（1）根据回用的目的以及中水的需求量，在选择校园中水水源时，其优质的杂排水是首先考虑的中水水源。由于校园中水主要用于冲厕和绿化，冲厕和绿化占校园人均用水量的50%左右，学生公寓冲厕用水量又占到整个学校冲厕用水量的70%左右，通过水量平衡可以看出，若校园内优质杂排水能够满足校园内中水回用的需要，则生活污水（粪便污水）不需要作为中水水源而可直接排入城市市政管网。学校公寓用水量比例，见表4-6所列。

学校公寓用水量比例　　　　　　　　　　　　　　　　表4-6

用途	厕所冲洗	洗澡用水	盥洗用水	洗衣用水	扫除用水	小计
人均用水量[L/（人·d）]	50	30	20	25	12	137
比例（%）	37	22	15	18	8	100

优质杂排水的特点是水质较好，处理工艺比较简单，中水回用系统投资较低，处理成本便宜。但优质杂排水用水在时间上比较集中，水量波动较大，对水量平衡的要求较高。

在管网及其分质排水方面，由于优质杂排水相对集中在校园的食堂、浴室、公寓等学生生活区。因此，在校园规划和建设中，学生生活区应比较集中地建在一个区域，可以便于在校园排水管网建设中分质排水，将优质杂排水与粪便污水和厨房废水分别收集处理及排放。优质杂排水包括了学生公寓的洗浴废水、盥洗废水、洗衣废水、餐厅洗菜废水等，将其收集后送入中水处理站，经过适当处理后通过专门的中水管道系统回用，其余污水用另外的排水管道收集后排放至城市市政管网。

（2）园区内的雨水。雨水是一种很好的天然水资源，应以植被滞留、吸纳、土壤入渗、河湖蓄存等多种方式充分利用。特别是北方干旱地区，应如何将雨季的雨水收集、蓄存，用以形成天然或人工水体景观，经处理后用于绿化和水环境建设是符合自然界水圈循环和生态环境建设的好方式，应予以充分重视，积极推广。南方沿海缺水地区，由于降水地面径流短，大量雨水迅即入海，对于经济发达、人口密度大的城市，周围无大型淡水水体可供取水时，可将雨水储存后作为中水水源。日本、新加坡在这方面有较多的经验，我国应充分借鉴，利用好这一天然淡水资源。

（3）若校园附近有城市的污水处理厂，由于污水处理厂一般都经过2～3级处理，处理出水水量、水质稳定，也是很好的中水水源。

（4）校园区全部污水。目前，许多大学园区都位于城市的郊区，市政管网配套尚不够完善，附近没有配套的市政排水管网，污水最终无法排至污水处理厂。在这种情况下，污水就必须经过处理后才能排至校外，本身就需要在校内建设污水处理站，在此基础上进一步处理就可以达到回用的标准。这类原水的优点是水质可生化性好，水量稳定可靠，全部为污水，省去污水、杂排水分别收集所增加的管网投资。但全部污水的杂质成分较多，相应的浓度较高，含有各种致病菌的几率较高，数量巨大。因此，处理工艺复杂，处理设施投资高，管理要求较高，运行费用多。

因此，在选择中水水源时，要根据校园的实际情况，因地制宜，进行合理地选择。

4.2.6 山东建筑大学中水工程

1. 中水工程基本概况

山东建筑大学园区中水水源的选择应首先选用优质杂排水。但考虑目前建筑大学远离城市，市政管网不完善，污水无法进入市政管道，因此，选择所有污水全部进入中水处理站，处理后大部分进行回用，其余部分排放至雪山，绿化雪山树木。经过水平衡测试，对山东建筑大学各个部门进行水量调查和监测，并将各部门用水情况加以汇总，见表4-7所列。

山东建筑大学园区用水量情况调查表（m^3） 表4-7

类别	冲厕	盥洗	沐浴	绿化	洗衣	其他用水
办公楼	25	2				
教学楼	500	12				
学生食堂	25	150				
公寓	1250	440			550	
浴室		55	300			
实验室	75					180
锅炉房						300
绿化						100
水景补水						200
合计	1875	659	300		550	780
总计	4164					

注：山东建筑大学按在校学生平均人均用水量200L/(人·d)计。

从以上的表格分析，可知山东建筑大学用于冲厕的中水量占总需水量的比重很大。

（1）设计污水处理流量。根据校区给水用水量，排水系数取 0.85，目前需要的处理量为 3500m³/d；山东建筑大学最终规划在校生为 2.5 万人，考虑以后的发展，确定设计规模为 4000m³/d。

（2）设计污水原水水质。见表 4-8 所列。

原水水质指标　　　　　　　　　　　　　　　　　　　表4-8

项目	水质指标
COD_{Cr}（mg/L）	450
BOD_5（mg/L）	250
SS（mg/L）	250
氨氮（mg/L）	45
总氮（mg/L）	50
总磷（mg/L）	3.5
pH	6~9

（3）设计出水水质。工程设计出水水质执行城市杂用水水质标准和景观用水水质标准的高值。回用水量见表 4-4 所列，中水剩余部分排至雪山，浇灌林木。

山东建筑大学园区中水回用于冲厕、绿化、水景补水，如图 4-2、图 4-3 所示。

图 4-2　山东建筑大学中水回用管网

图 4-3　山东建筑大学景观系统（人工湖）

2. 中水工程工艺流程

山东建筑大学位于济南市城市的边缘地区，市政建设不是很完善，城市的污水管网还没有延伸至校园附近，所以山东建筑大学的污水无法接入城市污水管网，作收集后处理，园区附近甚至没有雨水排水系统及泄洪河道。所以，山东建筑大学根据国家有关法规，在充分论证的基础上，决定将全部污水收集起来，集中进行处理，达到相应回用标准后，主要回用于冲厕、保洁、绿化、景观湖补水等，达到污水零排放。中水主要回用于校区学生公寓、教学楼、二级学院、办公楼、图书馆的冲厕，学校绿化喷灌，景观湖补水，道路、运动场喷洒，剩余部分灌溉雪山的树木。

污水主要来自于学生和教职工盥洗洗浴废水、办公楼洗涤污水、食堂污水、冲厕污水等，食堂设隔油池，学校办公楼、公寓、教学楼等各单体建筑均设有化粪池。中水出水要求满足《城市污水再生利用 城市杂用水水质》GB/T 18920—2002 中冲厕、绿化、道路清扫三项的最高要求（表4-1），景观湖补水部分的中水应符合《城市污水再生利用 景观环境用水水质》GB/T 18921—2002 中观赏性景观环境用水（水景类）相应标准（表4-2）。

山东建筑大学中水工程工艺流程，如图4-4所示。

生化工艺采用倒置 A^2/O 工艺：缺氧—厌氧—好氧。其中好氧采用悬浮填料聚丙烯多面空心球，回流污泥进缺氧池，不进行混合液回流。主要处理工艺为复合式流动床生物膜工艺，它兼有活性污泥法和生物膜法的优点。

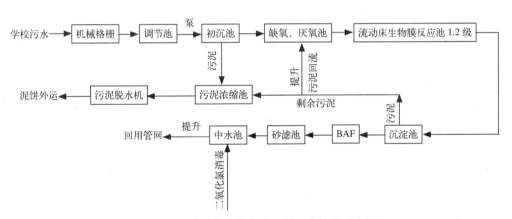

图 4-4 山东建筑大学中水工程工艺流程示意图

3. 工程设计

（1）格栅

格栅根据清渣的方法，可以分为机械格栅和人工格栅。根据格栅条空隙宽度可以分为：粗格栅——50～100mm；中格栅——10～40mm；细格栅——1.5～10mm。

校区的中水处理站为了减少劳动强度，一般设计为机械式格栅。在设计上，为了加强其拦污效果，减少对后续构筑物的影响，常采用细格栅。

大型污水处理厂多采用中格栅，一般都在2台以上。但是，对于水量比较小的中水处理站来说，由于本身水量就比较少，无论从经济上还是水量上来说，设2台显然太多，所以一般只设1台。根据水量及管理、投资等综合因素，可以考虑采用机械格栅或人工格栅。根据工程经验，一般设计1道细格栅时，格栅条空隙宽度小于10mm；设置粗细2道格栅时，粗格栅条空隙宽度为 10～20mm,细格栅条空隙宽度为 2.5mm。运行中的机械格栅,如图 4-5 所示。

在格栅池设计中,还要考虑中水处理站在检修及事故中污水的出路。因此,一般在格栅池中设 1 个矩形闸板阀门,事故及检修时将闸板阀关闭,污水水位上升后从溢流口排至市政污水管道。如图 4-6 所示。

格栅后若不设初次沉淀池,为了后续构筑物的正常运行,一般也可以设水力筛,如图 4-7 所示。

图 4-5 运行中的机械格栅

图 4-7 运行中的水力筛

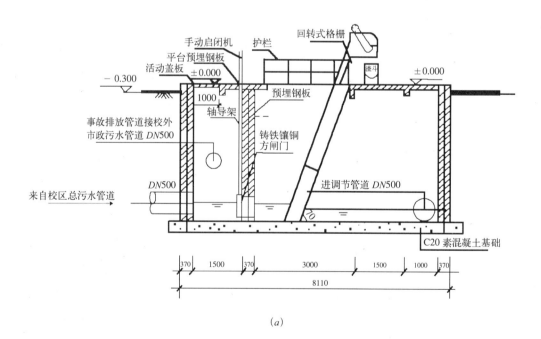

(a)

图 4-6 格栅池设计示意图(一)

(a) 格栅池安装示意图

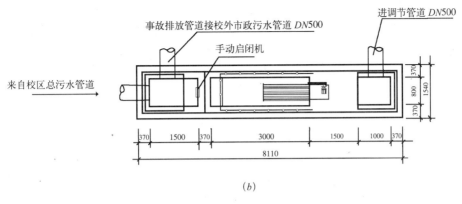

图 4-6 格栅池设计示意图（二）

(b) 回转式格栅平面图

(2) 调节池

为了使管渠和中水处理构筑物正常工作，不受污水高峰流量或浓度变化的影响，需在中水处理设施前设置调节池。调节池的作用是均质和均量，一般还兼有沉淀、混合、加药、中和和预酸化等功能。

1) 水量调节

一般来说，大学园区不像一座大的城市那样用水量和排水量比较均衡。学校用水比较单一，用水主要集中在学生身上，用水和排水不均衡。学生早上的洗浴、冲厕用水比较集中；学生上课后，用水主要集中在学生食堂、办公室的清扫。所以，总的来说，污水排放量在时间上不是一个常数，是一个变化的量。学校越小，人数越少，其变化越明显。这样，调节池就起到了一个对污水水量进行调节的作用：当来水量大时，污水的一部分进入污水处理系统，一部分储存在调节池中；而当来水量小于处理量时，则进入处理系统的水量一部分是来的全部污水的量，一部分是前期储存在调节池中的污水量。

调节池的大小，要根据小时处理量和小时来水量经过分析计算后确定。若没有小时用水量的数据，也可以根据处理量的大小及用水的规模，按照经验取污水处理量的百分数进行计算。①连续运行时，调节池的调节容积可按日处理水量的35% ~ 50% 计算。学校规模较大，人数较多可以取值较小，取下限；学校规模较小，人数较少，取值可以大些。②间歇运行时，调节池的调节容积可按处理工艺运行周期计算。

为了防止污水中的杂物沉淀，使后续处理工艺负荷较小，一般在调节池中设置预曝气装置，曝气量不宜小于 $0.6m^3/(m^2 \cdot h)$。调节池池底应有不小于 0.02 的坡度，坡向集水坑，池壁应设置爬梯和溢水管。当采用地埋式时，顶部应设置出入孔和直通地面的排气管。另外，在设计调节池时尽量采用带盖结构形式，防止对地面环境造成影响。

2) 水质调节

水质调节是指把不同时间段、不同水质的来水在调节池内混合，使经过调节池后进入后续处理构筑物的污水水质比较均匀。例如，学校有类似实习工厂、用水量较大的实验室时，污水水质差别较大，可能某一时间段排出酸性污水，另外时间段排放碱性污水，这样不同类型、不同来源的污水在调节池内混合,使污水水质比较均匀。水质调节池也称均和池或匀质池。在设计主要以水质调节为目的的调节池时,首先要了解不同时间段的来水量及其水质情况,然后根据其实际的水质、水量,分析计算污水在调节池内的停留时间。

调节池溢流装置一般与格栅池中的溢流口合用。

3)调节池设计

设计水量 4000m^3/d,小时处理量为 170m^3/h,内设 2 台潜水污水泵。由于格栅只去除了大部分体积较大的固体悬浮物,剩余的固体悬浮物以及大量的人体毛发一并进入了调节池,这些悬浮物对潜水污水泵的运行会构成严重危害,极易将泵体叶轮缠住,从而将电机烧毁。因此,在设计潜水污水泵时,可以选择切碎式污水泵,将大部分的固体悬浮物破碎成较小体积,然后在初沉池中沉淀下来如图 4-8 所示。

图 4-8 建设中的调节池

调节池中的预曝气装置可与生化池中的不同,设计成穿孔曝气形式。材质可以选择聚氯乙烯管或 PE 管,孔径 3~5mm,固定于池底。如图 4-9 所示。

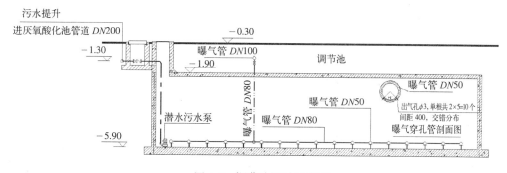

图 4-9 调节池设计示意图

调节池设计成矩形,尺寸为 30.0m×11.0m×4.0m,有效水深 3.8m。为了防止污水在运行时产生死角,调节池内部设有导流墙。

考虑每天的处理量较大,来水相对来说就会比较均衡。

(3)初次沉淀池

1)初次沉淀池的主要功能

①去除污水中大部分的固体悬浮物,固体悬浮物(SS)一般可去除 40%~55% 以上。

②去除大部分非溶解性的 BOD 和部分溶解性的 BOD,去除率一般在 25%~40%。

③若沉淀池控制适当,还可以起到污水的水解酸化作用。

④改善后续生物处理构筑物的运行条件,降低生物处理构筑物的 BOD_5 负荷,提高后续处理构筑物的处理效果。

⑤初次沉淀池可以与一级强化处理工艺联合，投加絮凝剂后经过一级强化处理后的污水对悬浮固体、胶体物质具有明显的去除效果：SS 去除率可达 90%，BOD 去除率约为 50%～70%，COD 去除率约为 50%～60%；具有较好的除磷效果，除磷率在 80% 以上。对后续处理及处理后出水的水质提供了很好的保障。

⑥当原水为优质杂排水或杂排水时，设置调节池后可不再设置初次沉淀池。

2）沉淀池常用形式

沉淀池的形式主要是根据池内水流的方向不同进行分类的，主要分为平流式沉淀池、辐流式沉淀池和竖流式沉淀池。各种池型的优缺点及适用条件，见表 4-9 所列。

各种沉淀池的优缺点及适用条件　　　　　　　表 4-9

池型	优点	缺点	适用条件
平流式	对冲击负荷和温度变化的适应能力较强；施工简单，造价低	采用单斗排泥时，每个泥斗需单独设排泥管各自排泥，操作工作量大，采用机械排泥时，机件设备和驱动件均浸于水中，易锈蚀	适用于地下水位较高及地质较差的地区；适用于大、中、小污水处理厂
竖流式	排泥方便，管理简单；占地面积较小	池子深度大，施工困难；对冲击负荷及温度变化的适应能力较差；造价较高；池径不宜太大	适用于处理水量不大的小型污水处理厂
辐流式	采用机械排泥，运行较好，管理亦较简单；排泥设备有定型产品	池中水流速度不稳定；机械排泥设备复杂，对施工质量要求较高	适用于地下水位较高的地区；适用于大、中型污水处理厂
斜板（管）式	悬浮物去除率高；停留时间短；占地面积小	排泥若处置不当会造成排泥不彻底，用于二沉池由于其污泥的黏性会造成斜管堵塞	适用于处理水量不大的小型污水处理厂

3）沉淀池设计原则及注意事项

①沉淀池基本概念

初次沉淀池的进水一般来自于调节池，经水泵提升进入沉淀池，按日处理量的平均流量计算。根据颗粒物在水中的沉淀特性，可以把沉淀分成以下四种类型：

自由沉淀。适用于低浓度的离散颗粒，颗粒在沉降过程中，其形状、尺寸、质量均不变，颗粒之间无相互干扰，因此，在沉降过程中颗粒的沉速不变。

絮凝沉淀。絮凝性颗粒在沉淀过程中发生絮凝作用，颗粒絮凝长大，沉速逐渐增加。

拥挤沉淀（受阻沉淀）。因颗粒的浓度过高，颗粒在沉淀的过程中相互干扰，不同颗粒以相同的速度成层下降，并形成明显的固液界面。

压缩沉淀。在颗粒浓度极高的情况下（如污泥浓缩池底部附近），颗粒在相互支撑的条件下受重力的作用被进一步挤压。污水中的许多悬浮物质、活性污泥等，都属于絮凝性颗粒。

在以学校生活污水为水源设计中水工程时，沉淀池设计数据，参见表 4-10 所列。

校区生活污水沉淀池设计参考数据   表4-10

设计参数	沉淀池类型	初次沉淀池	二次沉淀池		备注
			生物膜法后	活性污泥法后	
沉淀时间（h）		1.0~2.5	1.5~3.0	1.5~3.0	
表面水力负荷[m³/(m²·h)]		1.5~3.0	0.8~1.5	0.6~1.2	
污泥量	g/(p·d)	16~36	10~24	12~30	
	L/(p·d)	0.36~0.83	—	—	
污泥含水率（%）		95~97	96~98	99.2~99.6	

注：斜板（管）式沉淀池表面水力负荷可采用1~3m³/(m²·h)。

②竖流式沉淀池

竖流式沉淀池是小型污水处理厂及中水处理站常采用的一种沉淀方式。为了使水流分布均匀，池子直径或正方形的边长与有效水深之比值不大于3。池子直径不宜大于8m，常采用4~7m。在池子的中央部位设有1个中心管，中心管内流速不大于30mm/s。中心管下口一般做成喇叭口形状，在下部安装有反射板，如图4-10所示。

反射板距泥面不小于0.3m，中心管其余尺寸，如图4-10（b）所示。池子直径或正方形的边长不大于7m时，沉淀后的上清液可从周边流出，流出装置可以采用锯齿形溢流堰。

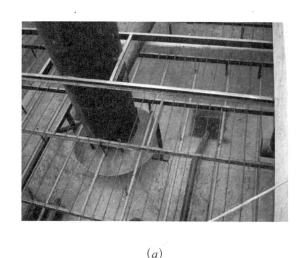

(a)

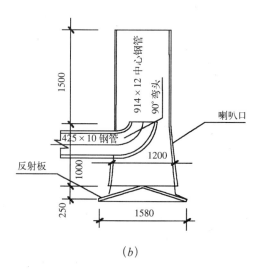

(b)

图4-10 沉淀池中心管安装

(a) 沉淀池中心管；(b) 沉淀池中心管大样

为了防止浮渣流出影响其沉淀的效果，一般在安装时可设1个浮渣挡板，浮渣挡板距集水槽0.2~0.5m，高出水面0.1~0.15m，淹没深度0.2~0.4m。竖流式沉淀池排泥一般采用重力式压力排泥。浮渣挡板及锯齿形溢流堰形式，如图4-11、图4-12所示。

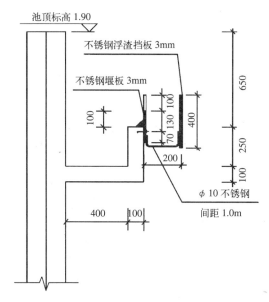

图 4-11 沉淀池集水槽及浮渣挡板示意图

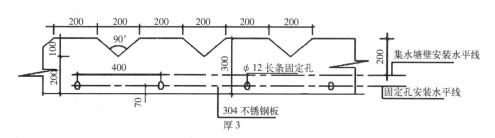

图 4-12 锯齿形溢流堰示意图

③斜板（管）式沉淀池

斜板（管）式沉淀池是根据浅层理论，在沉淀池中加设斜板或蜂窝斜管，以提高沉淀效率的一种沉淀池。由于增加了沉淀面积，大大提高了沉淀效果。

根据水流与沉泥的相对运动，分别有向上流、向下流、异向流斜板（管）式沉淀池。斜板（管）一般采用聚丙烯板、玻璃钢板、乙丙共聚板等制作。斜管一般做成六角形。在小型污水处理厂或中水处理站也可以采用混合池型，一般是在竖流式沉淀池的基础上，为了提高沉淀的效果增加斜板（管）。斜管沉淀池现场图片，如图 4-13 所示。

山东建筑大学中水处理站斜管沉淀池设计参数：设计水量 170m³/h；设计 3 格，每格产水量为 57m³/h；设计表面负荷 1.5m³/(m²·h)；正方形布置尺寸 6.5m×6.5m；设计水力停留时间为 2.1h。设计示意图，如图 4-14

图 4-13 斜管沉淀池现场图片

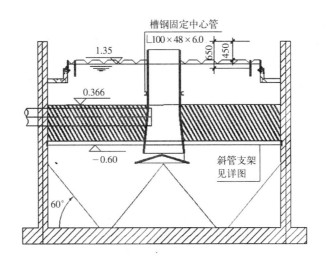

图 4-14 斜管沉淀池设计示意图

所示。

(4) 缺氧池、厌氧池

氮、磷是污水中主要污染物之一。氮、磷是植物营养元素之一,是农作物、水生植物和微生物生命活动不可缺少的重要物质,但过多的氮和磷会对环境造成严重危害。

氮、磷对水体环境的影响最为突出的是,水体(特别是封闭水体)的富营养化。主要表现为藻类的过量繁殖以及水生植物的大量生长,尤其是藻类的繁殖。藻类的过量繁殖和生长会吸收水体中的氧气,使水体中的溶解氧急剧变化,尤其是夜间急剧缺氧,严重影响鱼类的生长。由于水体中藻类及缺氧而引起的水体厌氧更加剧了水体水质变差,导致严重的生态和环境问题。所以,我国对氮、磷物质的最高允许排放浓度在《城镇污水处理厂污染物排放标准》、《城市污水再生利用 城市杂用水水质》、《城市污水再生利用、景观环境用水水质》等水体排放以及回用标准中都分别作了相应的规定。

在城市生活污水处理及中水回用中,氮的去除主要是用生物处理的方法,将氮还原成 N_2 排至大气中。污水处理中除磷技术主要有:使磷成为不溶性的固体沉淀物并从污水中分离出去的化学除磷法和使磷以溶解态为微生物所摄取并随微生物从污水中分离出去的生物除磷法。

生物除氮的基本原理是在微生物的作用下,将污水中的有机氮和氨氮经过硝化和反硝化的作用转化为 N_2 和 N_xO 气体,从而降低和去除污水中含氮化合物。

污水处理中进行硝化反应所需要的环境条件是:要有充足的溶解氧,要满足硝化菌所需要的溶解氧量,溶解氧含量宜维持在 2mg/L 以上,并要保持一定的碱度;其次,应保持混合液中有机物的含量不要过高,BOD 最好控制在 15～20mg/L 以下。

影响反硝化的环境因素主要有:碳源、pH 值、溶解氧、温度。一般要求污水在进行反硝化时要有充足的碳源,碳源不足反硝化速率会降低,反硝化过程进行得不完全;反硝化最适宜的 pH 值一般控制在 6.5～7.7,过高或过低都会影响反硝化速率;由于反硝化菌属于异养型兼性厌氧菌,在厌氧、好氧交替的环境中生活最为适宜,一般溶解氧控制在

0.5mg/L 以下；反硝化时温度最好控制在 20～40℃，温度过低，反硝化速率下降。

磷不同于氮，不能形成氧化体或还原体向大气排放从而达到污水除磷的目的。污水中去除磷的方法主要有生物除磷法和化学除磷法。生物除磷是利用聚磷菌类微生物在好氧条件下，从污水中摄取溶解性的磷酸盐，并将磷以聚合的形态储存在菌体内，最终以剩余活性污泥的方式排出，达到从污水中去除的目的。化学除磷主要是用沉淀法，在二次沉淀池之前投加絮凝剂与污水中的磷酸盐反应，生成难溶于水的含磷化合物的絮凝体，从而在沉淀池中沉淀下来达到去除磷的目的。化学除磷法与生物除磷法相比，效率高、易操作，磷不会重新释放出来；但污泥量大，成本高。化学除磷一般投加铝盐或铁盐，在中水工程中，在用化学法去除磷的同时还降低了出水的浊度，不但去除了磷还澄清了水。

山东建筑大学中水处理站生化处理部分采用缺氧—厌氧—好氧设计工艺，由于好氧段采用的是悬浮空心球作为生物的载体，具有了接触氧化的功能。在设计中只回流了二沉池的污泥，没有设计内回流。即采用的是倒置 A^2/O 复合生物膜流动床工艺，若设计及运行管理都到位的话，能很好地进行生物除磷和脱氮。

设计中厌氧池、缺氧池及好氧池的体积比（即停留时间比）采用 1:1:3.5；水力停留时间分别为 1.5h、1.5h、5.2h。设计图如图 4-15 所示。

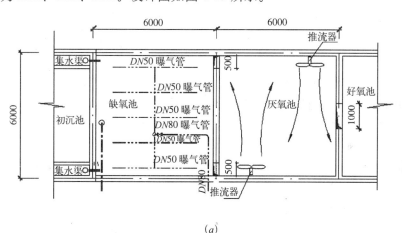

(a)

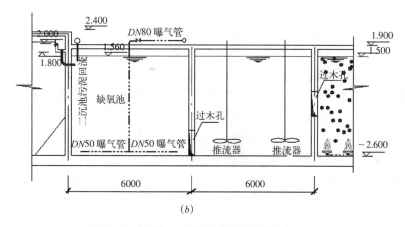

(b)

图 4-15　缺氧池、厌氧池设计示意图

(a) 缺氧、厌氧池平面图；(b) 缺氧、厌氧池剖面图缺氧池中为了满足溶解氧在 0.2～0.5mg/L 之间，设置中孔曝气穿孔管。其主要作用是曝气，另外就是对缺氧池起到一个搅拌作用，防止污泥在缺氧池中沉淀。厌氧池应保持溶解氧在 0.2mg/L 以下，里面不设曝气装置，但为了防止污泥在厌氧池中沉淀，内设潜水搅拌装置。

(5) 好氧池

污水的生物处理技术主要分为好氧法、厌氧法两大类。根据微生物在反应器中存在的形式，好氧生物处理工艺又可分为悬浮生长型的活性污泥法和附着生长型的生物膜法。微生物通过自身新陈代谢的生理功能，氧化分解污水中被污染的有机物并将其转化为稳定的无机物。污水的好氧生物处理技术就是在微生物的这一生理功能的基础上，采取相应的人工措施，人为创造有利于微生物生长、繁殖的有利环境，进一步增强微生物的新陈代谢功能，从而使污水中（主要是溶解状态和胶体状态）的有机污染物和植物性营养物得以降解、去除，净化污水，达到处理污水的目的。

污水好氧生物处理主要是将污水中溶解和胶体状态的有机污染物，通过微生物的代谢作用予以转化和稳定，达到无害化处理的目的。

活性污泥法是当今世界范围内应用最为广泛的一种生物处理工艺，它从 1914 年在英国建成试验场以来，已有近百年的历史。随着该工艺在生产实践中的应用和不断改进，活性污泥法在实际工程应用中得到了很大的发展，工程中形成了以氧化沟、AB 法、SBR 法、A/O 法等为代表的工艺，这些工艺都具有处理效率高、出水水质好、管理方便简单等优点。

生物膜法是在活性污泥法基础上发展起来的一种工艺。在生物膜法中，细菌和菌类一类的微生物和原生动物、后生动物一类的微型动物附着在载体表面生长繁殖，并在其上形成生物膜，在污水流经载体表面和生物膜接触的过程中，污水中的有机污染物即被微生物吸附、稳定，最终转化为 H_2O、CO_2、NH_3 和微生物细胞物质，污水得到净化。在许多情况下，生物膜法不仅能代替活性污泥法用于城市污水的二级生物处理，而且还具有一些独特的优点，如运行稳定、抗冲击负荷、更为经济节能、无污泥膨胀问题、具有一定的硝化与反硝化功能、可实现封闭运转防止臭味等。正是因为如此，自 20 世纪 70 年代以来，生物膜法引起了广大研究者和工程师们的极大兴趣，其主要设施是生物滤池、接触氧化池、生物转盘等。

生物流化床技术，其主要作用机理是以固体颗粒（一般是以粒径较小的聚苯乙烯球、活性炭颗粒、无烟煤、石英砂粒等）为载体，载体在气体的搅动下呈流化状态，同时载体表面生长微生物膜，通过微生物膜吸附和氧化污水中的有机物，使污水净化。由于载体的不停流动，从而防止载体被生物膜所堵塞。载体通过脱膜装置后重新进入流化床。

悬浮流动床生物膜技术，是为解决固定床反应器需定期反冲洗、流化床需使载体流化和载体脱膜分离、淹没式生物滤池堵塞需清洗滤料和更换曝气器的复杂操作等问题而发展起来的，融合了传统流化床和生物接触氧化法的优点，是一种高效的污水处理技术。它采用流化生化技术，将密度接近于水的悬浮填料（一般采用塑料悬浮球），直接投加到曝气池中作为微生物的活性载体，相对密度小于 1.0 的悬浮物质经过挂膜，在填料的表面形成一层生物膜后，相对密度在 1.01 左右。依靠曝气与水流作用，使悬浮填料处于流化状态，让污水与填料上的生物膜充分接触，从而起到生物接触氧化法的作用。如图 4-17 所示。

由于悬浮填料比表面积大,附着在填料表面及内部生长的微生物数量大、种类多,在填料单元内形成细菌→原生动物→后生动物的食物链。由于悬浮球沿水体移动,对其气体的上升具有切割作用,延长了气泡上升的时间,提高了鼓风曝气的利用率。另外,悬浮球之间的相互碰撞,使老化的生物膜更易脱落下来,脱落下来的污泥密度较大,污泥沉降性能良好,易于固液分离,出水水质好。悬浮流动床生物膜法的试验装置,如图4-16所示。

图4-16 流动床生物膜法试验装置

图4-17 悬浮流化床呈流化状态时的图片

复合流动床生物膜技术是在悬浮流动床生物膜技术的基础上,结合了活性污泥法的一种高效污水处理新工艺。悬浮生长的活性污泥和附着生长的生物膜共同承担着去除污水中有机物的任务。其核心是增加了污泥的回流,提高了混合液的污泥浓度,增加了曝气池中的生物量。它具有生物膜法和活性污泥法的诸多优点,加速了对污水中污染物的降解和净化,具有广阔的发展前景。运行中的复合流动床生物膜生化池如图4-17所示,设计示意图如图4-18所示。

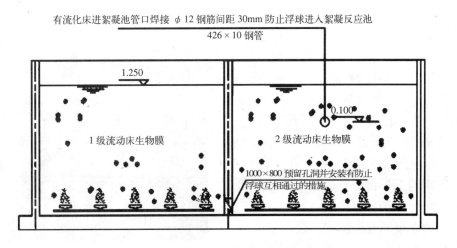

图4-18 复合式流动床生物膜设计示意图

山东建筑大学复合流动床生物膜好氧池设计参数：设计水量170m³/h；设计3组，每组产水量为57m³/h；每组好氧池按2级设计，就单级流态来看属于完全混合式，就整个流态来看则属于推流式；每级正方形布置，尺寸为6.5m×6.5m×4.5m，有效水深4.0m；设计水力停留时间为5.2h。

（6）中间沉淀池

复合流动床生物膜出水，进入中间沉淀池。其目的是将沉淀的污泥及时回流至缺氧池，并在缺氧池中回流污泥与进水共同作用，进行脱氮和厌氧释磷。中间沉淀池设计停留时间较短，主要起到回流污泥并减轻后续二次沉淀池的排泥负荷。

山东建筑大学中水处理站中间沉淀池主要设计参数：设计水量170m³/h；为便于平面布置与好氧池结合，设计3组，每组产水量为57m³/h；设计表面负荷为6.0m³/（m²·h）。布置尺寸为6.5m×2.5m；设计水力停留时间为1.0h。

（7）深度处理

深度处理的目的是将预处理、生化处理（2级处理）后的污水进一步处理以达到回用的水质，也就是污水的3级处理。污水的深度处理一般和给水中的净化处理类似，其主要目的是去除SS，进一步去除悬浮与溶解性的BOD、COD以及难分解有机物及相关的色度、臭气、细菌、病毒等，保证水质达到回用水标准。在实际应用中，根据不同的对象和目标，可以采取不同的工艺。

山东建筑大学园区的生活污水深度处理系统设置，目的是去除水中残留的悬浮物、除臭、脱色，使水进一步澄清；进一步降低BOD、COD、氨氮、总氮等指标，使水质进一步稳定；去除水中有毒有害物质及病毒、细菌等，使中水使用更安全。

常用的深度处理技术主要是混凝沉淀技术、过滤技术和消毒技术，使水质最终达到学校园区水质回用标准。基本工艺流程如下：

混凝→沉淀→过滤→中水池→提升泵送入中水管网
↑
氯（二氧化氯）

1）混凝

混凝的目的是降低水中细小的不能自然沉淀的悬浮物的含量。即人为向水中投加混凝剂，使水中胶体颗粒和细小的悬浮物相互凝聚长大，形成易沉淀的矾花，使其在后续的沉淀工艺中容易沉淀去除。利用混凝剂以及所形成的矾花对水中溶解性物质进行吸附，不但能降低水中的悬浮物，还能够去除某些溶解性的无机物和有机污染物、色度、臭味等，降低BOD、COD等。

常用的混凝剂有硫酸铝、聚合氯化铝、三氯化铁、硫酸亚铁、聚合硫酸铁等。混凝剂一般采用计量泵投加方式。如图4-19所示。

图4-19 混凝剂投加装置

2) 絮凝反应池

为了提高混凝反应的效果，使水中的悬浮颗粒充分凝聚以提高颗粒间的絮凝作用，一般在混合后增设絮凝反应池，反应池的停留时间一般控制在 10～20min，常用的中水处理站絮凝反应池有折板絮凝池和栅条（网格）絮凝池。

为了增加反应效果、缩短反应时间，采用了微涡流混凝反应装置，在网格之间放置与好氧池中相同的悬浮聚丙烯多面空心球。当投加了絮凝剂的水流通过多面空心球时，增加了水流的紊流效果，有利于细小颗粒的迁移与碰撞絮凝，缩短反应时间，提高矾花的密实度，增强其沉淀性能，从而可以显著改善出水水质。如图 4-20 所示。

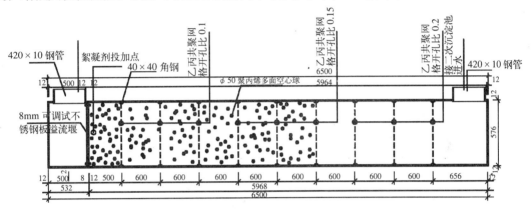

图 4-20　絮凝反应池设计示意图

3) 二次沉淀池

二次沉淀池在设计时与初沉池设计参数类似，但可以适当降低负荷，这样对出水水质有利。由于污水处理中的活性污泥与给水处理中的固体颗粒经投加絮凝剂后产生的矾花不同，污泥具有黏性，沉淀时容易在斜管中粘连而不能下沉到集泥斗，这样，不能将污泥及时排到污泥浓缩池，引起污泥在斜管中厌氧硝化而上浮，并且还容易将斜管堵塞，影响污泥沉淀的正常运行。因此，山东建筑大学中水处理站在设计二次沉淀斜管池时，在斜管的下部设计了定时清洗斜管气体管道。如图 4-21 所示。

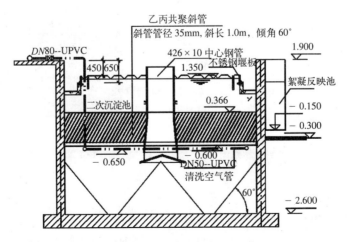

图 4-21　斜管沉淀池辅助气洗设计示意图

二次沉淀池设计参数：设计水量 170m³/h；为便于平面布置与好氧池结合，设计 3 组，每组产水量为 57m³/h；设计表面负荷为 1.5m³/（m²·h）；正方形布置尺寸为 6.5m×6.5m；设计水力停留时间为 2.0h。

4）过滤池

中水回用中的过滤与给水处理中的过滤基本原理是相同的。过滤处理的主要去除对象是生物处理中残留在处理水中的生物絮体污泥，所以在设计和使用中与给水处理中的过滤池又有区别。

①由于过滤水中大部分是沉淀后未经去除的生物絮凝体，在滤层表面容易形成一层滤膜，影响过滤的正常运行，水头损失增加，过滤周期缩短。另外，生物絮凝体粘贴在滤料表面不易脱落，反洗时清洗不彻底也会影响过滤周期。所以增加了气洗装置。如图 4-22 所示。

设计选用水反洗强度为 10L/m²·s；反洗空气强度为 17～20L/m²·s。在进行反洗运行时，一般先气洗 5min，再同时进行水洗和气洗。水洗强度为 5L/m²·s；反洗空气强度为 17～20L/m²·s；最后进行水洗反洗强度为 10L/m²·s。

②在选用石英砂滤池时，应适当加大滤料直径。一般选用比给水滤料的直径稍大。

③滤池的设计可参照相应给水设计对滤池的相关要求。滤速一般采用 4～10m/h；滤池的工作周期为 12～24h。滤池设计剖面示意图，如图 4-22 所示。

5）消毒

校区污水经过上面物理和生化处理后，原污水中的细菌已经去除大部分，但在回用之前，根据《建筑中水设计规范》GB50336—2002 要求，必须设有消毒设施。

山东建筑大学中水处理站采用二氧化氯消毒，如图 4-23 所示。

消毒剂一般投加在滤池出水后进入中水蓄水池的管道上。投加量按有效氯计算。

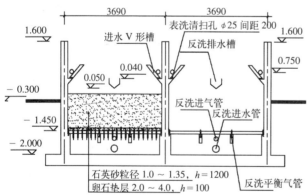

图 4-22 滤池剖面示意图

图 4-23 二氧化氯发生器安装图片

（8）中水蓄水池

中水蓄水池一般要根据回用水量以及消毒剂在中水中需要接触的时间计算蓄水池的容积。若不能确定用水量时，也可以根据中水的处理量来计算容积，一般在 20%～30%。

中水蓄水池设在地下，为钢筋混凝土结构，池顶设通风管，中水池设溢流管，当水池水位达到最高水位时及时溢流至中水池外。溢流至中水池外的中水，应根据当地对排至水体的水质要求作相应处理，一般可以排至雨水管道或附近市政污水管网。

（9）中水供水系统

中水处理站设专门的中水供水系统，它包括中水配水管网、中水供水泵站、控制和计量系统。

山东建筑大学除食堂、餐厅、厕所外，其余所设厕所冲厕、拖布池已经全部用上中水。为了管理及计量方便，中水进户管均安装有水表、Y型过滤器、阀门等管道附件。为防止误接误用中水管，用水点都有明显标记，并严格禁止与生活自来水有任何的连接。

中水泵房与中水蓄水池建为一体，为地下式结构。为节能及管理方便，采用变频供水方式。供水泵站的设计与给水泵站的设计相同，并设有备用水泵。

（10）污泥处理与利用

中水处理站在运行过程中都要产生污泥，产生的污泥主要有：栅渣、初沉池污泥、二沉池生物污泥和浮渣等。

栅渣主要来自于格栅或滤网，呈垃圾状，量较少，含水量低，比较容易处置。

浮渣主要来自于沉淀池漂浮物和隔油池，一般为油脂类、食物残渣、厌氧后漂浮物等。

初沉池污泥是以有机物为主，数量较大且易腐化发臭，大部分含有寄生虫卵和病原体，是污泥处置的主要对象。

生化后污泥一般是活性污泥法或生物膜法的污泥，基本上是生物残体，极易发臭，含水率高，难于脱水，也是污泥处置的主要对象。

1）污泥处理

山东建筑大学园区内中水处理站产生的污泥处理一般包括以下内容：浓缩、稳定，调节（或调理）、脱水，在必要时还要消毒。浓缩的方法采用重力浓缩。污泥调理的目的是改变污泥性质，使其更宜进行后续处理（如脱水等），方法有化学法和加热法。稳定的目的是分解污泥中的有机物质，减少污泥量，消除污泥中的细菌、病原体等。污泥稳定的主要方法有厌氧硝化、好氧硝化等。脱水的作用是进一步降低污泥的含水率，使污泥形成固态的形态。脱水的方法主要有压滤、离心脱水等机械脱水的方法。山东建筑大学中水处理站采用带式压滤机进行脱水。

2）污泥处置

污泥的最终处置是作为农肥与土地利用、建筑材料等。污泥作为肥料时，必须满足以下要求：

①满足卫生学要求，即不得含有病原菌。

②不得含有重金属离子。

③总氮含量不能太高。浓度太高会使农作物的枝叶疯长而导致减产。

4. 工程效益

目前，山东建筑大学中水处理站中水日处理量为2800m³左右，中水日利用量为2300～2500m³。每天节约费用2000余元，全年可节省70余万元，节能效果和经济效益显著。

4.3 污水的收集与处理

4.3.1 大学园区排水系统的特点

大学园区内,生活污水主要是来自学生公寓、餐厅、教学区、办公区、浴室、洗衣房、实验室等,包括厕所冲洗水、厨房洗涤水、洗衣排水、沐浴排水以及其他排水等。生活污水含纤维素、淀粉、糖类、脂肪、蛋白质等有机物质,还含有氮、磷、硫等无机盐类及泥砂等杂质,生活污水中还含有多种微生物及多种病原体。

目前采用的以冲厕水为特征的生活污水排水系统是从19世纪的欧洲发展起来的,它在防止疾病传播和控制污染方面起到了巨大的作用。但也存在着明显的缺点,即需要用大量自来水冲洗粪便,并且与其他生活污水一起混合排放,使粪便中所含氮、磷、钾等被稀释而无法回收利用。同时,由于氮、磷是造成水体富营养化的主要物质,生活污水中的氮、磷必须通过深度处理才能去除,这就大大增加了处理费用。

4.3.2 生活污水的特征和主要污染指标

根据对生活污水的调查研究,发现不同的水质所含成分有很大不同,大致可以分为黑水、黄水、褐水、灰水。黑水即厕所粪便污水,包括人尿和粪便;黄水为人尿;褐水指粪便污水;灰水指来自于食堂、洗衣、沐浴和盥洗等的污水。

生活污水的综合污水水质,见表4-11所列。

校区生活污水的综合水质指标 表4-11

BOD_5 (mg/L)	COD_{Cr} (mg/L)	SS (mg/L)	NH_3-N (mg/L)	pH
150~250	250~450	200~300	25~45	6.5~7.5

污水所含的污染物质千差万别,可用分析和检测的方法对污水中的污染物质做出定性、定量的检测以反映污水的水质。国家对水质的分析和检测制定有许多标准,其指标可分为物理、化学、生物三大类。

1. 物理性指标

属于这类的水质指标主要有温度、色度、嗅和味、浑浊度、透明度以及固体的含量和电导率等。

(1) 温度

大学园区内污水温度相对较高的是沐浴排水。当温度较高的污水排放入水体时,会使水温升高,引起水体的热污染。水温升高影响水生生物的生存和水资源的利用。氧气在水中的溶解度随水温升高而降低,这样,一方面水中溶解氧减少,另一方面水温升高加速耗氧反应,最终导致水体缺氧或水质恶化。另外,还会加速细菌和藻类的繁殖,加速水体富营养化的进程。

(2) 色度

色度是一项感官性指标。如果水体中存在腐殖质、浮游生物、铁锰等金属离子,均可使水体着色。将有色污水用蒸馏水稀释后与参比水样对比，一直稀释到两水样色差一致，此时污水的稀释倍数即为其色度。水的色度是评估感官质量的一项重要指标。一般来说，色度在卫生方面的意义不大，饮用水标准色度不应大于 15 度，城市杂用水水质标准要求色度不大于 30 度。

(3) 嗅和味

嗅和味同色度一样也是感官性指标，可定性反映某种污染物的多寡。天然水是无嗅无味的，当水体受到污染后会产生一定的气味。水的异臭来源于还原性硫和氮的化合物、挥发性有机物和氯气等污染物。不同盐分会给水带来不同的异味，如氯化钠带咸味、硫酸镁带苦味、铁盐带涩味、硫酸钙略带甜味等。城市杂用水水质标准中要求嗅和味无不快感。

(4) 浑浊度

浑浊度主要是由固体悬浮物引起的，它是天然水和饮用水的一项非常重要的水质指标，也是水是否受到污染的重要标志。在城市杂用水水质标准中规定，浑浊度一般要求不大于 5 度。

(5) 固体物质

水中所有残渣的总和称为总固体（TS），总固体包括溶解性固体物质（DS）和悬浮固体物质（SS）。水样经过滤后，滤液蒸干所得的固体即为溶解性固体（DS），滤渣脱水烘干后即是悬浮固体（SS）。固体残渣根据挥发性能可分为挥发性固体（VS）和固体性固体（FS）。将固体在 600℃ 的温度下灼烧，挥发掉的量即是挥发性固体（VS），灼烧残渣则是固体性固体（FS）。溶解性固体表示盐类的含量，悬浮固体表示水中不溶解的固态物质的量，挥发性固体反映固体的有机成分。

《城镇污水处理厂污染物排放标准》对悬浮物的最高允许排放浓度规定为：一级标准（A）10mg/L；一级标准（B）20mg/L；二级标准 30mg/L。

2. 化学性指标

属于此类的水质指标主要有：一般性水质指标，如 pH 值、硬度、各种阳离子、各种阴离子和一般性有机物等；有毒物质的水质指标，如重金属、氰化物、多环芳烃和各种农药等；植物性营养物质水质指标，如硝酸盐和磷酸盐等；有机物含量水质指标，如生化需氧量（BOD）、化学需氧量（COD）、总需氧量（TOD）和总有机碳（TOC）等。

(1) 有机物指标

生活污水和某些工业污水中所含的碳水化合物、蛋白质、脂肪等有机化合物，在微生物作用下最终分解为简单的无机物质、二氧化碳和水等。这些有机物在分解过程中需要消耗大量的氧，故称耗氧污染物。

1) 生化需氧量（BOD）

水中有机污染物被好氧微生物分解时所需的氧量称为生化需氧量（以 mg/L 为单位），它反映水中可生物降解的有机物的量。生化需氧量越高，表明水中需氧有机污染物越多。有机污染物被好氧微生物氧化分解的过程，一般可分为两个阶段：第一阶段主要是有机物被转化为二氧化碳、水和氨；第二阶段主要是氨被转化为亚硝酸盐和硝酸盐。污水的生化需氧量通常只指第一阶段有机物生物氧化所需的氧量。微生物的活动与温度有关，测定生化需氧量时一般以 20℃ 作为测定的标准温度。一般生活污水中的有机物需 20d 左右才能基本上完成第一阶段的分解氧化过程，即测定第一阶段的生化需氧量至少需 20d 时间，这在实际工作中有困难。目前，以 5d 作为测定生化需氧量的标准时间，简称 5 日生化需氧量（用 BOD_5 表示）。

2）化学需氧量（COD）

化学需氧量是用化学氧化剂氧化水中有机污染物时所消耗的氧化剂量，用氧量（mg/L）表示。化学需氧量越高，表示水中有机污染物越多。常用的氧化剂主要是重铬酸钾和高锰酸钾。以高锰酸钾为氧化剂时，测得的值称 COD_{Mn} 或简称 OC；以重铬酸钾作氧化剂时，测得的值称 COD_{Cr} 或简称 COD。如果污水中有机物的组成相对稳定，则化学需氧量和生化需氧量之间应有一定的比例关系。一般来说，重铬酸钾化学需氧量与第一阶段生化需氧量之差，可以粗略地表示不能被需氧微生物分解的有机物量。

一般认为，BOD_5/COD_{Cr} 大于 0.3 的污水适宜采用生化处理；小于 0.3 的生化处理困难；小于 0.25 的不宜采用生化处理。

3）总有机碳（TOC）与总需氧量（TOD）

目前应用的 5 日生化需氧量测试时间长，不能快速反映水体被有机质污染的程度。有时进行总有机碳和总需氧量的试验，以寻求它们与 BOD_5 的关系，实现快速测定。

总有机碳（TOC）包括水样中所有有机污染物质的含碳量，也是评价水样中有机污染物质的一个综合参数。

有机物中除含有碳外，还含有氢、氮、硫等元素，当有机物全都被氧化时，碳被氧化成二氧化碳，氢、氮及硫则被氧化为水、一氧化氮、二氧化硫等，此时需氧量称为总需氧量（TOD）。

TOC 和 TOD 都是燃烧化学氧化反应，前者测定结果以碳表示，后者则以氧表示。TOC、TOD 的耗氧过程与 BOD 的耗氧过程有本质不同，而且由于各种水样中有机物质的成分不同，生化过程差别也较大，各种水质之间 TOC 或 TOD 与 BOD 不存在固定的相关关系。在水质条件基本相同的条件下，BOD 与 TOC 或 TOD 之间存在一定的相关关系。一般情况下，$TOD > COD_{Cr} > BOD_{20} > BOD_5 > TOC$。

(2) 无机物指标

1）植物营养元素

污水中的氮、磷为植物营养元素，从农作物生长角度看，植物营养元素是宝贵的物质，但过多的氮、磷进入天然水体却易导致富营养化。

2）pH 值

主要是指水样的酸碱性，pH < 7 是酸性，pH > 7 是碱性。一般要求处理后污水的 pH 值在 6~9 之间。

3）重金属

重金属主要指汞、镉、铅、镍等生物毒性显著的元素，也包括具有一定毒害性的一般重金属，如锌、铜、钴、锡等。

4）无机性非金属有害物

水中无机性非金属有害有毒污染物主要有砷、硒、硫化合物、氰化物、氟化物等。

砷在水质标准中为保证人体健康及保护水生生物的毒理性指标,以水中砷总量计。元素砷不溶于水,几乎没有毒性,但在空气中极易被氧化为剧毒的三氧化二砷,即砒霜。砷的化合物种类很多,固体的有三氧化二砷、二硫化二砷、三硫化二砷和五氧化二砷等,液态的有三氯化砷,气态的有三氢化砷。水环境中的砷多以三价和五价形态存在,其化合物可能是无机的,也可能是有机的;三价无机砷化物比五价无机砷化物对于哺乳动物和水生生物的毒性大。

硒是保证人体健康和防止地方病的毒理学水质标准。当食物中的含硒量约在 0.1～10mg/L 时,动物食用之后会中毒,如牲畜脱毛、脱蹄、脱角、四肢僵硬等病症,均是由于硒中毒。人群中出现的地方性硒中毒,其症状与动物相似。

硫在水中存在的主要形式是硫酸盐、硫化物和有机硫化物。当含有硫酸盐的污水厌氧硝化时,由于硫酸盐还原菌的作用,沼气中含有较多的硫化氢,当沼气中硫化氢浓度超过 20mg/m^3 时,沼气必须进行脱硫处理。由于硫化氢对甲烷菌有很强的抑制作用和毒性,所以高浓度有机污水中如含有硫酸盐,可对该污水的厌氧处理带来不利的影响。一般认为,硫化物的最大允许浓度为 150mg/L。

氰化物水质指标是一种毒理学指标,以水中的氰化物总量计。氰化物是含有 -CN 基一类化合物的总称,分为简单氰化物、氰络合物和有机氰化物三种。简单氰化物,最常见的是氰化氢、氰化钠和氰化钾,易溶于水,有剧毒,一般人只要误服 0.1g 左右就会死亡。我国饮用水卫生标准规定,氰化物应不大于 0.05mg/L。

水中氟化物含量太高,会引起地方性氟中毒,其主要特征是斑釉齿和氟骨症。水质标准中氟化物是保证人体健康及防止地方病的毒理学指标,以水中 F 计,饮用水中含氟量在 0.5mg/L 以下,龋齿发病率增高;0.5～1.0mg/L 是龋齿和斑釉齿发病率最低范围,无氟骨症发生;当水中含氟量在 1.0mg/L 以上时,随含氟量的增加,斑釉齿发病率上升;当大于 4mg/L 时,氟骨症逐渐增多。

3. 生物性指标

属于这类水质指标的有细菌总数、大肠菌群数、各种病源微生物和病毒等。

(1) 细菌总数

水中细菌总数反映了水体受细菌污染的程度,可作为评价水质清洁程度和考核水净化效果的指标。细菌总数不能说明污染的来源,必须结合大肠菌群数来判断水的污染来源和安全程度。

(2) 大肠菌群

水是传播肠道疾病的一种重要媒介,而大肠菌群则被视为最基本的粪便污染指标菌群。大肠菌群的值可表明水样被粪便污染的程度,间接表明肠道疾病(伤寒、痢疾、霍乱等)存在的可能性。

(3) 病毒

关于水中病毒问题,由于已发现有多种病毒性疾病,如肝炎、小儿麻痹症等均可通过水感染,因而已引起人们的重视。这些疾病的病毒也存在于人的肠道中,通过病人粪便污染水体。

4.3.3 常用污水处理技术

1. 技术分类

常用污水处理技术，按处理程度划分，可分为一级、二级和三级处理；按处理原理划分，可分为物理处理法、化学处理法和生物化学处理法。

（1）按处理程度分类

一级处理。主要去除污水中呈悬浮状态的固体污染物质，物理处理法大部分只能完成一级处理的要求。经过一级处理的污水，BOD_5 一般可去除 20% 左右，达不到排放标准。一级处理属于二级处理的预处理。

二级处理。主要去除污水中呈胶体和溶解状态的有机污染物质（BOD、COD 物质），去除率可达 90% 以上，使有机污染物达到排放标准。

三级处理。进一步处理难降解的有机物、氮和磷等能够导致水体富营养化的可溶性无机物等。主要方法有：生物脱氮除磷法、混凝沉淀法、砂滤法、活性炭吸附法、膜法和电渗析法等。

（2）按处理原理分类

物理处理法。利用物理作用，分离污水中呈悬浮状态的固体污染物质。主要方法有：筛滤法、沉淀法、上浮法、气浮法、过滤法、膜法和反渗透法等。

化学处理法。利用化学反应的作用，分离回收污水中处于各种形态的污染物质（包括悬浮的、溶解的、胶体的等）。主要方法有：中和、混凝、电解、氧化还原、汽提、萃取、吸附、离子交换和电渗析等。主要用于工业废水的处理。

生物处理法。生物处理法主要有：活性污泥法和生物膜法。其中，活性污泥法的反应器有曝气池、氧化沟等；生物膜法包括生物滤池、生物转盘、生物接触氧化法和生物流化床。

2. 污水处理基本过程

整个过程为：通过粗格栅的原污水经过污水提升泵提升后，经过细格栅或者筛滤器，之后进入沉砂池，经过砂水分离的污水进入初次沉淀池。以上为一级处理（即物理处理）。然后进入二级处理过程，主要经过生化处理。其中，包括了活性污泥法或生物膜法以及其他生化处理方法。经生化处理设备的出水进入二次沉淀池，二沉池的出水经过消毒后排放或者进入三级处理。三级处理包括生物脱氮除磷法、混凝沉淀法、砂滤法、活性炭吸附法，膜法和电渗析法。二沉池的污泥一部分回流至初次沉淀池或者生物处理设备，一部分进入污泥浓缩池，之后进入污泥硝化池，经过脱水和干燥设备后，污泥被最后处置、利用。

4.4 山东建筑大学园区雨水的收集与处理

大学园区的建设，会将渗透系数较大的原耕地，转换成大面积的屋顶、混凝土路面等。在降雨时，原本大部分渗入地下的雨水，改变为地面径流的方式，最终排入雨水管道。其结果，一方面造成雨水的流失，形成水资源的浪费；另一方面随着地下水资源的开采，雨水不能及时补充入地下，造成地下水位的下降，从而会导致生态环境及园区环境的恶化。

尤其是在强降雨时，径流迅速汇集，造成地面积水，给行人及交通都带来不利影响，而且容易形成雨洪，导致经济损失。

因此，在大学园区建设中，必须注意雨水的收集和利用，把原来需排走的雨水留下来加以利用。这样，不但增加了可利用的水资源，节约了自来水，而且通过雨水的收集、利用，使部分雨水回渗地下，地下水也得到了回补，又减少了雨水排水量和地面雨水径流，是一举多得的有效节水措施。

4.4.1 雨水资源的水质特点

雨水资源与其他水资源相比，具有其自身的特点：首先，每一次的降雨总量较大，但在一定范围、一点时间内的数量是相对有限的，所以在时间与空间的分布上是不均匀、不连续的；其次，每一次的降雨在一定范围内的降雨量还是比较均匀的，也就是说，在一定区域范围内，能够收集到的水量与能够收集到的降雨的面积有很大的关系。雨水利用水平往往与人类社会的需求与使用目的相关联，而其处理程度则因不同地区、不同的雨水水质而有不同的要求。目前，供水系统引用的地面水，实际上大部分是由降水组成的，陆地上所有形式的水资源，无论地表水还是地下水均由雨水转化而来。

在降雨和收集过程中，雨水会受到多种污染，含有大量杂质和污染物，从而影响雨水的水质。污染的程度基本可以分为三种：无污染或轻度污染、中度污染、重度污染。轻污染型雨水的长时间存储不但不会使雨水水质变差，反而由于细菌和病原体的逐渐死亡会使水质改善。雨水受到污染的程度主要受当地环境的影响，包括大气影响、地面植被等。轻污染型雨水，可直接进行回用。中度或重度污染的雨水，需要根据回用的不同目的进行适当处理后才能回用。

国内外学者通过对降雨初期径流进行的水质分析发现，降雨初期的雨水含有大量的污染物，这些污染物主要来自于大气沉降、地面垃圾堆积、车辆排放以及地面冲刷侵蚀等。

典型纯净的雨水属于软水。雨水中杂质的浓度与降雨地区的污染程度有着密切的关系。雨水中的杂质由氢氧化物和流经地区的外加杂质组成，主要含有氯、硫酸根、硝酸根、钠、钙和镁等离子（浓度大多在 10mg/L 以下）和一些有机物质（主要是挥发性化合物），同时，还存在少量的重金属（如镉、铜、镍、铅、锌等）。

4.4.2 雨水水质的控制

不同的集水及径流方式会影响到雨水的水质，以下就常用的集水及径流方式对水质的影响作分别介绍。

1. 屋面集水

屋面集水可以收集到比较洁净的雨水，比较洁净的雨水甚至可以直接供人类饮用。但屋面收集到的雨水水质受较多因素影响。主要影响因素是屋面材料、屋面沉积物和屋面防水材料的析出物。

高校内建筑物屋面的主体多数为钢筋混凝土结构，还有少数为钢结构屋面。形式主要有坡屋面结构、平屋面结构，并在屋面结构基础上增设了防水层。试验表明，屋顶材料和结构的差异也会对雨水的水质产生影响。有资料表明，不同屋面污染程度由低到高依次为：

铁制屋面、塑料屋面、石棉屋面、红瓦屋面。屋面沉积物主要受当地自然环境以及鸟类的影响，另外还与降雨的间隔时间有关。如自然环境中存在过多的灰尘、鸟粪增多、每次降雨间隔的时间很长等。以上这些因素都会影响到雨水的水质。关于屋面析出物，它主要由屋面材料在长时间的分解以及太阳下的暴晒引起的老化，将屋面材料中的有害物质释放出来。另外，若大气中含有能够溶解到水中的气体（像一些带有腐蚀性的气体），当它们随雨水降到屋面以后，会由于屋面材料的不同而产生化学反应，影响到雨水的水质。

由于上述因素的影响，屋面初期径流的 COD 可高达 3000mg/L 左右，SS 也高达上千。在降雨初期的短时间内，雨水径流污染程度较高，在收集屋面雨水时往往需要设置分流井并弃置初期雨水径流的装置。但雨水径流污染指标随着降雨延续而迅速降低，后期径流水质一般都比较好。

山东建筑大学在考虑屋面集水时，做了以下方面的尝试：

（1）分级过滤系统。由于屋面雨水在初期径流时水质较差，理论上，对初期径流的雨水不作回收，但在实际操作中难度较大。一般大气降雨的过程，会随着时间的推移有一个从小到大再到小的过程。根据降雨量周期性变化的特点，设计了如下的雨水收集系统。

屋面雨水收集方式一，如图 4-24 所示。降雨初期，雨水量较小但污染物较多，雨水中携带的颗粒物质也较多。雨水经过草皮砖时，通过草皮及草皮内的砂砾将污染物大部分截留下来，然后通过下部大颗粒粗砂收集系统，进入雨水收集渠道，汇至雨水调节池或人工湖景观系统。随着降雨量的增大，雨水进一步往前推进，雨量继续增大，有限的草皮砖收集系统已经不能负担大量的雨水，但随着降雨量的继续增加及时间的推移，已经进入污染后期阶段，雨水水质已经很好，雨水中携带的污染物及颗粒物已经很少，属轻度污染阶段。大量的雨水越过拦水分界石直接由雨水箅子进入雨水收集渠道。

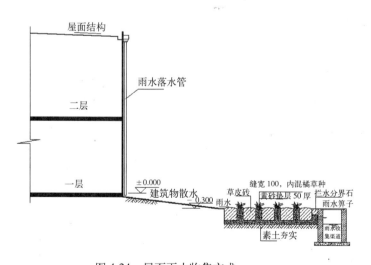

图 4-24 屋面雨水收集方式一

屋面雨水收集方式二，如图 4-25 所示。降雨初期，雨水量较小但污染物较多，雨水主要经过绿化带草皮时，大部分没有形成有效的径流，雨水主要渗入地下，补充地下水，雨水中携带的颗粒及大部分的污染物，通过土壤及植物根系截留下来。随着降雨量的增大，土壤及植物根系已经水饱和，而且随着雨量增大，降雨历时的延长，已经进入污染后期阶段，雨水水质已经很好，雨水中携带的污染物及颗粒物已经很少，属轻度污染阶段。大量的干净雨水进入雨水渠道，而颗粒由于高出的雨水渠道而被截留下来。

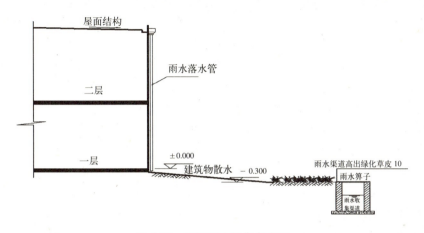

图 4-25　屋面雨水收集方式二

（2）截留井系统。截留井系统是根据污水中的截流井而设计出来的。如图 4-26 所示。降雨初期，雨水中携带着大量的污染物，水质较差。根据降雨初期时雨量较小的特点，雨水进入城市雨水系统排至校外。随着时间的推移、降雨量的增加，雨水一部分经雨水管道排至校外，另外一部分通过溢流堰排入雨水收集系统。

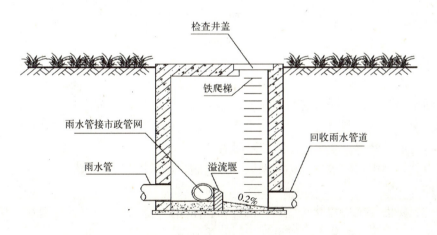

图 4-26　雨水截留井系统

2. 路面雨水径流

城市路面径流水质与其所承担的交通密集程度有关，其主要污染源是路面的沉积物、行人和车辆等的污染，与屋面径流相比，更具有偶然性和波动性。大部分道路经过机动车时会对地面雨水水质造成一定的污染，因此，地表降水径流的雨水水质要比屋面的雨水水质差。

城市道路除了机动车道的地面雨水径流外，还有非机动车道的雨水径流，如广场、人行道、停车场、居民小区道路等，其对雨水径流的污染多数是人为原因造成的。在我国，多数城市的环境保护和卫生清洁制度并没有像国外那么健全，人们在这一方面的意识也不足，因此非车道路面上往往堆积着人们随意丢弃的杂物、任意倾倒的污水和清洁工人扫入雨水口的垃圾，不仅污染雨水径流，也造成雨水径流满溢的情景，给人们的行走、车辆的驾驶带来不便。因此，目前有不少城市在广场、步行街、道路两侧、公园甬道及停车场等地方大量采用各种环保砖、草皮砖等措施来增加路面的渗透面积，提高雨水的渗透率，减小雨水径流量。除此之外，清扫停车场对去除汽车尾气中的重金属颗粒物十分有效；落叶和碎草的扫除可减少雨水中的总磷含量，因此也要加强对街道、广场、人行道等地方的清扫，加强对停车场、广场等地方废弃物的管理。

山东建筑大学园区不同于城市道路，在园区内有机动车道、人行道、绿化带、广场等设施。但由于校区内车辆比城市道路中机动车要少得多，所以学校内机动车不是主要污染源，污染源主要为行人、垃圾及机动车从校外携带进入校内的垃圾。所以，园区内地面雨水与屋面雨水相类似，降雨初期雨水水质较差，随着降雨量的增大、时间的推移，雨水的水质越来越好。在设计收集道路雨水时，可以参照图4-26所示截留井的设计形式。

3. 绿地、天然山坡和岩石等其他径流雨水

一般而言，绿地径流雨水基本以渗透为主，可收集雨量有限；岩石径流雨水，受地理条件限制较大。山东建筑大学园区南部的雪山，径流雨水就以渗透为主，可收集的雨水量很有限。

综上所述，上述三种汇流雨水中，地面径流雨水水质较差，城市道路初期雨水中COD通常高达上千；绿地径流雨水基本以渗透为主，可收集雨量有限，岩石等其他径流雨水，受地理条件的限制大；而屋面雨水水质较好，径流量大，便于收集利用，可其利用价值最高。

雨水水质受多方面的影响（如大气的污染、屋面材料、路面上的污物垃圾、城市的工业污染等），使得城市雨水并非完全洁净，而是有相当程度的污染。不是每场降雨都可加以利用，通常第一场降雨的有害物质较多，若检测不合格应作为弃水不加利用或者需经净化后才可利用。在雨水利用过程中，雨水水质是重要因素，要特别注意控制雨水径流的污染，必须经过适当处理、净化后才能加以回用。

为了有效控制雨水的水质，必须采取一些措施，如采用路面雨水截污装置、初期雨水弃流装置等。

为了控制路面带来的树叶、垃圾、油类和悬浮固体等污染物，可以在雨水口和雨水井设置截污挂篮和专用编织袋等，或设计专门的浮渣隔离、沉淀截污井。

除了上述源头控制措施外，还可以在径流的输送途中或终端采用雨水滞留沉淀、过滤、吸附、稳定塘及人工湿地等处理技术。需要注意雨水的水质特性，如颗粒分布与沉淀性能、水质与流量的变化、污染物种类和含量等。

4.4.3 雨水径流渗透技术

雨水渗透是雨水利用的方法之一，它能促进雨水、地表水、土壤水及地下水"四水"

之间的转化,维持水循环系统的平衡。通过渗透技术,可以深度净化雨水,使其达到可以利用的水质程度。在一定范围内将雨水渗透及雨水收集结合起来,充分利用雨水,即可达到节能减排的目的。

雨水渗透设施有许多类型,不同的雨水渗透适合于不同的场所。一般来说,对于新建校区,在高程和平面设计中,应全面考虑雨水的渗透利用。例如,道路高于绿地,道路径流经过绿地初步净化后进入渗透装置。

1. 山东建筑大学采用的雨水径流渗透技术

(1) 利用花坛和绿地渗透

花坛和绿地渗透能力强,植物根系能对雨水径流中的悬浮物、杂质等起到一定的截留净化作用,还能防止冲刷引起的水土流失,美化环境。所以,应加大绿地覆盖率,加强雨水的利用和管理,使屋面径流和地面径流直接进入花坛或绿地,自然渗透。在设计时,应尽量降低绿地高程,以使之兼有一定的出水能力。若有条件,还可在绿地中设置顶宽1～2m、深0.1～0.3m的截面呈倒三角形的土质浅沟,沟中种草,用于储存和滞留屋面径流、地面径流,以利于渗透。这种渗透技术在大学园区内应用较广,园区内有大量的绿地覆盖面积,对雨水的自然渗透起到了一定的作用。

(2) 利用地下渗透沟与管(渠)

渗透管一般采用穿孔PVC管或透水材料制成。汇集的雨水经过透水性管渠进入四周的碎石层,再进一步向四周土壤渗透,碎石层具有一定的储水、调节作用。相对渗透池而言,渗透管沟占地较少,便于在城区及生活小区设置,它可以与雨水管系、渗透池、渗透井等综合使用,也可以单独使用。当土壤渗透性能良好时,可直接在地面上布渗透浅沟,即覆盖植被的渗透明渠。也可在传统雨水排放方案的基础上,将非渗透管或明渠改为渗透管(穿孔管)或渗透渠,周围回填砾石。

(3) 渗透路(地)面

渗透路(地)面主要分为两类:一类是渗透性多孔沥青混凝土路(地)面或渗透性多孔混凝土路(地)面;另一类是使用渗透性极强的砂性水泥砖铺砌的路(地)面。它们可用于停车场、交通较少的道路及人行道。

图 4-27、图 4-28 所示,是山东建筑大学校区建设的渗透路面。

图 4-27　渗透路面 1　　　　　　　　　图 4-28　渗透路面 2

图4-27渗透路面1中为多孔沥青混凝土路（地）面，在建设该种方式的渗透路面时，表面沥青层尽量避免使用细小骨料，沥青质量比为5.5%～6.0%，孔隙率为12%～16%，厚60～70mm。沥青层下设两层碎石，上层碎石粒径13mm，厚50mm；下层碎石粒径25～50mm，孔隙率为38%～40%，其厚度视所需蓄水量定。多孔混凝土路（地）面构造与多孔沥青混凝土路（地）面类似，只是将表层改换为无砂混凝土，其厚度约为125mm，孔隙率为15%～25%。

图4-28渗透路面2为用水泥或胶粘剂作骨架，将中细砂粒结合成不同规格的砖，然后铺装于人行道或广场地面，此类砖透水性极强。

山东建筑大学人行道铺装做法，如图4-29所示。

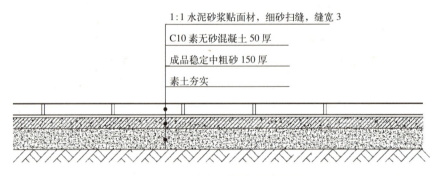

图4-29 人行道渗透砖铺装做法

（4）草皮砖

草皮砖是带有各种形状空隙的混凝土砖块，开孔率可达20%～30%，因在孔隙中可种植草类而得名。它最早于1961年在德国使用，至今在国内外均已被广泛应用。多用于城区各类停车场、生活小区及道路边。它除了有渗透雨水的作用外，同时还可美化环境。草皮砖地面因有草类植物生长，与多孔沥青混凝土及混凝土地面相比，能更有效地净化雨水径流及调节大气温度和湿度。试验证明，它对于重金属如铅、锌、铬等有一定的去除效果。植物的叶、茎、根系能延缓径流速度，延长径流时间。草皮砖地面的径流系数为0.05～0.35，取决于其基础碎石层的蓄水性能、地面坡度等因素。据国外资料介绍，渗透面积的成本虽然比传统不透水地面高出10%左右，但综合考虑，因其径流量减少、地面集流时间延长而导致雨水管道长度缩短及管径减小，雨水系统的总投资可减少12%～38%，而且还可产生较大的环境及社会效益。草皮砖在校园内也得到了广泛应用，在道路两旁种的一些树木下，常采用草皮砖，既美化了环境，又对雨季雨水的渗透起到了一定的作用。如图4-30，图4-31所示。

（5）渗透池（井）

土质渗透性能好时可采用地表渗透池，采用天然塘体或与水景结合起来设计；当土地紧张时，可采用地下渗透井，一般是井内填砾石或砂砾，孔隙体积贮留雨水，然后在一段时间内慢慢入渗。渗透池又可以分为下面两类：

图 4-30　渗透路面 3——草皮砖 1

图 4-31　渗透路面 4——草皮砖 2

1）地面渗透池

当有一定可利用的土地面积，而且土层渗透性能良好时，可采用地面渗透池。池可大可小，也可几个小池综合利用，视地形条件而定。地面渗透池有的是季节性充水（如一个月中几次充水、一年中几次充水或春季充水秋季干涸），水位变化大；有的则是一年四季均有水。在地面渗透池中宜种植植物。季节性池中所种的植物应既能抗涝又能抗旱，并视池中水位变化而定；常年存水的地面渗透池与土地处理系统中的"湿地"相似，宜种植耐水植物及浮游性植物。

2）地下渗透池

当地面土地紧缺时，可设置地下渗透池。实际上，它是一种地下储水装置，利用碎石孔隙、穿孔管、渗透渠等储存雨水。

渗透池（井）底做法，如图 4-32 所示。

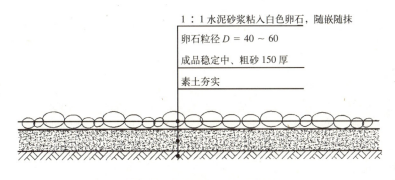

图 4-32　渗透池（井）底做法

（6）道路雨水渗透系统

道路雨水渗透系统是将传统道路横断面形式改变成如图 4-33 的形式：机动车道高于步行路；步行路高于路两侧的绿化带。这样在降雨时，将雨水排至道路两侧的绿化带内，并在进行绿化设计时人为设计成坑、洼形式,这样有利于实现雨水的蓄存、滞留、净化、渗透等功能,并在选择绿化植物时有选择性地栽种一些喜水植物。

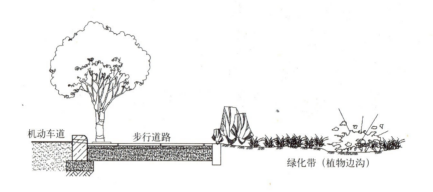

图 4-33　道路雨水渗透系统

2. 注意事项

（1）堵塞问题

在收集雨水径流的过程中,雨水由于经过的场合不同,带有一定量不同的悬浮颗粒和杂质,可能堵塞渗透装置或土层。因此,在雨水进入渗透装置之前,应先将初期雨水弃流或进行必要的截留、过滤等预处理。如新建建筑物建议使用板式、瓦质屋面及环保型涂料,并建议对已有的沥青油毡平屋面进行平改坡工程,使用轻钢压型板等。对于裸露地面应尽可能地进行绿化,对停车场、广场等地方可铺装草皮砖或渗透砖。据有关资料介绍,对于沥青多孔地面来说,经吸尘机抽吸（每年吸 3 次）或高压水冲洗后,其孔隙率基本能完全恢复。多孔混凝土地面不易堵塞,但为了安全起见,应尽量去除径流中易造成堵塞的杂质,并对渗透装置加强管理,定期清理。

在山东建筑大学园区内部,每年都会进行 3 次高压水冲洗路面的工作,沥青多孔地面的孔隙率恢复得很好。

（2）渗透设施的选址

在渗透设施的选址要求中,强调渗透表面距最高地下水位或不透岩层 1.2m 以上,这是为了保证有一定土层厚度以净化径流,是控制地下水污染的一种措施。此外,渗透装置中多使用过滤纤维层,俗称土工布,它是一种较好的过滤材料,对细小颗粒杂质有较强的阻隔作用。为了安全起见,还提倡径流先进入绿地、花坛,再进入渗透设施,以充分利用植被和土层表面的净化能力。

3. 渗透技术的应用价值

在水资源危机的今天,对雨水的利用应引起重视,它对地下水资源的补给（尤其在济南）是比较明显的。当济南市附近、尤其是济南市的南部山区连续降雨后,地下水位上升就比较明显。所以,建筑小区或大学园区应积极推广雨水渗透技术,它的应用价值不但体现在对社会水资源的贡献,还体现在建设单位本身还能够降低在雨水管道方面的投资。

山东建筑大学在新校区的建设中，由于校区空闲地及绿化地较多，在地面平整时就人为地设了大量的渗透池，将大量的雨水径流时间延缓、流速降低，让大部分的雨水渗入地下，只有在下大雨时形成少量的径流。在设计雨水管道时，根据设计流量中涉及的因素，首先地面集水时间相应地延长了，另外一方面增加了雨水的渗入，减少了径流。渗透系数Ψ减小了，反应到雨水管道设计中，雨水管道直径将减小。这样，在敷设雨水管道时，总投资将大大降低。

4.5 节水器具、装置的应用

节水型生活用水器具是指在满足相同的饮用、厨用、洁厕、洗浴、洗衣用水功能前提下，较同类常规产品能够减少用水量的器件、用具。节水型器具有两层含义：一层含义是其在较长时间内免维修，不发生跑、冒、滴、漏的浪费现象，是节水；另外一层含义是其设计先进合理，制造精良，可以减少无用耗水量，与传统的卫生器具相比有明显的节水效果。这里所说的节水器具是指后面这层含义。应特别指出的是，节水器具首先应做到不跑、冒、滴、漏，在满足使用功能下节约用水。

大学园区生活用水主要通过卫生器具的使用来完成，卫生器具是校园集中供水系统各个环节中与师生最直接接触的部位，是与师生日常生活息息相关的。可以说，卫生器具的性能对于节约生活用水有举足轻重的作用。节水器具的开发、推广和管理对于校园节水工作是极其重要的。

大学园区节水工作，应从以下节水器具及节水设备入手进行考虑：

(1) 卫生洁具。如高位水箱及配件、低位水箱及配件、大便器冲洗阀（延时自闭冲洗阀）、非接触式（电子）。

(2) 水龙头、阀门。

(3) 公共浴室淋浴装置。如机械式脚踏淋浴阀、非接触式（电子）控制淋浴装置。

(4) 清洗装置。如自动洗车成套设备、移动式高压清洗机。

(5) 循环水冷却装置。如玻璃钢冷却塔、喷射式冷却塔、冷却塔智能控制器、冷水机。

(6) 其他。如冷凝器、控制小孔式浮球阀、全自动节水器、变频调速恒压变量供水系统。

山东建筑大学教学楼男卫生间小便器冲洗，原设计是采用穿孔管，由于上课时及晚上利用率非常低，造成在没有人用的前提下水还在继续喷，尤其是夜间，供水压力与白天相比要高，水浪费得更厉害。在这种情况下，经过多方面的努力，将其改造成智能冲洗，与卫生间的亮度、时间、人员的多少关联，与改造前相比，节约了大量的水资源。

第5章 绿色大学校园太阳能综合利用技术

随着人们生活水平的提高,世界常规能源的消耗大幅度增长。能源危机使人们认识到,常规能源是有限的,人们已经将目光转移到了新能源的开发和利用上。太阳内部进行着剧烈的由氢聚变成氦的核反应,并不断向宇宙空间辐射出巨大能量,其内部的热核反应足以维持6×10^{10}年,相对于人类历史的有限年代而言,可以说是"取之不尽、用之不竭"的能源。地面上的太阳辐射能随着时间、地理纬度和气候不断地发生着变化,实际可利用量较低,但可利用资源量仍远远大于现在人类全部能源消耗的总量。地球上太阳能资源一般以全年总辐射量$[kJ/(m^2\cdot a)]$和全年日照总时数表示。太阳能是各种可再生能源中最重要的基本能源,生物质能、风能、太阳能、海洋能、水能等都来自太阳能,广义地说,太阳能包含以上各种可再生能源。

作为地球上最清洁的可再生能源,太阳能利用技术已经进入快速发展时期。鉴于国情,太阳能光热应用事实上已成为太阳能利用的先锋,太阳能与建筑一体化目前也成了国家有关建筑主管部门关注的课题,太阳能与建筑一体化由此也日益成为太阳能企业和房地产业关注的焦点。

现代建筑学对太阳能建筑的解释是:经过良好的设计,达到优化利用太阳能这一预期目标的建筑。即用太阳能代替部分常规能源,为建筑物提供采暖、热水、空调、照明、通风、动力等一系列功能,以满足(或部分满足)人们的生活和生产的需要,使建筑从以前单一的耗能部件逐步转化为具有一定量能源生产的供能部件,以最大限度地实现在建筑的建设和使用过程中对能源的节约与合理利用。太阳能建筑利用太阳能的较高境界应该是建造所谓"零排放房屋",即建筑物所需的全部能源供应均采自太阳能,常规能源消耗为零,真正做到环保清洁、绿色生态。

山东建筑大学在新校区校园建设中,充分重视太阳能技术的应用,结合学校在该领域研究的优势,根据自然条件和实际情况,应用了太阳能热水、太阳能采暖、太阳能通风及光伏发电等技术,在太阳能技术与建筑的一体化方面做了大量的工作,取得了显著的经济效益和社会效益,并起到了良好的示范作用。

5.1 太阳能热水技术

5.1.1 太阳能热水技术概述

生活热水的使用是衡量人们生活水平和社会文明程度的标志之一。随着我国经济的发展,建筑中提供生活热水也已成为广大城乡居民的基本生活需求。近年来,随着燃油、燃气和煤炭等常规能源价格的不断上涨,使用新能源代替传统能源已成为当前能源行业重要的发展趋势之一。太阳能利用技术是目前新能源技术中发展最快、最为成熟的技术,而太阳能热水又是当前技术最成熟、市场化程度最高的技术。经过20多年的应用实践，太阳能热水技术已经非常成熟，而且价格较为低廉，经济性好，因此成为主要的热水供应方案之一。山东省属于三类太阳能辐射区，为太阳能资源丰富区，当地纬度倾角平面年总辐射量为5277.70MJ/$(m^2 \cdot a)$，当地纬度倾角平面年平均日辐射量为14.46MJ/$(m^2 \cdot a)$，具有非常好的太阳能热利用条件。

5.1.2 太阳能热水系统的特点、组成与分类

1. 太阳能热水系统的特点

太阳能热水系统工程是一种节能、环保、安全、经济的供热水工程，是符合国家产业政策的朝阳行业，具有以下特点：

(1) 适应性强，无论是高寒地区还是无冰霜地区均可使用。

(2) 可依据用户的热水需求总量（每天）、用水方式、用水时间（或时段）及用水计划等基本数据，按各自要求、条件、环境设计相应的集热器及采光面积，并确定系统的循环方式。

(3) 为在阴雨天或冬天无太阳光照时保证热水供应，可采用辅助能源的方式进行设计（例如：光电互补、光热与燃气、燃油锅炉或其他热源辅助加热）。

(4) 整个系统可采用微电脑控制、智能化管理、全天候运转供热，减少人为操作，达到定时进水、定时加热、定时供水和定量供水。

2. 太阳能热水系统的组成

太阳能热水系统是由太阳能集热器（平板式集热器、真空管式集热器、真空超导热管式集热器）、循环系统、储热系统（各种型式水箱、罐）、控制系统（温感器、光感器、水位控制、电热元件、电气元件组合及显示器或供热性能程序电脑）、辅助能源系统以及支撑架等有机地组合在一起的，在阳光的照射下，通过不同形式的运转，使太阳的光能充分转化为热能，匹配当量的电力和燃气能源，就成为比较稳定的定量能源设备，提供中温水供人们使用。

(1) 太阳能集热器。太阳能集热器是把太阳辐射能转换为热能的主要部件。经过多年的开发研究，已经进入较成熟的阶段，它主要分为两大类：平板式集热器和真空管式集热器。

(2) 循环系统。系统内装有能量载体，将太阳能量连续性地载走储存。

(3) 控制系统。保证各系统连续性地自控工作，确保整个系统的正常运行。

(4) 储热系统。主要是指储热水箱，其作用是将能量载体载来的能量进行储存、备用。

(5) 辅助能源系统。其作用是保证整个系统在阴雨天或冬季光照强度较弱时能正常使用。按照辅助能源的来源不同，又可分为太阳能电辅助热源联合供热系统和全自动燃油炉联合供热系统。

3. 太阳能热水系统的分类

按照太阳能热水系统提供热水的范围，可分为集中供热水系统、集中分散供热水系统和分散供热水系统。

按照太阳能热水系统的运行方式，分为自然循环系统、强制循环系统和直流式系统。

按照太阳能热水系统中集热器与储热水箱之间的相对位置，分为整体式和分体式。

5.1.3 太阳能热水技术在学生公寓中的应用

对我国目前住在学生公寓中的学生来说,能够在宿舍中洗上热水澡似乎还是一种奢望,但通过利用太阳能就可以提供廉价的生活热水,使得这一奢望的实现成为可能。用太阳能生产低温热水(低于100℃)的太阳能热水系统,是目前太阳能热利用中技术最成熟、经济性方面最具竞争力、应用最广泛、产业化发展最快的领域。太阳能热水系统与建筑的一体化技术已被住建部列为建筑节能和可再生能源利用的重点推广技术。

山东建筑大学充分重视太阳能热水技术的应用,结合学校在该领域研究方面的优势,在生态学生公寓中采用了一套集中式太阳能热水系统(图5-1)。该系统为强制循环系统,由集热器、蓄水箱和循环管组成。依靠集热器与蓄水箱中的水温不同产生的密度差进行温差循环,水箱中的水经过集热器被不断加热,再通过连接在蓄水箱上的管路送至各房间。集热器总集热面积$72m^2$,以春秋季考虑,满足提供每日5760L热水(每人每日20L定额)。蓄水箱设有电辅助加热装置,在阴雨天气和冬季阳光不充足的时候(11月至来年3月),启动辅助加热装置,将水加热至所需温度,这需要一定的电能。据估算,在全

图5-1 生态学生公寓集中式太阳能热水系统

年使用的情况下,太阳能可以提供70%的热量。实际上,由于冬季洗澡次数较少,另外最冷月份学校已放假,辅助加热所消耗的电能还是十分有限的。热水计量方面,由于多数时间中,太阳能热水的温度都高于洗澡所需的温度,因此需要与冷水混合后才能使用,热水计量表就装在房间里的热水管上。用IC卡计费,洗澡前需要先插入IC卡,然后才能用热水,而且每人每天热水用量有一定限度,防止少数学生用水过多早早地把水箱放空。热水收费以全年的水费、加热费用、运行管理费用为根据,并考虑回收造价,得出平均值作为热水的价格。

1. 太阳能热水工程设计方案

本工程使用集热单元串并联结构,可以独立运行,也可与辅助能源系统兼容使用。

(1) 设计参数的选择与确定

山东属于我国三类太阳能辐射区,年总辐射量为$5015\sim5434MJ/(m^2\cdot a)$;冬季长达$4\sim5$个月,气温低,太阳辐射强度低,云量少,晴天的时间居多,年日照时数大多在2400h/a以上;学校所在地济南的地理纬度为36°左右;山东地区地下水的温度在$15\sim20℃$之间(计算中取低值15℃);全年光照时间每天平均按8h计算,全年光照时间按2400h计算,则全年光晴天时间为$2400\div8=300d$,每个季度按$300\div4=75d$计算;夏季、春秋季、冬季太阳辐射量分配比例为1:0.7:0.4,年辐射总量按$5200MJ/(m^2\cdot a)$计算,则按照夏季、春秋季、冬季太阳辐射量分配比例可以得出,各个季节每天平均太阳辐射量分别为:

夏　季　　$5200 \div (1 + 0.7 \times 2 + 0.4) \times 1 = 1857 \text{MJ}/(\text{m}^2 \cdot 季)$
　　　　　　$1857 \div 75 = 25 \text{MJ}/(\text{m}^2 \cdot \text{d})$
春秋季　　$5200 \div (1 + 0.7 \times 2 + 0.4) \times 0.7 = 1300 \text{MJ}/(\text{m}^2 \cdot 季)$
　　　　　　$1300 \div 75 = 17.3 \text{MJ}/(\text{m}^2 \cdot \text{d})$
冬　季　　$5200 \div (1 + 0.7 \times 2 + 0.4) \times 0.4 = 743 \text{MJ}/(\text{m}^2 \cdot 季)$
　　　　　　$743 \div 75 = 10 \text{MJ}/(\text{m}^2 \cdot \text{d})$

太阳能系统的热效率按50%计算，则每天吸收热量为：
夏　季　　$25 \times 50\% = 12.5 \text{MJ}/(\text{m}^2 \cdot \text{d})$，合计$2604 \text{kcal}/(\text{m}^2 \cdot \text{d})$
春秋季　　$17.3 \times 50\% = 8.65 \text{MJ}/(\text{m}^2 \cdot \text{d})$，合计$2069 \text{kcal}/(\text{m}^2 \cdot \text{d})$
冬　季　　$10 \times 50\% = 5 \text{MJ}/(\text{m}^2 \cdot \text{d})$，合计$1196 \text{kcal}/(\text{m}^2 \cdot \text{d})$

每平方米的集热面积可使60L、15℃的冷水升温到：
夏　季　　$T_1 = 2604/(1 \times 60) + 15 = 58.4℃$
春秋季　　$T_1 = 2069/(1 \times 60) + 15 = 49.5℃$
冬　季　　$T_1 = 1196/(1 \times 60) + 15 = 35℃$

热水的使用温度一般按40℃计算，在集中供热系统中，出口温度与配水点温差不应大于15℃，出口温度不应大于75℃；由于当水温大于60℃时，结垢量会明显增大，因此加热器的出口热水温度不宜大于60℃；热水管道中的流速一般采用0.8～1.5m/s，管径为15mm或25mm的管道，宜采用0.6～0.8m/s。

生态学生公寓楼西翼共有公寓72间，每间每天需要45℃以上热水120L；每天定时供水，温度在50～60℃左右；在要求的供水时间段内，保证管网中一开开关便是热水，保证管网中有一定的压力；在热负荷的计算方面，按照每天每支真空管产40～80℃的热水7.5L计算，供应热水的时间定为8h；辅助热源为电辅助加热。集热面积的确定方法，见表5-1所列。

集热面积的确定　　　　　　　　　　　　　　　　表5-1

用水房间数量（个）	72
每间平均用水量（L）	120
每天用水总量（L）	$120 \times 72 = 8640$
集热单元数量（组）	30
集热单元特征	每组由40支直径为47mm、长度为1500mm的集热管组成
集热管的数量（支）	$30 \times 40 = 1200$

（2）辅助能源的选择

辅助能源系统采用60kW的电热丝，平铺在储热水箱的底部，保证在没有太阳的情况下可以使水温4h上升25℃以上。采用储热水箱的底部平铺电热丝的方式可以有效地节约设备成本，降低整套系统的造价。

(3) 系统流程

整个系统流程中包括集热循环、补水系统、低水位补水系统、电辅助系统和防冻系统等智能控制系统，系统流程原理如图 5-2 所示。

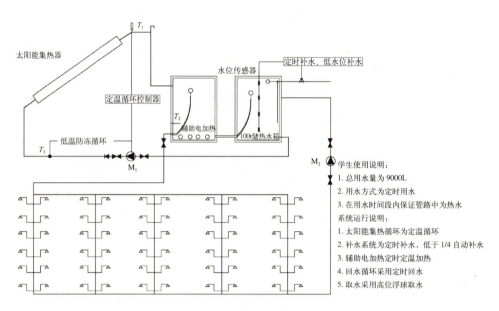

图 5-2　太阳能集热工程运行原理图

1) 集热器布置方案

在生态学生公寓中，为了安装方便，在平屋面上设置了用于安装集热器的水泥基础，太阳能集热器固定在基础上，集中设置在学生公寓的屋面上，其具体的安装尺寸如图 5-3 和图 5-4 所示。

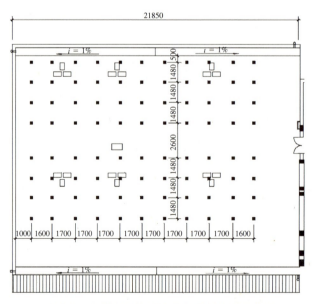

图 5-3　太阳能集热工程屋顶水泥基础布置图

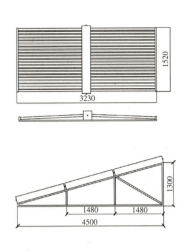
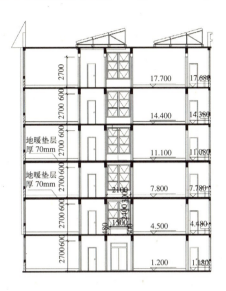

图 5-4　太阳能集热工程安装侧视尺寸图

2）设备布置方案

在生态学生公寓中，储热水箱安装在顶层的设备间中，与直接暴露在室外的水箱相比具有更加高效的保温作用，同时也便于日常对于水箱的维护与检修，其具体的安装尺寸如图 5-5 所示。

3）循环系统设计

集热循环管路采用国标热镀锌管道，并采用聚乙烯保温；采用 PP-R 节能环保产品，利用循环泵定时将管网中的冷水循环到储热水箱，以减少热量损失；为了保证热水的一用即出，设计 DN25 回水管，利用定温电磁阀让低温水循环回储热水箱。

根据每平方米集热面积的流量不小于 36L/h 的流量要求，并保证系统的压力不大于 50kPa，同时，考虑安装基地的限制，选择相应的集热循环泵。供水循环泵的扬程为 7.5m、流量为 18.6t/h。

4）太阳能工程材料方案

集热元件颜色为地中海蓝色，膜色均匀，

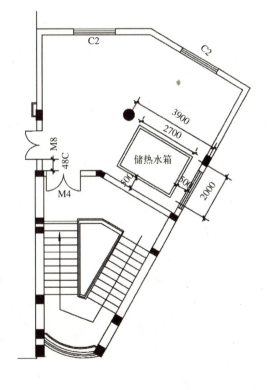

图 5-5　太阳能集热工程水箱布置图

在使用中可以 20 年不褪色，大大提高了集热管的寿命，经德国镀膜专家检测，太阳能吸收率高达 95% 以上，比普通集热管提高了 30%，集热效率达到了欧美发达国家先进水平（表 5-2）。

集热元件性能   表5-2

名称	性能参数	国家标准
吸收涂层的太阳能吸收率	$\alpha \geq 0.95$	$\alpha \geq 0.86$（AM1.5）
半球发射率	$\varepsilon \leq 0.05$	$\varepsilon \leq 0.09$（80 ± 5℃）
闷晒性能参数	$H \leq 2.639 MJ/m^2$	$H \leq 3.3 MJ/m^2$
空晒性能参数	$Y \geq 415.51 m^2 \cdot ℃/kW$	$Y \geq 175 m^2 \cdot ℃/kW$
平均热损系数	$ULT < 0.53 W/(m^2 \cdot ℃)$	$ULT < 0.90 W/(m^2 \cdot ℃)$

循环管路采用标准饮用水镀锌管道。循环泵采用世界顶级泵，具有低噪声、高效率、寿命长、外形美观等特点。控制系统采用模拟电路控制。储热系统内胆采用5～8mm钢板焊接防腐加工而成，不仅水质纯净而且具有较长的寿命；防水外皮采用铁板防腐加工而成，保温材料采用进口聚氨酯发泡而成，保温效果超群。支撑架采用4号角钢焊接而成，表面进行了防腐处理，强度寿命长（表5-3）。

聚氨酯发泡性能表   表5-3

参数性能	测试标准	单位	测试说明	测试结果				备注
密度	GB/T 6343—2009	kg/m^3		35.82				
压缩强度	GB/T 8813—2008	kPa		172.5				
导热系数	GB/T 10295—2008	$W/(m \cdot K)$	热板温度25℃ 冷板温度5℃ 平均温度15℃	0.0193				
尺寸稳定性	GB/T 8811—2008	%	方向条件	L	W	T	平均值	L：长度 W：宽度 T：厚度
			-20℃，24h	0.23	0.18	0.46	0.30	
			100℃，24h	0.63	0.46	0.69	0.60	
闭孔率	GBT 10799—2008	%	体积膨胀法23℃	95.10				

2. 太阳能热水系统的安装施工

（1）水泥基础施工

图5-6为太阳能集热工程安装水泥基础详图，图5-7为太阳能集热工程水泥基础安装现场。

（2）支架的制作与集热器的安装

图5-8为太阳能集热工程支架安装现场，图5-9为太阳能集热工程集热器安装现场。

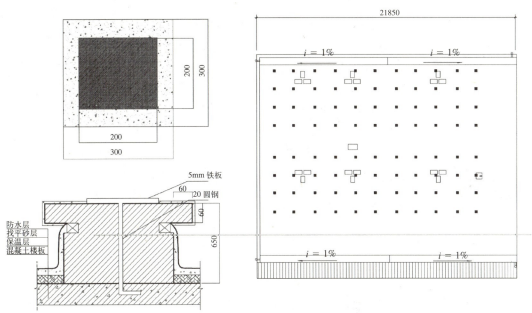

图 5-6　太阳能集热工程安装水泥基础详图

图 5-7　太阳能集热工程水泥基础安装现场

图 5-8　太阳能集热工程支架安装现场（一）

图 5-8 太阳能集热工程支架安装现场（二）

图 5-9 太阳能集热工程集热器安装现场

(3) 管路的安装

集热循环管路的管径应与串并联组数相适应，集热循环管路尽可能的短，绕行的应是集热器进水管路，管路应有 1% 的安装角度，以便系统排气，避免气堵现象。主管路的最高点应设置排气管,水箱低于集热器时,集热器进水管路应安装单向阀,系统再循环泵、电磁阀、集热器等部分应安装维修阀门。

(4) 电控系统的安装

根据现场的需要,按照电路安装要求进行安装,强电电线与弱电信号线均走不同的串线管,并保证两端标记对应,串线管走向横平竖直。

3. 太阳能热水系统的调试

(1) 系统注水。调试电控系统中的补水控制器(水位表),利用清晨太阳光照很弱时自动将储水箱注满冷水。

(2) 集热循环调试。将控制仪表调整到正常状态,利用外界因素将探头温度升高或降低,检查当温度升高时系统是否自动开始循环,温度降低时是否自动停止运行。反复试验,直到集热循环运行正常为止。

(3) 集热系统管路调试。集热系统运行时检查是否有漏水现象。

(4) 自动加热控制测试。首先测试漏电保护器是否可靠,调试电控系统中的加热控制器(温度传感器),在时间控制范围内,利用外界因素将探头温度升高或降低,检查当温度升高时系统是否自动断电,温度降低时是否自动启动;在时间控制范围外,利用外界因素使探头升温、降温,检查电加热是否自动启动或关闭。反复试验,直到运行正常为止。

(5) 防冻循环控制测试。利用外界因素使探头升温,检查系统是否自动停止循环;温度降低时是否自动启动循环。反复试验,直到运行正常为止。

(6) 根据设计方案、参数对系统进行验收,并递交使用说明。

5.1.4 太阳能热水技术在学生浴室中的应用

学生公共浴室是当前学校的能源需求大户,而太阳能热水是当前最成熟的技术。针对当地太阳能资源的现状,对当前的学生公共浴室进行用能改造,可以得到环保、廉价的生活热水。山东建筑大学利用山东省对可再生能源补贴的机遇,结合学校在该领域研究方面的优势,对学校的公共浴室进行了太阳能改造。学生公共浴室采用集中式太阳能热水系统与锅炉辅助加热系统相结合的方式为浴室提供热水。太阳能热水系统集热面积为 $1356m^2$,每天产 80t 45℃左右的热水。该系统基本满足春、夏、秋三季和冬季部分天气状况良好时候的洗浴用水要求,每年可节约逾 160t 标准煤,减排二氧化碳逾 400t,节约费用近万元,既达到了使用太阳能节能降耗、降低运行成本的目的,又顺应了"绿色、环保、健康"的时代主题。

1. 太阳能热水系统的设计

该系统(图 5-10)用水总量设计上,按照开放日每天 1500 人洗浴(每周最多开放 4 次),每人每天用水按 50L 计,则需产热水 75t。考虑到管路及热量损失,

图 5-10 学生浴室集中式太阳能热水系统

工程实际按每天产水80t进行设计。设计热水温度按照春秋季节正常天气状况选取为45℃左右，设计冷水温度15℃，辅助加热为原锅炉加热系统进行集中辅助加热，给水系统利用现有供水管网和供水方式进行供水。集热器放置在屋面上，将太阳能产生的热水提供到储热水箱，以提高水的基础温度，如需加热，利用现有锅炉按原方式进行补充。

2. 太阳能全年产水量分析

为了达到既能有效利用太阳能、减少辅助能源的使用费用，又能降低一次性设备投资、加快成本回收年限的最终目标，根据山东地区的天气状况以及投资效益经济比较分析，每天产80t 45℃左右的热水大约需要配置连接管式集热器217组。其集热面积为：$F = 1356m^2$，整个系统含$\phi47×1500$真空管10850支，其全年各月产水量大致分析，见表5-4所列。

全年各月产水量大致分析　　　　　　表5-4

一定集热面积的太阳能全年产水量分析（t）												
月份	1	2	3	4	5	6	7	8	9	10	11	12
集热面积	1356	1356	1356	1356	1356	1356	1356	1356	1356	1356	1356	1356
辐照度	235.9	269.0	353.9	468.6	513.8	529.2	605.3	501.6	473.1	451.6	323.0	280.0
吸收量	106.2	121.1	159.3	210.9	231.2	238.1	272.4	225.7	212.9	203.2	145.4	126.0
天/月	25	25	25	25	25	25	25	25	25	25	25	25
产水量	39.4	44.9	59.0	78.2	85.7	88.3	101.0	83.7	78.9	75.3	53.9	46.7

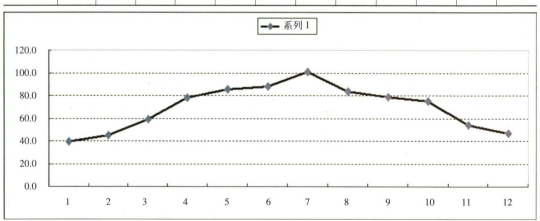

从上表中可知：该集热单元基本可以满足春、夏、秋三季和冬季部分天气状况良好时候的正常洗浴温度，既达到了使用太阳能后节能降耗、降低运行成本的目的，又顺应了"绿色、环保、健康"的时代主题。

3. 运行原理及功能介绍

系统功能及组成（图5-11）：本工程由真空管连接式太阳能集热循环系统、防冻循环系统、自动补水系统、支架、储热系统、控制系统和保温系统组合而成。

(1) 集热循环控制

本系统采用"定温—温差"循环集热的模式。即：系统第一次进水的时候，是自来水直接压到集热器加热，到一定温度时，自来水补水泵 M5 打开，将热水顶回水箱，直到水箱水满为止，电磁阀关闭（目的是保证进入水箱的水都具有一定温度）。同时，开启温差循环模式，当集热器与储水箱温差大于设定"温度上限"时，泵 M1/M2 启动循环；集热器与储水箱温差小于"温度下限"时，停止循环（目的是逐步提升水箱温度）。循环保护功能：集热循环启动一定时间后，

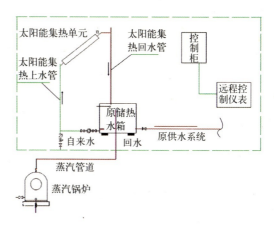

图 5-11　太阳能浴室系统功能与组成

仍达不到停止条件，强制停止循环；间隔一定时间后，再根据温度条件判断是否启动集热循环。

(2) 进水控制

集热器进水：当集热器温度大于"定温进水温度上限"，且水箱未满时，泵 M1 启动进水；当集热器温度小于设定"温度下限"，或实际水位达到水满时，停止进水。

定温进水：用户可以自行选择该模式，即当设定水箱温度大于"定温进水温度上限"，且水箱未满时，电磁阀启动进水；当水箱温度小于"定温进水温度下限"，或实际水位达到水满时，停止进水。

定时进水：当系统到达定时时间后，如果实际水位低于设定水位，启动定时进水，定时进水启动后，直到实际水位达到设定水位，本次定时进水关闭；但是，"进水工作时间"到达后，即使没达到设定水位，本次定时进水强制关闭。

强制补水：无论何种控制状态下，当水位低于 20% 时，控制器自动启动进水，将水位补至 20%，实现下限液位保护。

定位进水：用户可以自行选择该模式，当"定位进水水位上限"不大于"定位进水水位下限"时，定位进水无效。当实际水位低于"定位进水水位下限"时启动进水，实际水位达到"定位进水水位上限"时，停止进水。

(3) 防冻控制

防冻循环：当防冻点温度 T_3 低于"防冻循环管道温度下限"时，防冻循环泵 M1 启动；当防冻点温度大于"防冻循环 管道温度上限"时，防冻循环泵 M1 停止。防冻循环启动一定时间后，仍达不到防冻循环关闭条件，强制停止防冻循环；间隔一定时间后，再根据温度条件判断是否启动防冻循环。

自来水定时防冻进水：当防冻点温度 T_3 小于"防冻进水 管道温度下限"时，可定时开启进水，"防冻进水 进水时间"和"防冻进水 间隔时间"可设定。

(4) 辅助加热

本工程辅助加热通过原锅炉系统进行，当太阳能水温达到洗浴要求时，系统就不需要

启动任何能源；如果太阳能水温达不到洗浴要求时，可以启动原系统进行加热，当加热到设定温度时，自动停止加热。

5.2 太阳能采暖技术

5.2.1 太阳能采暖技术概述

我国太阳能资源非常丰富，理论上讲我国太阳能每年辐射量可以达到17000亿t标准煤。我国北方地区，建筑采暖能耗占当地全社会总能耗的20%以上，采暖期空气中的二氧化碳排放量明显高于非采暖期；建筑用能已达全社会能源消费量的27.6%（发达国家的建筑用能占全社会能源消费量的1/3左右）。尽管我国人均用能不及世界人均能耗水平的一半，但能源消费总量已达世界第二。随着我国经济持续快速稳定增长，建设事业发展迅速。截至2009年底，城市人均住宅建筑面积约$30m^2$，农村人均住房面积$33.6m^2$。居住面积的增加、舒适度要求的提高，对新能源的开发利用提出了更高的要求。太阳能采暖技术可分为被动式太阳能采暖和主动式太阳能采暖（如太阳墙采暖）。

5.2.2 被动式太阳能采暖

1. 被动式太阳能采暖原理

被动式采暖设计是通过建筑朝向和周围环境的合理分布、内部空间和外部形体的巧妙处理以及建筑材料和结构构造的恰当选择，使建筑物在冬季能集取、保持、储存、分布太阳热能，从而解决建筑物的采暖问题。该设计的基本思想是控制阳光和空气在恰当的时间进入建筑并储存和分配热空气。其设计原则是要有有效的绝热外壳，有足够大的集热表面，室内布置尽可能多的储热体，以及主次房间的平面位置合理。

被动式设计应用范围广、造价低，可以在增加少许或几乎不增加投资的情况下完成，在中小型建筑或住宅中最为常见。美国能源部指出，被动式太阳能建筑的能耗比常规建筑的能耗低47%，比相对较旧的常规建筑低60%。但是该项设计更适合于新建项目或大型改建项目，因为整个被动式系统是建筑系统中的一个部分，设计也不能割裂开来，应该与整个建筑设计完全融合在一起。

2. 被动式太阳能采暖分类

（1）直接受益式。房间本身是集热储热体，白天太阳光透过南向玻璃窗进入室内，地面和墙体吸收热量；夜晚被吸收的热量释放出来，维持室温。直接受益式是应用最广的方式，构造简单，易于安装和日常维护；与建筑功能配合紧密，便于建筑立面的处理；室温上升快，但是室内温度波动较大。

（2）集热蓄热墙式。集热蓄热墙式属于间接受益太阳能采暖系统，向阳侧设置带玻璃罩的储热墙体，墙体可选择砖、混凝土、石料、土、水等储热性能好的材料。墙体吸收太阳辐射后向室内辐射热量，同时加热墙内表面空气，通过对流使室内升温。如果墙体上下开有通风口，玻璃与墙体之间加热的空气可以和室内冷空气形成对流循环，促使室温上升。

（3）附加阳光间式。在向阳侧设透光玻璃构成阳光间接受日光照射，是直接受益式和集热蓄热墙式的组合。阳光间可结合南廊、入口门厅、休息厅、封闭阳台等设置，可作为生活、休闲空间或种植植物。

（4）屋顶池式。屋顶上放置有吸热和储热功能的储水塑料袋或相变材料，其上设可开闭的盖板，冬夏兼顾，都能工作。冬季白天打开盖板，水袋吸热，夜晚盖上盖板，水袋释放的热量以辐射和对流的形式传到室内。

3. 被动式太阳能采暖技术在绿色大学校园中的应用

在学生公寓的设计过程中，建筑师充分考虑到被动式太阳能采暖各种形式的特点，在南向房间采用了直接受益式这种最简单便捷的采暖方式。南向房间采用了较大的窗墙面积比，外墙窗户尺寸由 1800mm×1500mm 扩大为 2200mm×2100mm，比值达到 0.39，以直接受益窗的形式引入太阳热能。通过图 5-12 和图 5-13 的日照分析能够计算得出，扩大南窗并安装遮阳板后，房间在秋分至来年春分的过渡季节和采暖季期间得到的太阳辐射量多于原设计，而在夏至到秋分这段炎热季节里得到的太阳辐射量少于原设计。另外，由于原方案中卧室通过封闭阳台间接获取光照，采暖季直接得热会折减。通过模拟，生态公寓的南向房间在白天可获得采暖负荷的 25%～35% 左右。虽然窗墙面积比超过了我国《民用建筑节能设计标准》JGJ 26—1995 中推荐的 0.35 的数值，但是由于采用了低传热系数的塑料中空窗，增大的窗户面积在夜间只有有限的热量损失，加装保温帘进一步加强夜间保温，效果会更好，而且挤塑板作外保温的墙体也保证了建筑物耗热量不会增加。

济南地区处于北纬 36°左右，南向房间直接受益式采暖会造成夏季过热，学生公寓楼选用水平遮阳形式遮挡夏季中午左右的阳光。通过遮阳设计日照分析（图 5-14），确定遮阳板方案：1～5 层南窗上方 200mm 出挑宽 500mm 的遮阳板，6 层上方 400mm 处有太阳墙集热部分出挑 1050mm，能够起到遮阳作用，不用另外设置遮阳板。遮阳板采用铝合金格栅，叶

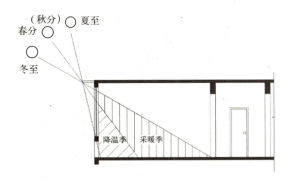

图 5-12　生态公寓标准层南向房间日照分析

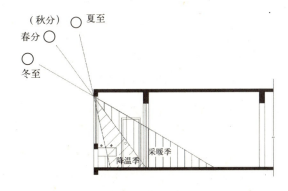

图 5-13　普通公寓标准层南向房间日照分析

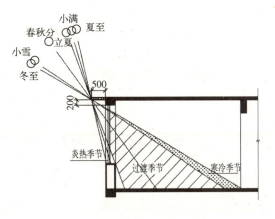

图 5-14　遮阳设计日照分析

片可以微调角度，既能防止夏季正午强烈的阳光直射入室内，又不会影响冬季太阳能的引入。在建筑形象上，遮阳板打破了建筑立面上太阳墙过分强调的单一竖线条，形成有韵律的音符。从图 5-15 和图 5-16 中可看出，夏季大部分阳光被在室外遮挡，而冬季阳光能够完全进入，满足太阳房的要求。

图 5-15　冬季遮阳效果　　　　　　　　图 5-16　夏季遮阳效果

5.2.3　太阳墙采暖新风技术

1. 太阳墙系统的组成和工作原理

太阳墙系统，由集热和气流输送两部分系统组成，房间是储热器。集热系统包括垂直墙板、遮雨板和支撑框架。气流输送系统包括风机和管道。太阳墙板材覆于建筑外墙的外侧，上面开有小孔，与墙体的间距由计算决定，一般在 200mm 左右，形成的空腔与建筑内部通风系统的管道相连，管道中设置风机，用于抽取空腔内的空气（图 5-17）。

冲压成型的太阳墙板在太阳辐射作用下升到较高温度，同时太阳墙与墙体之间的空气间层在风机作用下形成负压，室外冷空气在负压作用下通过太阳墙板上的孔洞进入空气间层，同时被加热，在上升过程中再不断被太阳墙板加热，到达太阳墙顶部的热空气被风机通过管道系统送至房间。与传统意义上的集热蓄热墙等方式不同的是，太阳墙对空气的加热主要是在空气通过墙板表面的孔缝的时候，而不是空气在间层中上升的阶段。太阳墙板外表面为深色（吸收太阳辐射热），内表面为浅色（减少热损失）。在冬季天气晴朗时，太阳墙可以把空气温度提高 30℃ 左右。夜晚，墙体向外散失的热量被空腔内的空气吸收，在风扇运转的情况下被重新带回室内。这样既保持了新风量，又补充了热量，使墙体起到了热交换器的作用。夏季，风扇停止运转，室外热空气可从太阳墙板底部及孔洞进入，从上部和周围的孔洞流出，热量不会进入室内，因此不需特别设置排气装置（图 5-18）。

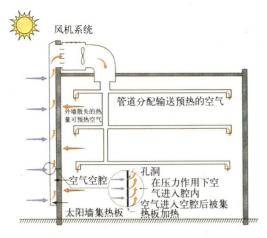 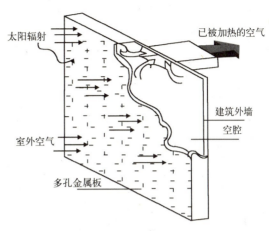

图 5-17　太阳墙系统工作原理　　　　图 5-18　太阳墙系统示意简图

太阳墙板材是由 1～2mm 厚的镀锌钢板或铝板构成，外侧涂层具有强烈吸收太阳热、阻挡紫外线的良好功能，一般是黑色或深棕色。为满足了建筑美观或色彩协调，其他颜色也可以使用。主要的集热板用深色，装饰遮板或顶部的饰带用补充色。为空气流动及加热需要，板材上打有孔洞，孔洞的大小、间距和数量应根据建筑物的使用功能与特点、所在地区纬度、太阳能资源、辐射热量进行计算和试验确定，能平衡通过孔洞流入和被送入距离最近的风扇的空气量，以保证气流持续稳定均匀以及空气通过孔洞获得最多的热量。不希望有空气渗透的地方，例如接近顶部处，可使用无孔的同种板材及密封条。板材由钢框架支撑，用自攻螺栓固定在建筑外墙上（图 5-19～图 5-21）。

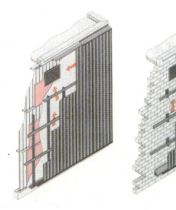  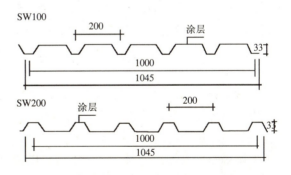

图 5-19　附于钢结构　图 5-20　附于砖结构　　　图 5-21　太阳墙 2 种类型的断面
　　　外墙的太阳墙　　　　外墙的太阳墙

应根据建筑设计要求来确定所需的新风量，尽量使新风全部经过太阳墙板；如果不确定新风量的大小，则应最大尺寸设计南向可利用墙面及墙窗比例，达到预热空气的良好效果。一般情况下，每平方米的太阳墙空气流量可达到 22～44m³/h。风扇的个数需要根据建筑面积计算决定。风扇由建筑内供电系统或屋面安装的太阳能光电板提供电能,根据气温,智能或人工控制运转。屋面的通风管道要做好保温和防水。

太阳墙理想的安装方位是南向及南偏东西20°以内,也可以考虑在东西墙面上安装。坡屋顶也是设置太阳墙的理想位置,它可以方便地与屋顶的送风系统联系起来。

2. 太阳墙系统的运行与控制

只依靠太阳墙系统采暖的建筑,在太阳墙顶部和典型房间各装一个温度传感器。冬季工况以太阳墙顶部传感器的设定温度为风机启动温度(即设定送风温度),房间设定温度为风机关闭温度(即设定室温)。当太阳墙内空气温度达到设定温度时,风机启动向室内送风;当室内温度达到设定温度后或者太阳墙内空气温度低于设定送风温度时,风机关闭停止送风;当室内温度低于设定送风温度时,风机启动继续送风。夏季工况,当太阳墙中的空气温度低于传感器设定温度时,风机启动向室内送风;室温低于设定室温或室外温度高于设定送风温度时,风机停止工作;当室温高于设定室温,同时室外温度低于设定温度时,风机启动继续送风。

当太阳墙系统与其他采暖系统结合,同时为房间供热时,除在太阳墙顶部和典型房间中安装温度传感器外,在其他采暖系统上也装设温控装置(如在热水散热器上安装温控阀)。太阳墙提供热量不够的部分由其他采暖系统补足。也可以采用定时器控制,每天在预定时段将热(冷)空气送入室内。

3. 太阳墙系统的特点

太阳墙使用多孔波形金属板集热,并与风机结合,与用传统的被动式玻璃集热的做法相比,有自己独到的优势和特点。

(1) 热效率高。研究表明,与依靠玻璃来收集热量的太阳能集热器相比,太阳墙集热系统效率更高。因为玻璃会反射掉大约15%的入射光,削减了能量的吸收,而用多孔金属板能捕获可利用太阳能的80%,每年每平方米的太阳墙能得到2GJ(2×10^9J)的热量。另外,太阳墙系统可根据房间的不同用途,确定集热面积和角度,达到不同的预热温度,晴天时能把空气预热到30℃以上,阴天时能吸收漫射光所产生的热量。

(2) 良好的新风系统。目前,对于很多密闭良好的建筑来说,冬季获取新风和保持室内适宜温度很难兼得。而太阳墙可以把预热的新鲜空气通过通风系统送入室内,将合理通风与采暖有机结合,通风换气不受外界环境影响,气流宜人,有效提高室内空气质量,保持室内环境舒适,有利于使用者的身体健康。与传统的集热蓄热墙(Trombe,室内空气多次循环加热)相比,这也是优势所在。

太阳墙系统与通风系统结合,不但可以通过风机和气阀控制新风流量、流速及温度,还可以利用管道把加热的空气输送到任何位置的房间。如此一来,不仅南向房间能利用太阳能采暖,北向房间同样能享受到太阳的温暖,更好地满足了建筑取暖的需要,这是太阳墙系统的独到之处。

(3) 经济效益好。该系统使用金属薄板集热,与建筑外墙合二为一,造价低。与传统燃料相比,每平方米集热墙每年减少采暖费用10～30美元。另外,还能减少建筑运行费用,降低对环境的污染,经济效益很好。太阳墙集热器回收成本的周期在旧建筑改造工程中为6～7年,而在新建建筑中仅为3年或更短时间,而且使用中不需要维护。

(4) 应用范围广。因为太阳墙设计方便,作为外墙,美观耐用,所以应用范围广泛,可用于任何需要辅助采暖、通风或补充新鲜空气的建筑,建筑类型包括工业、商业、居住、办公、学校、军用建筑及仓库等,还可以用来烘干农产品,避免其在室外晾晒时因雨水或昆虫的影响而遭受损失。另外,该系统安装简便,能安在任何不燃墙体的外侧及墙体现有开口的周围,便于旧建筑改造。

4. 太阳墙系统采暖技术在绿色大学校园中的应用

太阳墙系统将太阳能收集起来,以空气为介质送至北向房间,解决了以往南北向房间热负荷差异较大、冬季和过渡季节北向房间热舒适性差的问题,同时也为房间提供了新风,使太阳能得以充分利用,适应了生态建筑的要求(图5-22)。

太阳墙系统由墙板、风机和风管组成。建筑南向墙面利用窗间墙和女儿墙的位置安装了157m^2的深棕色太阳墙(图5-23)。该色彩的选用在满足较高太阳辐射吸收率的情况下(黑色的太阳辐射吸收率为0.94,深棕色的为0.91),保证了建筑色彩的协调美观。窗间墙位置的纵向太阳墙高度为16.8m,宽度为2.05m,从二层位置开始安装,这是为了保证太阳墙获得的太阳辐射更为有效以及避免夏季一层近人位置灼伤人体,而且经过计算,太阳墙的面积能够满足供热需求。墙板借助钢框架固定在墙体上,与墙体之间形成170mm厚空气间层(图5-24)。女儿墙位置集热部分的墙板呈36°倾角,高2.4m,长21m,与女儿墙围合成了三棱柱状空间(图5-25)。该空间在屋面位置东西两端各开了一个500mm×600mm的散热口,供夏季散热;中间开有一个1000mm×400mm的出风口,供冬季送暖风(图5-26)。出风口通过屋面上的风机与送风管道连接,风管穿越各层走廊通向所有北向房间,向室内供暖。风机由加拿大进口,功率为2.2kW,耗电量约为3200kW·h/a(图5-27)。风管材料是有保温夹层的玻璃钢。垂直风管的管径根据空气流量从六层到一层逐渐变小;各层水平风管管径均为200mm×200mm(图5-28)。房间内的送风口位于分户门的斜上方,距地面2.4m。送风口安装了方形铝合金格栅,尺寸为300mm×300mm,最大送风量为120m^3/h,可手动调节风叶角度(图5-29)。

图5-22 太阳墙冬季供暖示意图

图5-23 太阳墙板

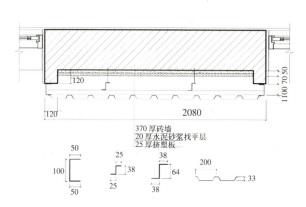

图 5-24　窗间墙处太阳墙板安装节点详图

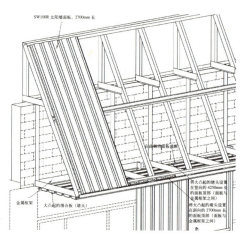

图 5-25　女儿墙位置的斜向集热部分

图 5-26　集热部分屋面位置两端的
散热口和中间的出风口

图 5-27　太阳墙出风口通过风机与风管相连

图 5-28　走廊内的太阳墙风管

图 5-29　太阳墙系统室内风口格栅

在过渡季节尤其是集中采暖前后一段时间，太阳墙可以提供房间的全部采暖负荷，使室内达到较舒适的温度。

太阳墙系统对北向房间的总供风量为 6500m^3/h，最高送风温度达 40℃，可将室外空气温度平均提高 7.9℃。经计算，生态公寓的太阳墙每年可产生 212GJ 热量，9 月到第二年 5 月可产生 182GJ 热量。

5. 太阳墙板的安装

因为太阳墙系统在国内首次使用，部分施工图由加拿大可持续发展中心提供，太阳墙板材、框架材料和所有的螺栓、铆钉、增强气密性的橡胶封条都由加拿大进口，我方没有任何安装经验，所以从与建筑相结合的设计到图纸翻译和绘制，从墙体材料入关检验到尺寸复核，从施工步骤的设计到钢架型材的搭建（图 5-30～图 5-33），都耗费了设计人员和施工人员的大量心血。

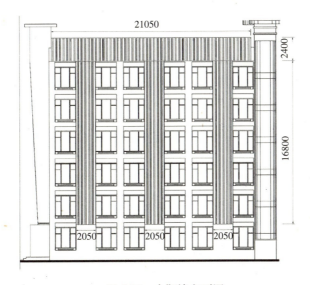

图 5-30　太阳墙立面图

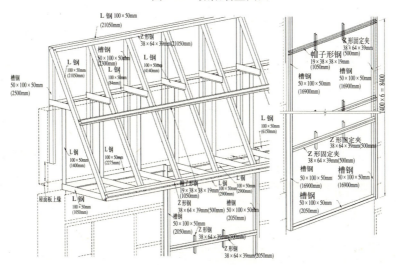

图 5-31　太阳墙安装图

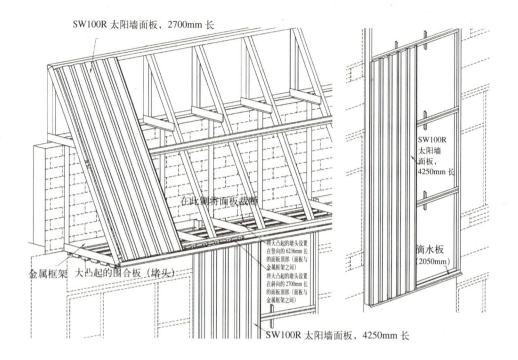

图 5-32 太阳墙安装图

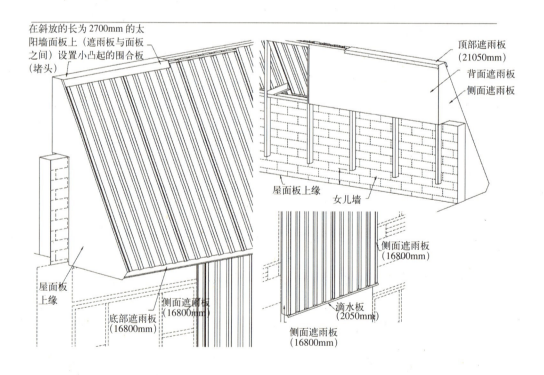

图 5-33 太阳墙安装图

墙板安装之前,首先要检验太阳墙板,复核槽钢框架尺寸(图 5-34 ~ 图 5-36),确认无误后按以下步骤进行施工:

(1)搭建窗间墙位置的竖向框架。土建施工时窗间墙部位依照太阳墙板尺寸预制了截面为 120mm×120mm 的混凝土柱,框架直接与柱上 100mm×100mm 的预埋钢件连接,竖框之间的横撑用 Z 形钢固定在墙面外 200mm 处,保证太阳墙板和墙体之间的空腔宽度在 200mm 左右(图 5-37 ~ 图 5-39)。

(2)安装女儿墙位置斜向集热部分。该部分框架需要将槽钢、Z 形钢、L 形钢等多种型钢按要求组合搭配,结合现场尺寸磨合、固定,比较耗费工时。框架以 4m 长为一个单元,组合焊接。太阳墙板分 1080mm×4000mm 和 1080mm×2700mm 两种尺寸,根据现场情况搭配使用,安装在焊好的框架单元上。最后把 5 个安好墙板的框架单元分别吊装固定在女儿墙上,拼接成连续的集热部分(图 5-40 ~ 图 5-45)。

图 5-34 开箱检验太阳墙板

图 5-35 复核槽钢框架尺寸

图 5-36 太阳墙板及平板背板

图 5-37 安装竖向框架

图 5-38 横撑用 Z 形钢固定在墙上

图 5-39 竖向框架安装完毕

图 5-40 焊接斜向集热部分框架

图 5-41 安装太阳墙板前揭掉塑料保护膜

图 5-42 安装集热部分太阳墙板

图 5-43　吊装集热单元　　　图 5-44　集热部分安装连接完毕　　　图 5-45　安装集热部分背板

（3）安装竖向墙板。计算好墙板尺寸和用量后，从上到下安装。两块墙板叠合正好符合南向窗间墙 2080mm 的宽度。墙板用螺栓固定在框架上，螺母刷防锈漆后再刷一层深棕色漆，与墙板色彩统一（图 5-46）。

图 5-46　安装竖向太阳墙板

（4）密封不应有的缝隙。将墙板之间的叠合处以及墙板平边与钢框架的交接处用透明密封胶密封，墙板凹凸的一边与钢框架交接时用相同槽形尺寸的深色密封条密封，由此可以保证外界空气都经太阳墙板上的小孔进入空腔，受到墙板加热（图 5-47）。

在太阳墙系统的安装过程中，加拿大可持续发展中心一直通过传真和邮件跟踪、指导施工。集热系统安装完毕后，有关专家到施工现场进行了检验，并对系统运行提出了建议。根据专家意见，对墙板不必要的缝隙作了全面密封。

另外，因为女儿墙部位的集热部分高达 2.4m，且南北均无遮挡，受到风力较大，所以在该部分安装之前请结构技术人员对材料和安装方案做了鉴定，安装后又进行了测试和验收，确保施工质量和使用安全。图 5-48 是集热部分与竖向墙板的交接施工。图 5-49 是太阳墙集热部分背面，方孔为夏季散热孔洞。

图 5-47　用密封条密封空隙　　图 5-48　集热部分与竖向板交接　　图 5-49　太阳墙集热部分背面

6. 太阳墙送风系统的安装

太阳墙系统的送风量随着楼层的降低而减小,所以走廊内竖向送风主管道的管径由 350mm×700mm 逐渐减小为 250mm×300mm,而各层连通房间的横向风管管径都是 200mm,因此送风系统的施工重点是预制不同管径的玻璃钢风管,按照要求安装。这项工作由风管厂家负责(图 5-50～图 5-52)。

图 5-50　太阳墙送风系统不同管径的风管

图 5-51　安装屋面上的太阳墙系统风管

图 5-52　安装室内太阳墙系统风管

5.3　太阳能通风技术

5.3.1　建筑通风技术概述

建筑通风包括从室内排出污浊空气和向室内补充新鲜空气,前者称为排风,后者称为送风。为实现排风和送风所采用的设备装置总体称为建筑通风系统。不论是室内外通风，还是空调送风，都是建筑通风，本质都是与室内的空气交换。

在影响建筑室内舒适度的众多因素当中，建筑通风的影响是直接和瞬时的，它带来的气流与室内空气混合，它的热湿状况会立刻影响室内空气的状态。当新鲜的空气沿着合适的通道顺畅地流向人们时，建筑通风能创造一种协调、优美的氛围。而如果通风不当，则可能造成以下问题：①热量或冷量的过度消耗；②外界不良自然条件带给人们的不舒适感觉；③噪声及可悬浮颗粒的污染；④通风使人工调节室内空气舒适度的效果不可控；⑤建造、维护过程中的成本增加。所以，在进行建筑设计时，必须采取适当的通风技术，处理好建筑通风。

5.3.2 建筑通风技术分类

按动力来源，建筑通风技术分为自然通风和机械通风两大类。

1. 自然通风

自然通风是利用建筑内部空气温度差所形成的热压和室外风力在建筑外表面所形成的风压，从而在建筑内部产生空气流动，进行通风换气。如果在建筑物外围护结构上有一开口，且开口两侧存在压力差，那么根据动力学原理，空气在此压力差的作用下将流进或流出该建筑，这就形成了自然通风，此压力差由室外风力或室内外温差产生的密度差形成。自然通风主要有三种方式：

（1）穿越式通风。即穿堂风，它是利用风压来进行通风的。室外空气从房屋一侧的窗流入，另一侧的窗流出。此时，房屋在通风方向的进深不能太大，否则就会通风不畅。进气窗和出气窗之间的风压差大，房屋内部空气流动阻力小，才能保证通风流畅（图5-53）。

（2）烟囱式通风。主要是利用热压效应，室外冷空气从高度低的窗户进入室内，室内暖空气从高窗处排出。通常用烟囱或天井来产生足够的浮力，促进通风（图5-54）。

（3）单侧局部通风。局限于房间的通风。空气的流动是由于房间内的热压效应、微小的风压差和湍流。因此，单侧局部通风的动力很小，效果不明显（图5-55）。

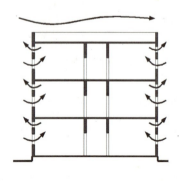

图5-53　穿越式通风

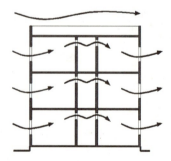

图5-54　烟囱式通风

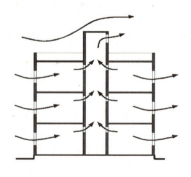

图5-55　单侧局部通风

自然通风不消耗动力，简单易行，节约能源，有利于环境保护，被广泛应用于工业和民用建筑中。自然通风是当今生态建筑中广泛采用的一项技术措施，与其他相对复杂、昂贵的生态技术相比，自然通风技术已比较成熟并且廉价。采用自然通风可以取代或部分取代空调制冷系统，降低能耗与环境污染，同时，提供的新鲜清洁自然空气更利于人的身体健康。

2. 机械通风

机械通风是指依靠机械动力（如风机风压）进行通风换气。它通过送风和排风系统向室内输送新风，改善室内空气品质。机械通风最早用于生产环境的除尘降温，后来逐渐用于商场、宾馆、写字楼等公共建筑。机械通风可分为局部通风、全面通风和置换通风。

（1）局部通风。包括局部送风和局部排风两类。局部送风就是将干净的空气直接送至室内人员所在的地方，改善每位工作人员周围的局部环境，使其达到要求的标准，而并非使整个空间环境达到标准。这种方法比较适用于大面积的空间、人员分布不密集的场合，空气经处理后由风管送到每个人附近（图5-56）。局部排风就是在产生污染物的地点直接将污染物收集起来，经处理后排至室外。在排风系统中，以局部排风最为经济、有效，因此对于污染源比较固定的情况应优先考虑。污染源产生的污染物经局部排风罩收集后，通过风管送至净化设备处理后，排至室外（图5-57）。

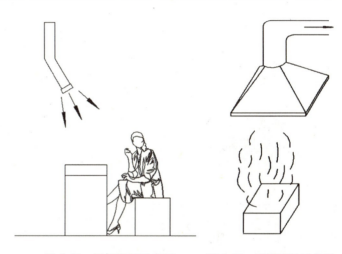

图 5-56　局部送风示意图　　图 5-57　局部排风示意图

（2）全面通风。亦称稀释通风，即对整个控制空间进行通风换气，使室内污染物浓度低于容许的最高浓度。由于全面通风的风量与设备较大，因此只有当局部排风无法适用时才考虑全面通风。控制空间的通风气流组织形式对全面通风的效果影响很大，因此在设计全面通风系统时应遵守一个基本原则：应将干净空气直接送至工作人员所在地，然后排出。常用的送、排风方式有上送上排、下送上排及中间送上下排等多种形式。

（3）置换通风。是基于空气有密度差而形成热空气上升、冷空气下降的原理实现通风换气的。置换通风的送风分布器通常都靠近地板，送风口面积较大，因此其出风速度较低，在低的流速下，送风气流与室内空气的掺混量很小，能够保持分区的流态。

置换通风（图5-58）送入室内的低速、低温空气在重力作用下先下沉，随后慢慢

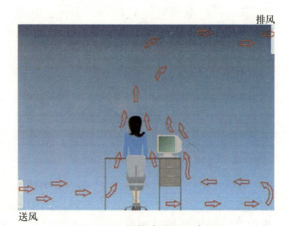

图 5-58　置换式通风示意图

扩散，在地面上方形成一个空气层。与此同时，室内热污染源产生的热浊气流由于浮力作用而上升，并在上升过程中不断卷吸周围空气，形成一股蘑菇状的上升气流。系统的排风口通常被置于顶棚附近，热浊气流上升到这里被排掉。由于热浊气流上升过程中的"卷吸"作用、后续新风的"推动"作用以及排风口的"抽吸"作用，覆盖在地板上方的新鲜空气缓缓上升，形成向上的单向流动，于是工作区的污浊空气被后续的新风所取代，即被置换。

5.3.3　太阳能通风技术在绿色大学校园中的应用

随着高校连续扩招、学生在校人数逐年增加，高校原有的学生住宿条件已经不能满足需要（图5-59）。学生公寓是较为特殊的居住建筑，在建筑节能与可持续发展已经成为建筑发展趋势的今天，作为生态建筑的设计对象，利用技术提高其室内舒适度，是十分有意义的研究与探索。山东建筑大学在学生公寓的设计过程中，结合公寓的建筑特点及学校实际情况，利用太阳能等技术加强建筑通风，以控制室内空气品质和提高室内舒适度。

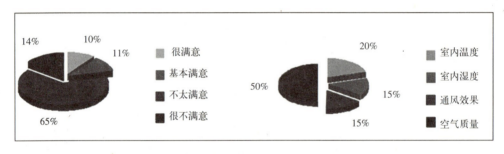

图5-59　高校学生公寓室内舒适度及学生不满意原因调查

1. 夏季太阳能烟囱通风

在进行通风设计时，根据公寓实际情况，着重利用自然通风。在夏季，运用自然通风来进行通风降温。公寓东西走向，可以最大程度利用济南夏季主导风。在公寓设计时，对平面进深作了一定控制，以便于组织对流穿堂风。房间外墙窗户设计时，结合平面开间尺寸，把进风窗口尺寸定为1100mm×2100mm，约占开间宽度的1/3，开口面积为总面积的19.5%，以争取得到较好的通风效果。在排风口方面，每个房间都朝向走廊开有通风窗，位于门上方，避开安装电视机的位置，尺寸为900mm×300mm，为推拉窗，安全性能比上亮要好（图5-60）。通风窗与房间外窗形成穿堂型布局，并且南北房间贯通，有较大的通风覆盖面，通风直接、流畅，室内涡流区小，通风质量很好。

学生公寓还通过太阳能烟囱，充分利用烟囱效应，加强夏季自然通风效果。太阳能烟囱位于公寓西墙外侧中部，与走廊通过窗

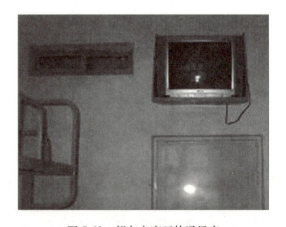

图5-60　朝向走廊开的通风窗

户连接。烟囱采用钢结构，槽形压型钢板围合而成。太阳能烟囱的尺寸和造型经加拿大合作方计算机通风模拟设计得出。其设计遵循了以下原则：

（1）满足使用要求。太阳能烟囱的特殊位置决定了其必须在满足采光等建筑使用功能的前提下解决技术问题。烟囱以一层西侧疏散出口的门斗为基础，外壁开大窗，窗扇固定，为走廊间接采光（图5-61）；一层走廊通过顶棚处的风道与门斗上的烟囱相连；二至六层走廊尽端的窗户尺寸为2600mm×2400mm，均分成6扇下悬窗，室内污浊热空气由此排入烟囱（图5-62），冬季关闭所有下悬窗可防止室内热空气散失；屋面上烟囱外壁有检修口（图5-63）；风帽下面安装铁丝网，防止飞鸟进入。

图5-61 太阳能烟囱外观　　图5-62 走廊西头与太阳能烟囱相连的通风窗　　图5-63 太阳能烟囱风帽与检修口

（2）烟囱效应。按照热力学原理，沿高度方向温度场分布不均匀，拉大空间中气流入口和出口的位置差将导致上下空间温差加剧，加大热压，促进通风。太阳能烟囱总高度27.2m，风帽高出屋面5.5m。充足的高度是足够热压的保证，而且宽高比接近1:10，通风量最大，通风效果最好（图5-64、图5-65）。

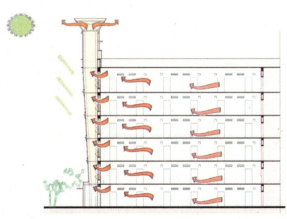
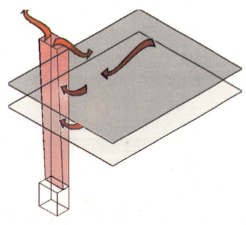

图5-64 太阳能烟囱剖面　　图5-65 太阳能烟囱通风示意

(3) 漏斗作用。根据热力学第二定律和热量散失规律可知,热量总是由高温传向低温,由"热"密度高区域流向"热"密度低区域,所以在漏斗空间中,受形体造成的上疏下密影响,热量要向低密度区域扩散,即热空气上升指向上口。因此,太阳能烟囱设计为近似漏斗形,横截面自下而上从 1.2m×3m 扩大到 2m×4m。这种形体对烟囱效应下的热空气上升起到推波助澜的作用。此外,这种设计还能保证各层的气流均衡:底层距离风口远、位置低、热压大,所以通道横截面小、下悬窗开启角度小,可以减小气流;顶层距离风口近、位置高、热压小,所以加大通道横截面积和下悬窗开启角度,可以增大气流。

(4) 避免涡流和气流回灌。如图 5-66 所示,在炎热季节中,烟囱效应会和文丘里效应(风帽的形状)、伯努利效应(气流在屋顶附近加速流动)共同起作用,加速排出室内空气。烟囱按照以上效应进行设计,且风帽底部设计成倒锥形可有效减小气流阻力,避免形成涡流和气流倒灌(图 5-67、图 5-68)。

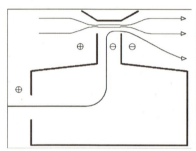

图 5-66 多种效应共同起作用的自然通风

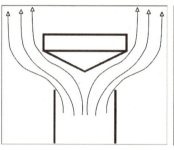

图 5-67 倒锥形风帽的排风状况

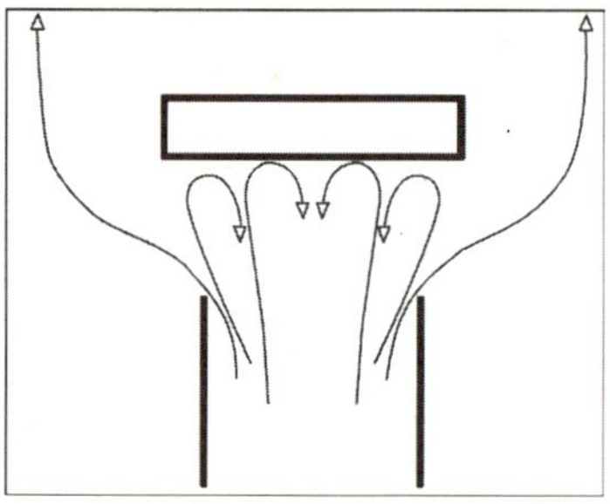

图 5-68 矩形风帽的排风状况

夏季白天,打开通风窗,室外有适当风速时,公寓各房间通过开窗引入室外气流,南北向房间可直接对流,不用打开房门,无相互干扰。室外无风或风速较小时,西墙外深色的太阳能烟囱吸收太阳光热加热空腔内的空气,热压加强,热空气上升,在压力作用下各层走廊内的空气流入烟囱作为补充,室内通过通风窗流向走廊的气流也会大大加强,促使房间内具有一定风速。尤其是在下午,当经过一段延迟时间室内温度达到最高时,通风窗和太阳能烟囱可以起到加强自然通风降温的作用,有效改善室内炎热憋闷的状况,提高人体舒适度(图 5-69)。

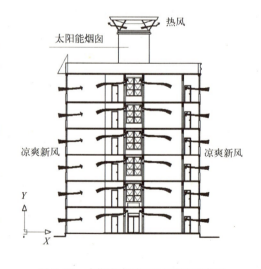

图 5-69 太阳能烟囱夏季通风示意图

通风设计很难通过计算得到直观的效果分析,采用模拟软件则能方便、准确地模拟出生态公寓的通风状况。因此,在设计完成后,使用软件对太阳能烟囱的效果进行了热压效应模拟,对东端南北两个房间(热压通风最不利的房间）进行了对流通风模拟。

图 5-70～图 5-73 是对太阳能烟囱热压作用进行的模拟，烟囱所受的风压忽略不计，只受阳光辐射影响。图中用由暖到冷的色彩和由长到短的箭头表示风速由大到小。依图得知，室外风速较大时，南北房间穿堂风比较明显，通风效果很好，烟囱只起到辅助作用（图 5-70）；随着室外风速减小，穿堂风减弱，烟囱作用增强（图 5-71）；室外无风时，烟囱可以引起空气流动，带动所有房间，但是力度不均匀，低楼层风速大，高楼层风速小，同一楼层近烟囱处风速大，远烟囱处风速小（图 5-72、图 5-73）。针对这种情况，实际使用时，走廊通向烟囱的窗户，低楼层的开启小些，高楼层的开启大些；同一楼层房间开向走廊的通风窗，近烟囱处开启小些，远离烟囱处开启大些。这样做，能够平衡室内风速。因为烟囱受热面大，且出风口面积大，所以通风量很大，尤其是在无风、闷热的夏季，能够形成较为宜人的室内自然通风。

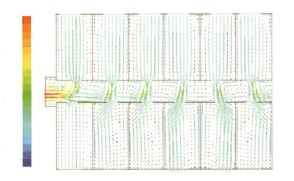

图 5-70 室外风速较大穿堂风较强时的通风情况

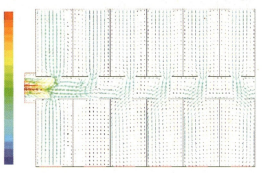

图 5-71 室外风速较小时的通风模拟

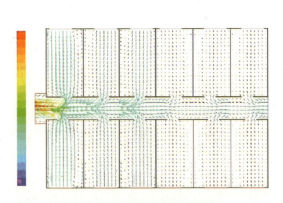

图 5-72 无穿堂风时的通风模拟

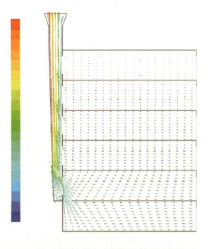

图 5-73 无穿堂风时烟囱的通风情况

对东端南北向房间进行了对流通风模拟。为了得到比较准确的模拟效果，建模细致，对人体、计算机、灯等散热体和家具都做了具体描述。设定的自然条件为济南最热月平均室外气温 27.5℃和室外较低风速 1.5m/s；室内状况是房间门和卫生间门关闭，外窗和对走廊的通风窗完全打开；活动状况是四人静坐，均使用计算机。

从风速图5-74、图5-75中可以看出，室内穿堂风效果较好，近人位置风速在0.5m/s左右，感觉舒适。外窗附近风速较大，如果感觉不舒适，可以适当关小窗户。通风窗处风速最大，因其面积小，造成了空气急流，但对自然通风起到了重要作用。卫生间的位置对空气流动有影响，卫生间的迎风面有涡流形成。

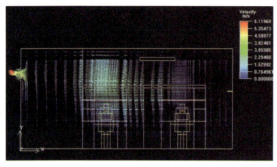

图 5-74　夏季南向房间中间位置垂直断面风速模拟　　　图 5-75　夏季南向房间人体活动高度水平断面风速模拟

2. 冬季太阳墙新风系统

在冬季，太阳墙可以把加热的新鲜空气通过通风系统送入室内，实现合理通风与采暖有机结合。太阳墙板在太阳辐射作用下升到较高温度，同时太阳墙与墙体之间的空气间层在风机作用下形成负压，室外冷空气在负压作用下通过太阳墙板上的孔洞进入空气间层，同时被加热，在上升过程中再不断被太阳墙板加热，到达太阳墙顶部的热空气被风机通过管道系统送至房间（图5-77）。太阳墙采暖新风系统能够通过风机和气阀控制新风流量、流速及温度，气流宜人，有效提高了室内空气质量，在提供健康新风的同时还分担部分室内负荷，完美地实现健康节能的目的。太阳墙送入的新风量根据建筑设计要求确定，尽量使新风全部经过太阳墙板，达到预热空气的良好效果。一般情况下，每平方米的太阳墙空气流量可达到 22～44m^3/h。此外还在公寓房间采用了 VFLC 通风器装置。通风器安装在窗框上（图5-76），与窗户成为一体，可以为房间提供持续的适量新风，送风柔和，运行无噪声。通风器共有 3 个开度，在室内用绳索手动控制，使用方便。最大通风量为 8.4L/s，一般卧室持续最小通风量即可满足卫生要求。通风器有格栅的一端装在室外，内置过滤器过滤粉尘和悬浮物，保证新风质量。通风器可拆卸清洗或更换过滤器，防止长时间使用后装置本身成为新的污染源。通风器的使用使室内空气质量得到明显改善。

要保证室内空气质量，除要及时引进新风外，及时排出室内污浊的空气也十分重要。学生宿舍内，空间不大但人数较多，因此二氧化碳等污染物的排放量十分大，如果宿舍再带有卫生间，那么不及时排风将很容易造成室内异味等污染。因此，学生公寓在宿舍的卫生间内设置了通风口，每个通风口都装有可调节开口大小的排风装置（图5-77），该装置从加拿大进口。排风风道在土建施工时用空心砌块预埋在墙体中。风道分为南北两组，每组均用横向风管把屋面上各个出风口连接起来,最终连到 2 级变速排风机上(图 5-78)。风机功率是 1.5～2.2kW,平时低速运行,提供背景排风,卫生间有人使用时开启设在卫生间中的排风装置开关,风机改为高速运行,将卫生间中的异味抽走,有效减轻卫生间对室内空气的污染。卫生间内的风机开关受延时控制器控制(图 5-79),可根据需要设定延迟时间(设定范围在 1～99min 之间,本项目设定的是 15min),可以避免因使用者忘记关闭,而浪费能源。

图 5-76 学生公寓窗上安装通风器实景图

图 5-77 Power Grille 排风装置

图 5-78 2 级变速排风机

图 5-79 延时控制器

卫生间的背景排风系统与新风系统一起构成了完善的、生态的室内通风系统(图 5-80),能够满足多种使用情况,实现了通风的健康化、节能化、智能化。

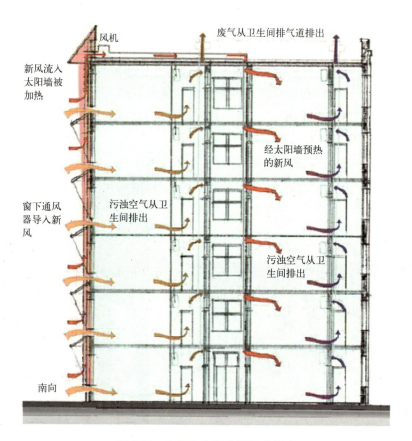

图 5-80 生态公寓冬季通风示意图

5.4 太阳能光伏发电技术

5.4.1 太阳能光伏发电技术概述

太阳能转换为电能的方式有两种：一种是把太阳辐射能转换为热能，即太阳热发电；另一种是通过光电器件将太阳能直接转换为电能，即太阳能光伏发电。目前，太阳能光伏发电应用比较广泛，较之以往常规发电方式，其具有以下优点：①发电安全可靠、无噪声、无污染；②太阳能发电所需能量随处可得，无需消耗燃料，无机械转动部分，维护简便，寿命长；③建设周期短，规模大小随意；④太阳能发电可以无人值守，也无需架设输电线路；⑤太阳能光电设备还可方便与建筑物相结合。

山东建筑大学新校区建设中使用了两种太阳能光伏发电设备：一种是高效精确追踪式太阳能光伏发电系统；另一种是太阳能路灯。

5.4.2 高效精确追踪式太阳能光伏发电

生态学生公寓楼的西南侧建有一个小型的太阳能光伏发电实验室，用以实验、测试和推广光伏发电技术。整套发电系统所产生的电能，除提供实验室的日常用电之外，还可通过预设的输电线路输送到学生公寓楼中，为夜间公寓内的走廊照明提供能源，同时也可以为公寓楼附近小型广场和道路夜间照明提供电能，既可以为光伏发电的研究工作提供便利的条件和良好的操作平台，又可以节约一定量的常规能源。该套太阳能光伏发电系统安装在光伏发电实验室的屋顶上方，采用的是高效精确追踪式太阳能光伏发电系统（图5-81、表5-5）。

5.4.3 校园太阳能路灯照明系统

太阳能路灯照明系统是一种新型绿色环保型、装饰性照明灯具，具有造型新颖、精致典雅、极富时代特色的特点。灯体和灯光具有多种颜色可供选择，灯体采用高强度铸铝或优质钢材旋压成型，灯源采用低功耗节能灯或LED冷光源，不但节能环保，且装饰性极强。另外，无需外接电线，安装使用方便，可由太阳能电池供电，白天吸收太阳光自动为蓄电池充电，晚上自动（光控／时控）点亮照明，因采用低压直流供电，更具安全性，使用寿命长。

精确追踪式太阳能光伏发电电源系统　　　　　表5-5

最大功率	1530W(发电量相当3060W固定电站)
开路电压	388.0V
短路电流	5A
工作电压	309.6V
工作电流	4.83A
日发电量	15kW·h
机械精度	齿间隙<0.1度
跟踪方式	双轴跟踪
跟踪精度	<0.1度
跟踪驱动功率	<2W
跟踪日耗电	<0.01kW·h
蓄电池	220V/(100A·h)，阴天支持供电48h；220V/(200A·h)，阴天支持供电96h
逆变器	2000W/220V;正弦波
控制器	10A/220V，对蓄电池充、放电保护。适用于24h耗电量10kW·h的用户；多级并联可组成大规模和超大规模光伏电站
旋转半径	2382mm
最大高度	2940mm
光照面积	11.28m²
质量	398kg

 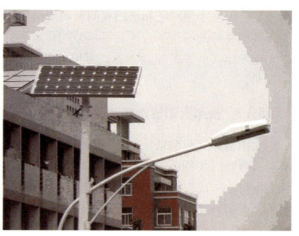

图 5-81　高效精确追踪式太阳能光伏发电系统　　　　图 5-82　太阳能路灯照明

山东建筑大学于 2008 年对校园部分道路进行了太阳能路灯照明系统改造（图 5-82）。太阳能路灯改造道路长度约 2km，共安装太阳能路灯 61 组，太阳能电池组件峰值输出功率为 90Wp，面积约为 $0.6m^2$。白天太阳能电池板接收太阳辐射能并转化为电能输出，经过充放电控制器储存在蓄电池中，夜晚当照度逐渐降低至 10lux 左右、太阳能光电板开路电压为 4.5V 左右时，蓄电池对灯头放电，进行夜间校园道路照明。太阳能路灯灯头选用 25W LED 冷光源灯，按每天平均照明时间为 8h 计算，整个太阳能路灯照明系统全年可节约电能 44530kW·h，节约电费约 22265 元，按使用寿命 15 年计算，可节省费用 30 余万元，具有很好的经济效益和社会效益。

第6章 绿色大学校园绿化特色

6.1 造园意匠

6.1.1 自然概况

1. 气候条件

校园占地约132hm^2,所在济南市属于大陆性季风气候区,四季分明,气候温和,阳光充足。年平均气温14.2℃,1月最冷,平均气温-1.4℃,7月最热,平均气温27.5℃。全年主导风向为SSW,年平均降水量600mm。

2. 地貌特征

校园用地中南部有植被良好的山体镶嵌其中——此山名为雪山,用地内地势起伏有致,基本特征为一山一谷(西山东谷)。地形西南高,东北低,东西高差约20m。雪山相对高程约80m,植被茂密,是该区的环境景观中心。东部有一南北走向的冲沟,形成天然小谷地。用地内多为荒地和农业用地,沿经十东路建有少量房屋。

3. 前期条件

校园规划结构清晰,功能布局合理,交通联系便捷,建筑设计造型新颖,整体感强,与地形结合紧密,这都为做好绿地景观规划打下了良好的基础。

6.1.2 指导思想

1. 整体性理念

大学是城市的重要的一部分,必须与城市在空间上、功能上有连续性和互补性,同时,使师生产生归属感。整个校园的绿化在服从城市绿地系统规划及大学校园总体规划的前提下进行,坚持整体优化原则,从生态系统原理和方法出发,强调绿地规划的整体性和综合性。校园环境以可持续发展为目标,追求校园生态环境、社会、经济的整体最佳效益。依据各区域不同的功能与环境需求,制定校园绿地形式与空间。做到点(景点绿化)、线(道路绿化)、面(大块绿化)的有机结合,使绿化布局与校园建筑相协调,在校园中形成多层次、丰富多彩的绿色环境。

山东建筑大学校园功能分区明确,园林植物的景观设计,或是局部的、或是整体的,都服从校园的使用功能和立意。各类建筑物不仅考虑本身的华美,而且顾及建筑物可能造成的对生态与环境的干扰与破坏。绿地中心内的环境艺术小品,如雕塑、喷泉、景石、游路、广场、铺装等景观,与绿地规划统一考虑,力求协调一致。

2. 人文精神的营造理念

大学肩负着培养人才、传播和发展科学文化的重任。校园绿地空间形态则是学校活力的象征,其品质好坏、活力大小深刻影响着学校的校园文化和学术氛围。为烘托校园文化和学术氛围，校园绿化要注重人文精神环境的塑造，通过绿化造景来展示校园浓厚的文化气息和美好的精神风貌。将学校丰富的人文资源和历史内涵与校园内的自然资源相结合，可使绿地系统产生深厚的文化内涵，形成独特的绿地景观，成为大学校园的环境标志。校园绿地系统文化氛围的营造更要体现大学的教育理念以及独特的历史背景，体现大学文化的独特魅力，"寓教育于景物之中"，潜移默化，使学生获得情操、品德和文化艺术的陶冶，发挥"环境育人"的功能。

山东建筑大学位于城郊，校园面积较大，地形地貌变化较复杂。规划设计中，充分利用大学的自然资源及人文资源。对校园内的山体、水面、林地等自然资源，本着尽量维持原貌的生态原则将其组织到校园绿地系统中来。人文精神环境的塑造结合青年学生活跃开放的特点，环境功能的情趣生动活泼，积极向上，贴近自然，环境清新，又不失个性，在营造自然式园林校园的前提下突出时代特征的美感，给人以启迪，鼓舞人们奋发向上，达到育人的目的。

将校园绿化与校园文化相结合，通过绿化来丰富校园文化，表达绿化主题。在学生公寓区选用松、梅、竹作为绿化植物，象征纯洁、高尚、坚韧不拔、不畏艰难的气节和品德。

充分挖掘和选择与学校未来发展紧密相关的题材，突出建筑大学的特点，创建具有深厚文化内涵的景点；选择具有纪念意义的、对学校发展具有重要影响的人物和成果，创建纪念性景区。

3. 以人为本服务教育的宗旨

校园规划设计、空间环境的营造，归根结底是为了生活在校园里的人。在校园空间中运动、逗留和感受的正是校园里的人们。规划设计不仅要注重对活动所需要的面积、空间尺度等功能要求的设计，也要充分考虑人的交往需求和心理感受。大学校园绿地的空间环境设计在注重生态、景观设计的同时，更应充分把握校园人的心理特点和心理需求，构筑可持续的校园绿地发展空间和利于心理健康的校园绿地休闲空间。校园是教学、研究的场所，培育人才的环境。环境是课堂的外延，对学生健康品格的塑造有着潜移默化的影响。校园绿地环境规划设计应研究教学主体日常生活的行为规律，以公众行为理论为指导，结合大学校园绿地的空间环境设计进行合理的功能分区，规划各种科学、合理的人性化场所。应当从"校园就是花园"的那种只见"美"不见"人"的浅层次认识上更深化一步，使校园的绿地规划具有深刻的内涵。

校园绿地设计要树立为教学服务的宗旨，坚持实用、经济、美观和因地制宜的原则。任何景观都是为人而设计的，但人的需求并非完全是对美的享受。真正的以人为本，应当首先满足使用者最根本的需求，即尊重人的行为心理、顺应人的行为习惯，以减少人为对景观的破坏。要充分利用原有的地形地貌、水体、植被、历史文化遗迹等自然、人文条件，将它们与校园文化建设有机地结合起来，形成特有的风格。

山东建筑大学给学生塑造了供他们休息、交流的场所，青桐树下、映雪湖边的石桌、石凳，无一不体现着对师生行为的无声关怀和对教育的全面考虑。

4. 生态理念

校园绿化应该崇尚自然美，因为自然是个性的源泉，强调自然即强调特色。在尽量保留校园本身自然形态与景观要素的前提下进行环境处理，把大自然的天然美与校区绿化的人工雕饰相结合，既突出生态功能，又坚持了生态优先、崇尚自然的设计理念，这样做不仅使校园生态得以延续及改善，维持了自然的生态平衡，同时还达到了塑造校园品牌特色的目的。为保证校园良好的生态环境，应以生态理论作指导，尽可能进行乔、灌、草复式绿化，增加单位面积上的绿量，才能有利于人与自然的和谐，从而体现校园环境的可持续发展。

（1）生态平衡。重视搞好水资源、土地资源、大气环境、人口容量、经济发展水平、绿地系统等各要素的综合平衡。合理规划校区人口、资源和环境，建立合理的校园生态功能分区，努力创造一个稳定的、可持续发展的校园生态系统。

（2）因地制宜。充分利用现有的地形、地貌和已经形成的植物景观，坚持以植物造景为主，以生态学原理作指导，尽可能丰富植物种类，做到乔、灌、草、花立体配植，力求创造季相变化丰富的植物景观。

（3）协调共生。协调是指要保持校园与区域、部门与子系统的各层次、各要素以及周围环境之间相互关系的协调、有序和动态平衡；共生是指不同的子系统合作共存、互惠互利的现象，其结果是节约了原材料、能量，系统获得了多重效益。校园绿地生态规划将师生聚居的校园建设成为一个功能高效的生态系统，使其内部的物质代谢、能量流动、价值转换和信息传递形成一个环环相扣的网络，物质和能量得到多层次多途径充分利用，废弃物利用回收率高。系统的结构、功能充分协调，则系统的能量损失最小，物质利用率高，经济效益和生态效益也高。

（4）趋适开拓。在以环境容量、自然资源承载力和生态适宜度为依据的条件下，积极寻求最佳的区域和校园生态位，不断地开拓和占领空余生态位，以充分发挥校园生态系统的潜力，强化人为调控未来生态变化趋势的能力，改善区域和校园生态环境质量，促进校园生态建设。

（5）坚持多样性。包括校园的生物多样性和校园的景观多样性。校园的物种、群落、生境、人类文明等的多样性影响着校园的结构和功能及它的可持续发展。在制定校园生态规划时，应避免一切可以避免的对自然系统和校园景观的破坏，保护生物种群的多样性，节约使用不可再生资源。对校园景观中的各种典型都应加以保护，保存历史文脉的延续性。

（6）要摒弃"建筑优先，绿地填空"的观念，应用可持续发展的生态理念，注重人与自然、建筑与绿化的和谐统一，形成完整的、合理的绿地系统规划。校园绿地系统与建筑互为翻转的图底关系，两者应相互协调、统一。

学校作为教书育人的场所，良好的园林景观不仅能装饰校园、美化校园，而且在进行规划过程中，充分利用具有生态保健功能的植物来提高环境质量、杀菌和净化空气，促进师生身心健康。山东建筑大学的最终目标是实现一个山水一体、生态原真、景色秀丽、格调高雅的新校区中心绿地。

6.1.3 造园原则

1. 师法自然的环境观原则

传统文化追求人与自然的和谐，追求融于自然的生态环境。校园绿化应该崇尚自然美，因为自然是个性的源泉，强调自然即强调特色。在尽量保留校园本身自然形态与景观要素的前提下进行环境处理,把大自然的天然美与校区绿化的人工雕饰相结合,既突出生态功能,又坚持了生态优先、崇尚自然的设计理念,这样做不仅使校园生态得以延续及改善,维持了自然的生态平衡,同时还达到了塑造校园品牌特色的目的,从而体现校园环境的可持续发展。

山东建筑大学选址于济南市东部,中南部有植被良好的雪山镶嵌其中,基地内有自然形成的冲沟。故在校园规划设计中改造利用原有冲沟,建筑或环山而布,或邻水而建,小心经营,将自然环境与人工环境有机结合,融为一体。校区中的绿地、林荫道、水系、花坛以及保留下来的自然地貌,构成"点—线—面"有机结合的绿景空间;穿校园而过的水系联系着这些空间,其间两侧草坡及点缀其中的建筑小品营造一种自然、静谧的氛围。

传统绘画主张散点透视,中国人是用一种俯仰自得的精神来欣赏宇宙,跃入大自然的节奏去游嬉其间的。故在校园的布局中不强求宏大的轴线和格网,而是因山就势,利用自然环境,构筑出风格各异的景观:如开阔的校前入口广场,山水相融的教学中心区和宁静、优美的生活区,各处景观由一条滨水景观带有机相连,宛若一幅徐徐展开的山水长卷。

2. 音乐化多层次的空间组织手法原则

传统的空间意识是音乐性的,它不是用几何确算出来的。中国人节奏化了自然,与万物同其节奏,静而与阴同德,动而与阳同波,故中国人喜欢留得无边在,低迴之,玩味之,点化成音乐。

在山东建筑大学的绿地规划设计中,将自然环境与人工环境相间,两个区域间隔以大片水体绿化,张弛有道,形成多层次的园林空间,起承转合,段落分明,产生高下错落、起伏有致的和谐旋律。

(1) 第一层次园林空间

采用"山水相环"的中国经典环境意象,中央的曲水生态带串起整个校园,呼应山形,结合绿岛、平台和景观建筑,形成丰富的景观和多角度的观景点,成为校园从自然向规整过渡的载体,大大开拓了校园的艺术空间。

(2) 第二层次园林空间

建筑群体间的广场和主要出入口广场。

在借鉴中国古典园林造园手法的同时,将西方园景理性规整的处理手法和谐穿插入收放有致的空间系统中,增加了园林校园的时代感和科技意味。图6-1为星泉广场一角,与校园其他景点师法自然的手法不同,这里将西方园林造园手法体现得淋漓尽致。一丝不苟的中轴对称布局,严格修剪的植物,中轴线终点矗立的雕塑,西方园林的严谨和理性与校园环境得到了统一结合。

图6-1 西方理性造园手法的应用

校园中心区的星泉广场系列,以半球形的体量作引导,自由舒展的学生活动中心和会堂作景点建筑,钟塔作为整个学校的景观中心,形成起承转合、交响乐章一般的空间序列关系。

(3) 第三层次园林空间

建筑单体围合的园。以水体为襟带的山水建筑组合关系的建立，山、水、建筑、小品及植被间复杂的穿插、渗透、映衬组合关系，形成流畅优美、富于自然韵致的园林式校园特色。

环山而筑的公共教室群，室外庭院与室内休息空间、灰空间穿插渗透，形成一系列流畅自然的庭院组合空间。而与之隔水相望的二级学院建筑群，庭院空间规整大方，两者互相辉映。

3. 主题式景观节点原则

绿地景观的规划设计应注重对场地所蕴涵的社会及历史文化、自然风土内涵的理解和判断，并应注意其可操作性绿化空间。无论平面或立面，都要根据空间现有地形或植被的形态、特性、质地等，做主次分明、疏落有致的规划设计。要充分发挥不同园林植物的个性特色，充分体现不同景观空间所营造的不同气氛，但必须突出主题、分清主次，不能千篇一律、平均分配。

绿地景观的显著特色是其变换的季节性景观。可以说，如果运用得当，一年四季都有景可观。然而在我国的一些地方，虽然能体现四季有景，但因自然条件因素，也只能做到一季或多季突出。

山东建筑大学地处北方，以夏季和秋季突出。夏季百花争妍斗艳，秋季五角枫更是突显风姿（图6-2，图6-3）。整个校园的景观设计以"三泉润泽四季秀，一院山色半园湖"为主题，设计了多处景观，呼应济南的景观特色。

图6-2 湖边夏花争妍

图6-3 校园秋日枫叶

4. 立体化的植物配置原则

绿地景观设计的植物配置，讲究以优美的林冠线和曲折回荡的林缘线，营造一个丰富的立体化空间。植物空间的轮廓要有平有直，有弯有曲。等高的轮廓雄伟浑厚，但平直单调；

变化起伏凸凹的轮廓丰富自然，但不可杂乱。不同的曲线应用于不同的意境景观中。行道树以整齐为美，立体轮廓线可以重复，但要有韵律，尤其对于局部景观。自然式园林，林缘线要曲折，但忌繁琐。而空旷平整之地，植树更应参差不齐，前后错落，且讲究树木花草的摆排位置，如孤立树在前，其次为树丛，树林在后作屏障，中间以花、草连接，层次鲜明而景深富于变化。

山东建筑大学绿化造园时，依山就势，挖池筑坡，使其地形蜿蜒起伏、错落有致，力求体现园林情趣。为了更好地营造立体空间，山东建筑大学利用天然的雪山作背景，映雪湖相衬，错落地配植各种植物，岸边青草茵茵，垂柳倒映，是铺垫和支撑空间的亮点；配植大量芦苇划分水系空间，开花时节百花色彩斑斓，更是将水岸景观渲染到极致，形成绝妙的"生态廊道"景观带（图6-4，图6-5）。

图6-4　立体化植物配置

图6-5　芦苇划分水系空间

6.1.4　设计构思

山东建筑大学绿地景观规划以绿化"生态廊道"为主题。"生态廊道"位于整个校园的核心轴线位置，肇自南侧二级学院区，顺西南季风方向，抱雪山，穿主入口区和公共教学区，于北部星泉广场达到高潮，渗透至学生生活区和体育运动区，是校园规划"三泉映雪"主题的集中体现，地位显赫。

山东建筑大学"生态廊道"绿地景观系统规划，紧扣新校区"三泉映雪"的规划主题和"三泉润泽四季秀，一院山色半园湖"的总体构思，围绕雪山这一景观核心，确定了"三泉、一廊、七园"的规划结构。因势利导，通过空间的收放穿透，顺应山、谷之势，将西南季风引入，生气有效辐射影响整个校园，不仅在形态上体现出整体大气的格局，更具有本质的生态实效，体现了生态主题（图6-6）。

"三泉"是指以日泉广场、月泉广场、星泉广场三个主要公共空间为主题景观节点。

"一廊"是指以弧形环山绿脉为廊道。

"七园"是指以憩园、映雪湖、树人园、求知园、北园、南园、望日园七块主题绿地为主要休闲活动空间。

6.2 绿化特色

6.2.1 教学办公区绿化特色

教学科研区环"生态廊道"设置,是大学校园的重要区域,主要包括教学楼、图书馆、实验室、行政办公楼、科研区。教学区周围的绿地要满足全校师生教学、科研、实验和学习的需要,绿地应为师生提供一个安静、优美的环境,同时为学生提供一个课间可以适当进行活动的绿色空间。此区域环境景观形态应该具备有利于安静学习与研究的特点,应体现先进的实用性、灵活性和可发展性。绿地风格应采用规则式手法,树木采用对植或成行、成林栽植以阻挡噪声;建筑物前一般铺设块状面积的草坪,点缀一些剪形绿篱、花带。此处绿地空间的特点是既要有安静的自然空间,又要有活跃的活动交流空间。教学楼前绿地应该栽植大乔木和花灌木,既形成了安静的绿地空间,又拥有了植物景观,丰富了学生课间休息的空间,同时还很适于随意的课间学习,缓解了学生们的学习压力。

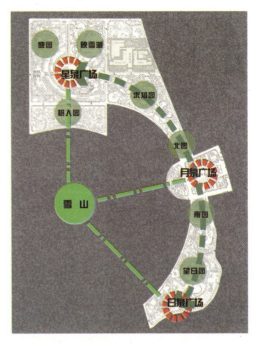

图 6-6 "生态廊道"绿地景观系统规划结构图

图书馆和科研区的绿化加强了庄严、肃穆、宁静的气氛。在图书馆前,周围铺设有带状草坪,草坪内植物以孤植、丛植为主。绿地景观乔、灌、草结合配置,体现了层次感和园林美感。在转弯处和建筑物两窗之间采用了低矮的花灌木,既不影响室内的采光,又利于通风(图6-7、图6-8)。

行政办公楼与教学楼相邻,与教学区结合较为紧密。绿地形态应具备有利于安静教学与科研的特点,应体现实用性、灵活性和可发展性。行政办公区因为人群来往频繁,具有

图 6-7 图书馆前的层层绿化塑造庄严气氛

图 6-8 教学区半围合式空间绿化塑造宁静气氛

很强的功能性与展示性,绿化要能体现校园的形象和文化底蕴。绿化以绿色为主的同时,色彩也较丰富,建筑周边采用规则式的绿化形式,设置花坛,种植色彩鲜艳的草花、色叶植物,体现端庄、热情的氛围。除此之外,树木的形状、色彩、规格都和建筑物的体量大小、造型、颜色相协调。同时,绿地围合的空间既要有安静的自然空间,又要有活跃的活动空间,并尽可能地创造可命名的空间,这不仅可以强化公共空间的空间属性,而且可以赋予这个地方以特定含义。

6.2.2 生活区绿化特色

生活区是学生生活和休息的场所。当今的大学越来越具有社会性,学生的教育与生活更加丰富多彩。因此,生活区环境应更加突出生活化和人情味。学生生活区的植物配置尤其要注意植物的色彩、形态搭配。可以引入主题元素,努力营造一种自由、轻松、积极向上的氛围,创造更加适宜学生生活的良好的人居环境。

学生生活区以学生宿舍为主,还包括学生生活食堂、浴室、水房、银行、邮超市、校医院等辅助设施及区域。学生生活区位于生态廊道尽端,环绕映雪湖景区,面向雪山,景色尽收眼底。

学生生活区是丰富多彩、生动活泼的地区。规划设计中既要注意为学生创造良好的生活物质条件和环境,又要重视精神文明建设教育,重视学生课余生活的安排,有足够的文体活动和开展学术交流、社会交往的场所,以利于扩大学生知识面。

山东建筑大学校园绿化重视品德教育,促进全面发展。将宿舍区分为松、竹、梅、榴四个主题,分别赋予不同的意义,加强校园文化底蕴。该区多利用自然绿化的手法,在植物绿化上采用多种多样、较为自由活泼的形式,采用装饰性强的花木布置环境。植物配置上更多地注意植物的树形和色彩的搭配,为校园创造了丰富的绿地景观,并加入中国传统元素,使空间更加丰富。山东建筑大学在生活区设置了一定林间空地、草地及花藤花架,这样既丰富了绿地形式,又为学生留出了一定的活动场地,以便于学生散步、谈天、晨读等(图6-9、图6-10)。

宿舍区为了达到空气清新、景色优美的目的,既要种植高大的乔木,又要配植丰富多样的花灌木和草花,从而为学生每天生活起居创造一个良好的环境。选用了一些树形优美、

图6-9 生活区绿化俯瞰

图6-10 生活区绿化一角

花色艳丽的乔木和花灌木,又与常绿树与阔叶落叶品种相结合,使宿舍区具有"春景秋色"的植物景观。山东建筑大学宿舍区树木多采用树形美观、观赏价值较高的品种,或栽植具有独特观赏特性的孤植树,铺设一定面积的草坪并点缀有特色的花草,为学生创造了宜人的环境。

6.2.3 体育运动区绿化特色

学校体育运动区主要为师生提供体育锻炼场地。此处绿地空间的特点主要是需要隔声、防尘,创造适宜的小气候,并减少对其他校园空间的干扰。场地周围绿地以乔木为主,可选择季节变化显著的树种,使体育场随季节变化而色彩斑斓,丰富校园景观(图6-11、图6-12)。

图6-11 运动场边密植树木挡风防噪

图6-12 乔木和灌木结合

山东建筑大学的体育活动区是校园的重要组成部分,是培养学生德、智、体全面发展的重要设施。其内容包括大型室外体育场、体育馆、游泳馆(待建)和各类球场、器械运动场地等。这里土地平整,接近宿舍区,因树木相隔所以不干扰宿舍区的正常活动。在活动中心四周栽植高大乔木,下层配植耐阴的花灌木,从而形成一定的绿化层次和密度。具有一定密度的树木,形成的绿荫能有效阻挡夏季阳光的暴晒和冬季冷风的侵袭,也可以减少噪声的扩散,减少对外界的干扰。为保证运动员及其他人员的安全,在运动场四周设有围栏。在恰当的地方设置石质座椅,供人们休息和观赏比赛,座椅处栽有树木,注意遮荫。

学校体育场馆,占地面积大,又易起灰尘、噪声等,将其设置在校园西北角,不影响周边的校园环境。这个区域绿地空间特点应注意隔声、防尘,创造适宜的小气候,减少对校园环境的污染。绿地植物配植都相对简单,以大乔木为主,树型多为开阔型的绿叶树种。

6.2.4 公共区绿化特色

公共绿地是校园中相对独立的、向公众开放的空间,其间经过艺术布局,设置一定的设施和内容,供师生进行游览、休息、娱乐等。

山东建筑大学绿化以生态廊道为主轴线,使公共绿化分为中心绿地和道路围墙绿地等。

1. 中心绿地——生态廊道

校园依托用地中南部植被茂密的雪山，规划建设了完整的校园中心绿地系统——生态廊道（图6-13），面积达27.65hm^2，贯彻了生态校园的主题，充分展示了校园的绿地景观特色，这也是山东省建成的第一个较为完整的高校绿地景观系统。山东建筑大学公共绿地主要集中在"生态廊道"上设置，从教学区、抱雪山，一直蔓延至生活区，在校园中相对独立，又贯穿整体。依山就势，天然园林式的设计手法，层次分明，步移景异，其间布置休闲设施，为师生提供了一个良好的生活交流的空间。

大学师生自由支配的时间比较充裕，需要有一个大型的室外活动的场所，而生态廊道正好具备了这个功能。它既为校园人提供了自由活动的环境空间，又成为大量人流的集散地。因此，这一中心绿化区以雪山为天然绿色背景，绿化选用相对耐粗放管理的树木和草坪

图6-13 生态廊道总图

品种。此区域的植物配置自然、丰富。植物以落叶、乔木植物为主，其绿化密度疏密得当，采用单层次的绿化形式，这样既可以有效遮荫，又没有造成不安全感。另外，树木种植也保证了一定数量，其生态功能明显，成为名副其实的大学校园的"肺"。草本植物色彩以明快为主，避免复杂，给人一种较强的心理暗示。另外，在中心绿化区开辟有学习、休息场所和小游园，合理提高了空间资源利用率，更好地为校园人服务。小游园设计力求新颖，并以植物造景为主，创造出了一个环境优美、安静、空气清新的绿化空间。水景的塑造也是该区的重要特点之一，线形的水景结合映雪湖这一大片中心水景统一设置，体现了自然美，同时，在水体周围栽植垂柳，给人以大自然的美的享受。

生态廊道各园分区面积（hm^2）	表6-1
日泉广场（含望日园）	5.93
月泉广场	3.51
星泉广场（含憩园及映雪湖）	9.12
树人园	2.85
求知园	3.93
南园	0.75
北园	0.48
映雪湖二期（东北角待建）	1.08

校园生态廊道是校园生态效应的最大功能区，被公认为是校园的"肺"。它为师生课余的休闲、交友、聚会提供必要的场所。绿地同时要满足使用的功能需求，高低错落，没有采用低矮的灌木或大面积的草坪。这一中心绿化区在校园绿化各功能区中占有重要的地位。根据大学校园的办学特色和文化气息的特点，根据校园规划建设原则，将这一绿地空间作为一条生态长廊贯穿学校，是校园绿化景区的中心所在。在学生居住区与教学区之间，利用地形、建筑、水体、植物、园林小品等创造出美丽幽静的自然环境，是校园人社会活动的中心，同时也是校外人员重点欣赏、游玩的区域。它集中了学习、欣赏、交流、娱乐等多种功能，是校园多功能的统一体。整个中心绿地系统，绿化层次丰富，景色优美，空间变换丰富，步移景异，有着亲切宜人的自然园林氛围，使师生们在美丽的绿地环境中受到潜移默化的教育。

生态廊道的绿化用地约 16.55hm^2，占生态廊道总规划用地的 59.86%。以"三泉映雪"为主题，生态廊道由多个分区组成。其中日泉广场、月泉广场和星泉广场分别为校园景观的三个主题景观节点。各地块分区情况，见表 6-1 所列。

(1) 日泉广场及望日园（图 6-14～图 6-16）

图 6-14　日泉广场总图

图 6-15　日泉广场夏日苗圃

图 6-16　望日园

日泉广场位于学校南入口处，背依雪山，120 m 长的林荫大道布置高大乔木和大片草坪绿地，结合喷灌系统进行适当的景观组织和改造，营造激情飞扬、蓬勃向上之情。作为学校的文化广场，绿化规律性强，以主题性强的雕塑作为景观中心，以突出文化特色。其间设有地面浮雕和小品雕塑，体现齐鲁文化和"泉"文化，着意突出学校的地方特色。

望日园位于生态廊道南端，二级学院区内部，主题为强调弘扬中华民族优良品德和文化传统，是新校区的德育基地。设计有百草溪、春晖湖和大量的休读绿地，近期为校园的苗圃用地。

(2) 月泉广场及南园、北园（图6-17～图6-21）

月泉广场位于泉港路主入口处，是学校的信息广场，由图书信息中心、行政办公楼、建筑城规学院所围合。中轴对称布局，通过图书信息中心的钢结构架空廊与雪山在空间上有机地联系起来，营造安静理性的气氛。主要布置有雕塑柱、玻璃采光顶、月牙泉、叠水

图 6-17　月泉广场总图

图 6-18　月泉广场块状绿化

图 6-19　月泉广场孤植银杏树

图 6-20　南园

图 6-21　北园

池、大台阶等。地面主要是硬质铺装，为突显庄重的气氛，绿化以块状草坪为主，群植低矮灌木，辅以高大观赏性乔木，增加广场的空间感。图书馆附近草地，依托地势层层升起，烘托出图书馆庄严的气势，展示出了新校区的风采。

南园、北园位于月泉广场两侧，东西两侧高差较大，沿天健路处留有适当的活动空间，两侧主要以层次丰富的坡地绿化为主。

（3）星泉广场、映雪湖和憩园（图6-22～图6-26）

图6-22 星泉广场总图

图6-23 映雪湖湖边小径

图6-24 迎客松、景石

图6-25 映雪湖全景

图6-26 水汀步

星泉广场位于雪山北麓和学生生活区之间，校园的中心位置，是学校的休闲活动广场，具有开阔的视野和活泼灵动的气氛。主要包括中间的椭圆形中心广场、文化名人列柱、星光旱喷、世界地图浮雕等，还包括周边规则式弧形大草坪以及南侧两块分别体现东、西方不同建筑文化的主题绿地，弧形的主园路使其和东侧的生态廊道其他部分紧密联系起来。

映雪湖位于星泉广场东北侧，湖区面积近 1.1 万 m², 湖内有桃李、博学两座小岛。结合现状南北高达 3m 的高差，共有 3 个设计水面标高，形成了多处瀑布景观，水花落处，波光粼粼。映雪湖实现了"雪山倒影"的景观，名称也是因此而来。论是晴空万里，还是烟雨蒙蒙，映雪湖总是毫不保留地把美景呈现在师生面前，成为校园内最有诗情画意的地方。沿湖布置了海右学生剧场、湖滨咖啡屋、亲水平台等休息、活动设施，滨湖小路两侧和最佳观景点处布置了大量形式各异的休息座椅。绿化层次分明，既加强了景观效果又营造了多样化的空间。

映雪湖依山傍水，白天倒映着周围的湖光山色，夜晚发出迷离的光色，景色优美。绿化以层次为重点，栽植种类多样的植物，如枫树、雪松、桃李、迎春、龙柏等，共同营造一种活泼开朗的气息。

憩园位于生态廊道西北角，主要起到休憩、花木认知、室外休闲就餐的作用。布置有休闲草坪、石景广场、牡丹园、石榴园、玫瑰园、丁香园、紫荆园等，利用现场挖掘的山石营造的"清泉石上流"景点，别具一格（图 6-27、图 6-28）。

图 6-27 憩园俯视

图 6-28 富有韵律的休息角

（4）求知园（图 6-29～图 6-31）

求知园位于公共教学区内部，学生密集，是室外学术交流较为集中的地段，因此将其命名为"求知园"，强调树立远大理想，博闻求知。园内布置有励志湖（二期工程）和大片绿化，绿树成荫，环境优美宁静，便于学习知识、陶冶性情。

（5）树人园（图 6-32、图 6-33）

树人园位于雪山北麓，环山而建，主要以树阵林荫广场为主，是雪山自然山林向校园人工环境的过渡地段。绿化主要分布于大学生活动中心（待建）东西两侧。大片绿化与雪山完美统一，其间布置石质座椅和休读小径，布置名人雕塑，是学生学习和举行室外沙龙

第 6 章　绿色大学校园绿化特色　137

图 6-29　求知园总图

图 6-30　求知园

图 6-31　求知园——沿敏学路绿化

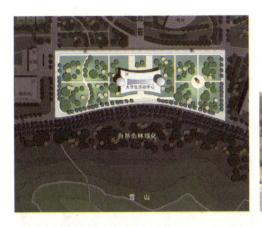

图 6-32　树人园总图

图 6-33　树人园绿化现状

的理想场所。

2. 道路、围墙绿化（图 6-34、图 6-35）

道路绿化使得道路成为校内联系各个分区的绿色通道，又体现了不同功能分区的分界。它具有庇荫、防风、减少干扰、美化校园的作用。主干道绿化应以遮荫为主，支路、小径以美化为主。行道树绿化带可采用乔、灌、草相结合的配植方式，也可用常绿树与花灌木间植。绿地中的植物种植多为自然式，也有孤植、对植、群植，既具有观赏性，也有引导、分隔的作用。在有条件的地方，设置各种形状的花坛、座椅、凉亭，使人行道与休憩空间有机结合,形成多功能校园绿地。支路及小径的路旁绿化应活泼有变化,根据路段不同可分段种植不同品种,组成不同的景区。

围墙相对独立,便于管理,选择了常绿乔灌木或藤本植物进行带状布置,形成绿色的带状围墙,减少风沙对学校的袭击和外界噪声的干扰。

校园主干道分别栽植了杜仲、柳树、球悬铃木等,各树种均列植于道路两侧。这类行道树充分起到了遮阴的作用,且树形也比较美观。支路则采用花灌木与高大的乔木搭配种植的形式,具有视觉上的美感和层次感。

图 6-34 滨湖步行道绿化

图 6-35 层次丰富的道路绿化

3. 专用生产绿地(图 6-36、图 6-37)

校园植物园选址在校园内有丰富地貌特征的区域。植物园内以不同的科来划分区域,种植不同的植物,形成各种专类园,配合园林中的建筑小品,既可以作为师生休息、娱乐的场所,同时也是教育、实习的基地。苗圃植物种植可以形成绿树成林的壮观景象,还可以为校园提供绿化苗木。山东建筑大学内专用生产绿地与中心绿地良好结合,达到一园多用的目的,使得绿地不仅具有学习基地的功能且又具备观赏园的价值。

图 6-36 观赏与学习功能统一

图 6-37 憩园——花木认知园地

6.3 植物配置

6.3.1 校园绿化植物配置的原则

1．校园绿化植物配置的艺术

园林配置以景为要，以心造景，以境为景，有景有序，有开有合。高校园林植物配置中，利用植物的不同色彩来创造不同的园林景色，可以给人们更为新鲜宽广的美的享受，充分体现植物界的现象美、植物群落的群体美、植物品种的个体美、植物配置的自然美、表现手法的艺术美。

2．因时、因地制宜

造园与植物配置都要因时、因地制宜。所谓因地制宜，就是根据高校所处的不同的地理位置、当地的土壤性质和气候条件、植物的生长习性及其对环境的适应性、不同的绿地性质等各种情况，采用不同的种植形式和后期管理方法。而因时制宜便是依据植物的生物学特性使植物在不同季节表现出不同季相特征的原理，在进行植物配置时，使植物能在不同的季节形成不一样的景色。

3．科学性和艺术性结合

科学性主要体现在技术方面。要科学地选择、搭配以及管理植物。各种植物的选择要根据其生长习性，搭配要符合植物生长规律，管理要联系植物生长环境。艺术性主要体现在植物景观的观赏价值方面。可以利用对比、烘托、均衡等艺术手法，采用乔、灌、草相结合，常绿与落叶结合，纵向与横向结合等美学的观点来达到设计原则的实现。

4．疏密原则

园林植物配置，讲究疏密结合。如丛植可体现园林植物的群体美，林木葱郁，枝叶繁茂，有天然野趣之感；孤植，则讲究树形挺拔，展枝优美，线条宜人。

5．群落原则

以植物分类为基础，用群落的方式将一些典型的、观赏性强的、资源丰富的科、属、种类植物配置在一起。如建立玫瑰园、牡丹园、月季园、竹园、药园等，作为各种生态林园。

6．科研原则

建立教学科研的校园实习基地，在综合性本科院校和农、林专业院校显得尤为重要。如建立观花园、观叶园、观茎园、求知园、谐趣园、各类果园、野生花卉资源园、环保植物示范园、作物组织培养园等。

7．多种树木相互兼顾

保持物种多样性，模拟自然群落，才能使植物更好地生长。要保持物种的多样性，就必须协调好多种植物之间的关系，要遵从相互兼顾的原则，从而达到互惠共生的目的。因此，在校园绿化时，要将各种花卉树木进行和谐的配植，从而提高校园绿化的质量。

8．以人为本，注重功能

高校植物配置时，除了要注重以人为本、尊重人的行为心理、满足师生的各种需求外，还要充分利用植物造景的艺术形式，显示高校高层次的文化氛围和强烈的时代精神。

9. 校园建设与植物配置同步进行

山东建筑大学在进行新校区建设时，在建设初期就进行植物配植，注重绿树的配置，从而提前了植物的观赏使用期，在新校区建成初期，就能满足师生们的审美需求，并且显示出高校高层次的文化氛围。

6.3.2 加强高校绿化植物配置的意义

加强高校绿化植物配置具有很大的意义。首先，加强高校绿化植物配置有很大的教育意义，校园绿化的好坏直接或间接影响着学生们环境意识的形成；其次，绿色植物可以在美化校园的同时改善师生的心情，并且往往可以形成一个高校的特色；第三，高校的绿化状况可以代表整个城市的绿化水平，因为一般高校的绿化水平都应该在该城市的平均绿化水平之上；最后，加强高校绿化植物配置还可以促进生物的多样性，促进校园生态系统的协调。

6.3.3 校园各功能区绿化植物配置方法

1. 校门区

校门区主要包括学校校门外与校外道路结合部位以及校门内至学校主体建筑之间的空间。校门区作为高校对外的窗口，除了要满足全校师生以及外来人员的人流及车辆集散的使用功能外，还要突出校园的风格面貌和文化特色。因此，在该区的植物配置上，要突出简单、明了、自然的特点。

2. 教学区

这个区域主要指教学大楼，包括学生上课区以及图书馆、各院系大楼、科研实验楼等。这个区域的建筑是整个校园的主体建筑群，也是校园绿化的重点。在这个区域里，每幢建筑周围都应布置有一些绿地，另外，面积较大的中心绿地也应布置在这个区域。

图书馆、各院系大楼、科研实验楼等是师生工作和学习的主要场所。教学楼门厅花台，应以简洁、别致、庄重为主栽植，以常绿植物与草花相配置。如种植铁树、南洋杉、满天星、旱金莲等。教学楼的四周最好以花台为主，所栽培植物应低于教室窗台，以利室内采光。如栽培球柏、宝珠香、小栀子、月季、菊花等。在教学楼的山墙两端可栽植藤木类植物，有利于防止西晒，达到节能的目的。如种爬山虎、金银花等。在距离教室正面5m以外可少量栽植高大乔木树，为师生长时间的阅读、学习提供一个调节视力、消除疲劳、使精神得到放松的绿色视野。如栽种榕树、杉树、楠木树等。实验楼附近的绿化主要以防尘、防污染、隔声为主，使楼内的教学环境尽可能少影响室外环境，应有针对性地栽植有环境保护功能的植物。如栽植樟树（具有吸氯能力）、榆树、棕树（具有防尘功能）、女贞（具较强吸氟能力）等。

3. 办公区

办公行政楼是接待外来人员的窗口，一般办公楼正面都有一片开阔地，以便人员的流动。主要设置"花槽"栽植绿化乔木或灌木、配植葡地类花草，以达到层次的清晰，创造一种自然的景象。

4. 体育运动区

体育运动区，顾名思义包括校园内的操场、体育馆以及其他一些体育设施场地等。这个区域可用作绿地的面积较小，因此，在绿化时要注意因地制宜以及根据该区特色进行配置。运动场周边的绿化要保持通透，达到一定的遮荫效果，同时应有隔声、阻尘埃的作用，树木枝繁叶茂，相当于一个滤尘器，可以使空气清洁，因此，以栽植高大阔叶乔木为主。如栽种榕树、女贞、银杏等。不宜配置灌木，以免阻碍运动及造成植物的损伤。

6.3.4 山东建筑大学概况和绿化现状及分析

山东建筑大学校区占地面积较大，按功能不同，主要分有以下几个区：校门区，教学区，学生生活区，体育运动区，各主次干道和休闲娱乐区。因此，可以把整个学校看作是不同园区的组合，在这些不同的园区中栽种着不同的植物来装饰环境，每个园区的绿化都各具特色。

1. 校门区

山东建筑大学有主校门 1 个（图 6-38），侧门 4 个。主校门为广场式，在植物配置上采取横向和竖向的对比，在相对面积较大的草坪和低矮灌木中种植高大乔木，灌木栽植整齐，乔木用孤植的形式。在这个区，绿化面积相对于硬质铺装面积而言较少，适合节日活动和人流集散。

图 6-38　山东建筑大学主校门

4 个侧门分别在学校的东、南、西、北面，侧门都采用道路式，这种形式有较强的导向作用，可以使人在校门口就将视线集中于一点。

在道路两侧栽植高大乔木作为行道树，东侧门道路两侧栽植悬铃木，树形优美，并且有很丰富的季相变化；南侧门外两侧栽种了柏树、白杨、旱柳等抗性强的植物，校门内大道两侧种植了苦楝，配合以钢结构为主题的大门，塑造了一种严肃安静的校园氛围，如图 6-39 所示；西侧门大道两侧栽种了白蜡；北侧门主要以栾树、法桐作为两侧的行道树。

在广场式的主校门区的植物绿化上仍存在一些不足。如缺少主景，在广场式的校门区应布置一些雕塑等，这样避免一览无余；在绿荫中也可布置一些石凳等，以供人停留休息；在植物选择上缺乏多样性，应多栽植一些色彩鲜艳的花卉；另外，由于后期管理不善以及对植物生理习性缺乏了解，导致作为主景的高大乔木生长不良。

图 6-39　山东建筑大学主校门、南侧门、东侧门

2. 教学区

在教学区，每块绿地中都会配以一些雕塑或者亭、廊、架等园林小品。以这些园林小品为主景，周围配置不同的植物，形成一个个幽静美丽，独具特色的小环境。如图 6-40 所示。

中心绿地是整个校园中面积最大，也是功能最全的一个绿地区，宛如一个小型游园。在这片绿地中，采取了自然式布局，有山有水，还有许多园林小品，构成一个个景点。在这里有乔木（如雪松、垂柳、柏树、合欢、杜仲等），也有许多的花灌木（如月季、紫薇、大叶黄杨、碧桃、红枫、丁香、连翘、火棘等），乔、灌木相间种植，形成乔、灌木林。这些植物四季成景，使整个中心绿地空间丰富多变，既有很大的观赏价值，又为学生提供了一个充满自然气息、安静的课外游憩和学习的优美环境。如图 6-41、图 6-42 所示。

这个区目前有待改善的地方是缺少垂直绿化。在亭廊周围可多种植一些藤本植物，形成绿亭或绿廊，既美观，在夏季高温天气又可遮阳降温。

3. 学生生活区

学生生活区包括学生公寓区和食堂。这个区人流量大，学生比较集中。针对学生活泼好动的特点,这个区的植物配置应考虑耐破坏以及一些适合运动的特点。另外,因为是生活区,同时也需要创造安静、卫生的环境。

图 6-40　园林小品与植物的组合

图 6-41　土木楼附近的绿地

图 6-42　科学楼附近的绿地

山东建筑大学的学生生活区内主要采用了自然式和规则式相结合的方法。在植物选择上主要以花灌木和草坪为主,疏植乔木,这样既有绿化的作用,又不影响室内的通风采光。主要花灌木有小叶女贞、大叶黄杨等,乔木有合欢、雪松、紫叶桃等。如图6-43所示。

这个区有待改进的地方是缺少适合学生适当活动的区域和树冠较大的乔木。在学校运动场紧张的情况下,可以适当地留出部分活动区;树冠较大的乔木,可供学生在大树底下活动、纳凉;不宜种植大面积的草坪,因为草坪容易被破坏,影响整体美观。如图6-44所示。

图6-43 学生宿舍区

图6-44 学生宿舍区的大面积草坪

4. 体育运动区

山东建筑大学校园内的体育运动区在各类运动场地周围种植了一些如法桐、刺槐、栾树、旱柳等的乔木,配以蔷薇、月季、女贞等花灌木。这些乔木的栽植不仅可以给师生在运动过程中提供可供休息的阴凉,而且这些树木的树姿可以给人一种欣欣向荣的活力,与这个区的功能紧密结合。如图6-45所示。

这个区有待改进的地方是,在体育运动区不宜种植法桐,因为法桐的幼枝幼叶上有大量的星状毛,如吸入呼吸道易引起肺炎,故应少用或勿用于体育场。

5. 主次干道

校园内的主次干道是展现校容的风景线,因此在考虑其划分各个区域的功能的同时,也要突出各条道路的特色。

山东建筑大学校区内道路两侧乔灌木的栽植形式采用了常规的行列式栽植,采用"每路一树"的办法,栽种多种不同的行道树,如樱花、玉兰、法桐、杜仲、栾树、白蜡等,并且用行道树给道路起名,如"樱花路"、"玉兰路"等,突出每条道路的特色。

6. 休闲游览区

山东建筑大学分为以下几个休闲娱乐区:

滨水秋色区。以白蜡、芦苇、金银木为主,适当配植垂柳、桃花、蔷薇、水杉等。如图6-46、图6-47所示。

秀木佳茵的内环路。以合欢为主,配植白皮松、紫荆、紫薇等。

林荫广场区。以毛白杨作庇荫树,少量配有香味的花木,如丁香、海桐、腊梅、大叶女贞等。如图6-48所示。

雪山自然山林风光区。以黄栌、桧柏、五角枫为主，适当配植国槐、刺槐、火炬、山杏、连翘等。如图 6-49、图 6-50 所示。

图 6-45　体育运动区

图 6-46　滨水秋色区鸟瞰

图 6-47　滨水秋色区景色

图 6-48　林荫广场区植物

图 6-49　雪山自然山林风光区

图 6-50　雪山自然山林风光区植被

6.4　校园造景

6.4.1　校园绿化中植物造景的概念及意义

传统的植物造景的主要特点是强调植物景观的视觉效应，而现代植物造景包含了景观生态学、全球生态学等多学科的概念，赋予了生态上的景观、文化上的景观等更深更广的含义。校园绿化中的植物造景倡导以人为本，提升环境品质，达到人与生态环境和谐相处，实现校园环境、功能、经济、资源的优化，创造一个可持续发展的校园环境，让学生在校园生活中感受到自然的亲和与人文的魅力。

具有人文韵味的植物造景不仅为师生提供娱乐、交流、休闲的场所，而且还是大学生的第二课堂。作为物质存在的实物教材寓教于乐，使同学们在学习与生活中感受到生命的激昂和生活的丰富多彩，因而对学生还能起到重要的精神层面上的作用。优美的植物造景对于张扬校园文化、联络校友感情、突出校园特色、创造校园品牌等也具有重要作用。

6.4.2　校园植物造景设计原则

1. 因时、因地制宜进行植物造景设计

每个学校都有其特有的地域条件，在绿化规划时应尽量利用原有地形、地势、植物，适当进行改造，并应借一切可以借用的自然景观。以校园中原有的河流、湖泊、树林、山石等自然景观作为校园绿地构架,是建成优美校园环境的重要而有效的方法。

山东建筑大学利用原有的雪山建成优美的校园环境,在国内大学校园建设中堪称典范。

2. 保持生态平衡,合理布局园林绿地系统

生态平衡是生态学的一个重要原则,其含意是指生态系统处于相对稳定的状态。系统内的结构与功能的相互适应与协调,能量的输入和输出之间达到相对平衡,系统的整体效益才能达到最佳。在校园生态环境的建设中,应该合理布局,使校园绿地不仅围绕在校园四周,而且把自然引入校园之中,以维护校园的生态平衡。

3. 互惠共生,植物之间和谐生存

互惠共生是指两个物种长期共同生活在一起,彼此相互依存,双方获利。一些植物的分泌物对另一些植物的生长发育是有利的,但另一些植物的分泌物则对其他植物的生长不利,要做好植物配置,使植物之间和谐生存。

4. 保持物种多样性,模拟自然群落结构

物种多样性理论不仅反映了群落或环境中物种的丰富度、变化程度或均匀度,也反映了群落的动态与稳定性以及不同的自然环境条件与群落的相互关系。在生态型校园绿化中应尽量多造针阔混交林,少造或不造纯林。

6.4.3 校园植物造景的基本要求

1. 突出教育

校园环境应"寓教于绿"、寓教于乐,它应创造良好的人文环境和自然环境。在校园环境中,可以充分利用花草树木的丰富知识对学生进行爱国主义教育。如我国具有世界园林之母的美誉;水杉是国家级保护植物,是我国珍贵孑遗树种之一,被誉为"活化石";银杏是世界上现存的种子植物中最古老的植物,为我国特有的珍贵树种等。通过对花木的挂牌介绍,可增加学生的园林知识。

2. 绿中求美

校园环境主要是由花草树木的绿色空间、建筑空间、道路、广场等组成的。校园园林设计应以绿为主,在以绿色树木、草坪为主的色调中,点缀四时开花的灌木与花卉,可使校园内呈现出春花烂漫、夏荫浓郁、秋色绚丽、冬景苍翠的优美景象。

3. 体现特色

校园绿化设计的目的是巧妙地利用自然。在大学校园里要充分利用地势、地形、水面及校园外的景色造景,以形成自己的特色。

4. 以人为本

校园环境的使用功能往往大于其观赏功能。在校园绿化中要充分体现"以人为本"的思想,设计首先要尊重人的行为心理,满足师生的各种需要。在校园绿化规划时,要恰当合理地设置供休息、休闲的园林小品,如园桌、园椅、花架、亭、廊等,以满足师生课外交流、学习和休息之用。

5. 经济实用

校园环境是育人的环境,不求奢华,但求朴素大方。在校园绿化时,要以最少的投资来创造最大限度的绿色空间,要充分利用地形,切忌大动土方。树木的品种应就地取材,多采用乡土树种,选用抗性强、便于管理、栽植成活率高的树木。应尽可能地采用垂直绿化,创造更多的绿色空间。同时,绿化过程中也要注意乔木和灌木、常绿树种与落叶树种、速生树种与慢长树种的比例,并且适当点缀珍奇花木,充分利用植物的季相演变。

6.4.4 山东建筑大学各功能区植物造景方法

一般来说,大学校园在规划建设中常将校园分为教学科研区、体育运动区、学生宿舍区、教工生活区、休息游览区等区域。由于每个区的功能与环境情况的不同,在对其进行绿化时,不应只是用植物改善环境,更应该充分因地制宜地利用植物创造环境,挖掘出校区植物配置的新意,创造出独具特色的景观效果。

1. 主入口

大学的校门留给来到学校的人们最直接的印象,它是学校的门面,所以不仅要具有可识别性,更应体现这所大学的特色。其中,植物作为软质景观所起的作用就十分重要。通常来说,大学校门要体现作为高等学府的庄严和肃穆。一般植物配置都以对称式为主,体现为简洁、明快、大方,植物修剪也很整齐。当然,植物不应栽得过于拥挤,因为大门前的功能还要满足人流和车流的集散。

山东建筑大学主入口简洁大方,中心以草坪为主,外围配植雪松、日本樱花以及其他多种花木。如图 6-51 所示。

图 6-51 学校主入口广场

2. 教学科研区

教学科研区是学校的主体建筑群区,也是校园绿化的精华所在,许多重要景点都集中于此。它包括教学楼、实验楼、图书馆、行政办公楼、科研区。此区的植物在功能上应形成幽静美丽的环境,不影响室内的通风采光。在校园平视或在楼上俯视,都能取得最佳观赏效果。如图 6-52、图 6-53 所示。

3. 体育运动区

因为该区土地平整,接近宿舍区,因此,在其四周应该栽植高大的乔木,下层配植耐阴的花灌木,从而形成一定的绿化层次和密度。具有一定密度的树木形成的绿荫能有效遮挡夏季阳光的直晒和冬季寒风的侵袭,也可以减少噪声的扩散,减少对外界的干扰,起到很好的隔离作用。

图 6-52　土木楼附近景色

图 6-53　博文楼、办公楼景色

4. 学生宿舍区

该区的绿化功能是创造安静、卫生的环境，便于学生学习和休息。同时，还应该根据学生活泼好动的特点及学校运动场普遍紧张的状况，留出部分活动空间。植物配置的原则应简单、实用、抗破坏，采用自然式与规则式相结合，植物的品种也可以相应的丰富些，以增长学生的知识。如图 6-54 所示。

图 6-54　学生宿舍区

5. 休闲游览区

学生大部分的时间都是在校园里度过的，除了教室、宿舍、食堂的三点一线，有时候学生也在校园里走走，一定面积的休闲区是很有必要的，可以丰富一下学生的业余生活。植物配置更应该品种丰富，形式多样。

下面主要介绍山东建筑大学的映雪湖景观区、日泉广场、望日园及憩园景观的植物造景方法。

（1）映雪湖景观

映雪湖的空间构成充分结合自然条件，采用"外敛内放"的方式：中心为五个大小不一却紧密相连的水面，四周为陆地。沿湖环路形成了整个湖区的景观轴，环路与水面若即若离，时隐时现，漫步其中，不但能够体验到多层次的景观感受，而且也使沿岸植物群落的厚度得到了保证，显示出多层次的景观效果。设计中运用直线和折线的有机搭配，使景观与自然水系完美结合，硬质结构与软质草地的强烈对比，营造了一个舒适又充满个性的校区空间。如图6-55所示。

图6-55　映雪湖鸟瞰

利用树木组织空间，通过树木体态、高矮、色彩、疏密、配置方式与数量的变化，既可创造开敞与封闭、幽深与宽阔、覆盖与通透等空间种类，完善园林的功能分区，又可形成曲径通幽、柳暗花明、豁然开朗的景观效果。如桃李岛与博学园植物栽植大量白皮松、柿子树，间植金银木、大叶女贞、迎春等乔灌木，疏密有致，高低有序，丰富了小岛的景观层次，并将视线引向周边的各个景观区段内。如图6-56所示。除了利用建筑、湖面、道路、地形、小品等分隔空间外，还采用一步一景、步移景异的处理手法，使建筑、广场、缓坡绿地、水面、植物较好地融为一体，达到了良好的观赏效果。

图6-56　小岛的景观层次

映雪湖的设计在吸收传统造园手法的同时,也充分考虑了结合现代景观的特点。在树种的选择上,以"落叶乔木、常绿灌木为主,常绿乔木、落叶灌木为辅,适当点缀花卉地被"为准则,突出地方特色,充分利用乡土树种。在注重发挥树木生态效益的同时,兼顾树木的叶、花、果及其自身的观赏价值。

设计利用湖水灌溉周边绿化,避免湖水变质,形成小循环;在湖边种植芦苇、荷花等水生植物,并引入鱼类,保持其生态原真。如图 6-57 所示。

冬季观赏主要突出树形(如雪松、黑松、龙柏等)、枝干(如白皮松、红瑞木、紫薇等)、果实(如金银木、柿子)、开花植物(腊梅)等;秋季突出叶色的丰富变化(如银杏、栾树、

图 6-57　映雪湖边种植的芦苇

图 6-58　校园四季不同的景色

枫树、紫叶李、南天竹、地被菊等);夏季植物品种丰富,考虑此时开花的植物(如合欢、紫薇、珍珠梅、荷花、金银花等);春季可观赏开花植物(如碧桃、玉兰、樱花、海棠、迎春、连翘等)。如图 6-58 所示。

映雪湖利用人工湖良好的地形层次关系来营造多种植物生态群落。以木本植物为主体,注重树姿、树形的选择,形成高低起伏的林冠线。强调灌木和地被植物花色、色差的配置,以不同的叶色和花色以及不同高度的乔、灌、草(地被)逐层配植,形成色彩丰富多样、层次错落有致、季相变化各异的植物景观效果。

天气晴朗时,映雪湖中倒映着雪山的倒影,美不胜收。如图 6-59 所示。

在满足校园景观的生态功能、造景功能的同时,做到速生树种与慢生树种的共同运用,既可在短期内形成优美的校园环境,又可随着时间的推移,形成另一种与现今迥然不同的校园景观。如图 6-60 所示。

图 6-59　映雪湖中的雪山倒影

图 6-60　校园内的植物配植

总之,植物选择充分考虑了各个方面,注重植物的景观设计,使植物配植力求符合功能上的综合性、生态上的科学性、配植上的艺术性、经济上的合理性、风格上的协调性。

(2) 日泉广场、望日园及憩园景观

日泉广场位于南入口处，背依雪山，120m 长的林荫大道布置高大乔木和草坪绿地，结合喷灌系统进行适当的景观组织和改造，营造激情飞扬、蓬勃向上之情，地面浮雕和小品雕塑，体现齐鲁文化和"泉"文化，着意突出学校的地方特色。

图 6-61　校园的临时苗圃用地

望日园位于生态廊道南端，二级学院区内部，设计主题为强调弘扬中华民族优良品德和文化传统，是新校区的德育基地。设有百草溪、春晖湖和大量的休读绿地，近期为校园的临时苗圃用地。如图 6-61 所示。

憩园位于生态廊道西北角，主要起到休憩、花木认知、室外休闲就餐的作用，布置有休闲草坪、石景广场、牡丹园、石榴园、玫瑰园、丁香园、紫荆园等。如图 6-62 所示。利用现场挖掘的山石营造的"清泉石上流"景点，别具一格。如图 6-63 所示。

图 6-62　牡丹园、石榴园、玫瑰园、丁香园

图 6-63 "清泉石上流"景点

6.5 绿化带来的生态效益

山东建筑大学内,乔、灌、草结合种植,形成校园森林式的生物群落。这种小型校园森林系统是非常具有生态效益的。生态效益是由绿量、生态质量和生物多样性所决定的。多样性的校园绿化因其繁密的枝冠和空间体积,比同等面积的单纯的草坪、花坛、灌木带丛具有更高的生物量和生长量,环境生态功能多样,生态效益也最高。有相关测定表明,由乔、灌、草结合组成的生物群落,其综合生态效益,如释氧固氮、蒸腾吸热、减尘滞尘、减菌杀菌及减污等功能为单一草坪的 4~5 倍。同时,山东建筑大学的园林式绿化利用树木及丰富的伴生植物发挥了更大的生物修复效能,促进校园土壤资源的生态修复和可持续利用。校园森林系统和一般校园绿地相比,在促进和保障校园可持续发展过程中发挥着重要的生态作用。

6.5.1 涵养水源,缓解校园缺水

随着校园化进程的加快,校园需水量迅速增加,缺水现象日渐严重,淡水资源将是未来校园能否持续发展的瓶颈之一。而利用校园绿化蓄水是校园取水的最佳出路。据测算,$1hm^2$ 森林可蓄水 30 万 kg。因此,校园绿化建设将极大地改善校园用水紧张的问题。

6.5.2 防灾减灾,保障校园健康发展

防灾减灾是校园持续发展的首要任务。校园绿化中的防护林在预防校园灾害中具有重要意义。

山东建筑大学依山而建,校园内成林的树木对防洪及减少水土流失起到一定作用。

6.5.3 营造环境,改善校园微气候

校园内植物种类繁多,能够有效吸收 CO_2 和 SO_2、NO 等有毒有害气体,降低校园空气温度,抑制"温室效应"的发展和蔓延。单纯依靠校园园林绿地、行道树虽然起到一定的调节气候的作用,但是作用远远不够。

山东建筑大学根据校园规模、产业结构并依借校园原有地势和植被，营造大片校园森林，改善了校园的微气候，形成了清洁舒适的校园环境。

6.5.4 丰富景观，营造校园绿色环境

山东建筑大学校园绿化系统通过乔、灌、草、藤在空间的合理配置，师法自然，再现自然，大大丰富了校园绿色环境，形成多样的生态环境。参差错落的树木对建筑物的掩映陪衬，弥补了"水泥森林"造成的景观退化窘境。绿化丰富的层次结构和季相变化，树下和林间多样的物种和结构，增加了绿地的大自然野趣，一定程度上弥补了校园居民与大自然的分隔状态，同时也为城市增添了一个绿色景区。

第7章 绿色大学校园信息化系统

7.1 校园信息化的主要内容和基本需求

山东建筑大学校园信息化与节能控制系统依据有关国家规范和学校的实际需求进行设计。

7.1.1 校园信息化系统建设依据的现行国家规范

《智能建筑设计标准》、《智能建筑施工及验收规范》、《民用建筑电气设计规范》、《火灾自动报警系统设计规范》、《火灾自动报警系统施工验收规范》、《建筑与建筑群综合布线系统工程设计规范》、《建筑与建筑群综合布线系统工程验收规范》、《信息技术互连国际标准》、《电子计算机机房设计规范》、《有线电视系统工程技术规范》、《建筑电气工程施工质量验收规范》、《电子设备雷击保护导则》、《电子机房施工及验收规范》。

7.1.2 校园信息化基本需求

1. 校园网络基本需求

山东建筑大学校园网络覆盖约10000个信息点,在整体结构上是一个包括学校主干网、局域网和应用子网在内的三级层次结构的网络。校园网集成应用系统以网络为基础、计算机处理为手段,满足教学、科研、办公等需求。

(1) 采用万兆与千兆技术相结合的以太网络,要求百兆链路到桌面,充分考虑网络的畅通。

(2) 与新一代网络技术接轨,保证所建网络的领先性。如:支持IPv6、OSPFv3、MPLS、VPN等等。

(3) 支持802.1x+RADIUS、PPPOE+RADIUS等技术,可以控制用户的接入。

(4) 支持802.1q-Based VLAN,支持OSPFv2、ISIS、BGP等主流二、三层协议。

(5) 网络核心设备具备模块化设计,重要部件具备冗余配置,具备可扩充、线速转发能力。

(6) 具备灵活的网络管理,具备较高的安全性,支持常用的访问列表控制及有效防范常见的DOS/DDOS攻击。

(7) 建设校园内统一身份认证系统,为安全的网络服务提供基础平台。

2. 语音通信系统基本需求

结合学校的业务情况,建设投资低、可靠性高、运行资费经济的语音通信系统。

(1) 总装机容量10000门。电信运营商提供10000个连续的公网电话号码,由学校根据管理要求分配使用。多校区之间、校园内所有电话实现程控虚拟,虚拟网内拨短号且免费通话。

(2) 扩充方便，设置修改灵活，操作维护简单，系统构筑时间短，能够适应业务的快速变化。

(3) 充分利用各种系统的资源、电话传输网络，考虑节省长期运行成本。

(4) 规范性与开放性。能够与 Internet、学校业务系统等直接或间接互联并集成合作。

(5) 学生公寓语音通信系统与校园一卡通有机集成。

3. 安全防范系统基本需求

将计算机技术、控制技术、检测技术以及通信技术等同安全防范理论相结合，以安全防范产品（包括探测器、摄像机、监视器以及其他控制和通信设备等）为基础，联合其他保安设施和保安人员在校园建立一道"电子壁垒"。建设一个安全、高效、稳定的安全保卫系统。安全防范系统要适应安全管理要求，便于将来扩展。

4. 校园一卡通系统基本需求

一卡通系统是数字化校园建设的重要组成部分，统一规划设计，分期建设实施。

(1) 校园卡集成校内各类消费与身份认证功能，以卡代币、以卡代证，实现商务管理和身份识别。

(2) 实现金融卡往校园卡小钱包的自动圈存。与银行系统相衔接，将银行存款自助圈存到校园卡，以实现校园内各类消费。

(3) 实现与学校管理信息系统无缝连接。实现学生、教职员工的基本信息个人查询以及领导与部门宏观管理的数据查询与综合分析等。

(4) 建立学生、教职员工、各种组织机构统一的信息化标准，并且作为公用数据在整个校园网实时共享。

(5) 整合信息资源，建立统一身份认证、统一信息门户及共享数据平台，形成全校范围的数字化管理空间和共享环境，动态实时地反映职能部门运作情况和统计分析数据，增强领导科学决策的依据，提高校园管理水平。校园卡应用的商务管理、银行转账、身份识别管理等各种应用子系统的建立都以该平台为基础，将来校园应用规模的扩大和卡片应用功能的增加只需建设相应的子系统。

5. 火灾自动报警系统基本需求

根据有关防火设计规范，图书信息中心、行政中心、食堂、网络中心机房和学术报告厅设火灾自动报警系统。

7.2 校园网络系统

7.2.1 校园网建设

21 世纪是信息时代。国家高度重视教育信息化工作，积极开拓教育信息化和网络教育工作。由个人电脑时代转向网络时代是一种技术发展的必然趋势，建设校园网是学校面向网络时代的必由之路。

现代化校园网络是建设数字化大学、实施教育信息化的硬件基础。校园网的建设为学校教学、科研和管理提供了良好的条件，使广大师生能以最快的速度获得最新的信息，大大方便了国内外的学术交流，也大大提高了工作效率，为高等教育的信息化奠定了基础。

校园网建设应该从实际出发，根据校园信息化发展的需要，建立一个具有实用性、稳定性、扩充性、有效保护前期投资的综合信息化系统。

软件和资源建设是校园网建设的关键。学校信息系统、教育软件和资源库是学校信息化建设的重点。

7.2.2 千兆位快速以太网

以太网是目前应用最为广泛的网络方式，它的标准基于 CSMA/CD 机制，初期的以太网结构是采用共享介质来实现的，现在已从共享技术发展为交换技术。共享式以太网在一个网站发出信息时，其余网站处在等待的状态；而交换式以太网能够实现在不同网段之间建立多个独享连接，实现按目的地址的定向传输，做到带宽独享，增大了网络的传输能力，解决了共享式以太网因广播太多而造成的网络拥挤问题。

快速以太网建立在交换式以太网应用上面，千兆位以太网以简单的以太网技术作基础，为网络提供的带宽达 1Gbps。与其他的几种网络相比，它的价格较低，在网络应用上较为简单，便于用户做网络管理，与传统的网络结构有大量的共同点。千兆位以太网在应用中，符合很多新的应用需求，包括视频和音频等多媒体的应用，在千兆位以太网出现以前只有 ATM 才能解决的问题，在千兆位以太网出现之后可迎刃而解。千兆位以太网的设计非常灵活，对网络结构的要求几乎没有限制，所以它可以通过价格较低的交换机或路由器来实现。

交换技术能提供地址过滤、虚拟网等一系列重要功能，比网桥的速度快，共享网络上网设备较多时，会造成网络第二层的拥挤，解决的办法是采用网络交换机。网络交换机通过划分网段把原来全网共享的带宽变成分段独享，并能实现快速端口交换，从而大大提高了网络的实际带宽，明显改善了网络的性能，能够确保网络的畅通。而且一些厂家生产的网络交换（Switch），还能够提供先进的虚拟网络（VLAN）功能，能在物理网络的基础上，灵活地设置出许多逻辑网络，突破了传统网络受物理位置（地界）限制的局限性，为特定用户建立特定的专用网络，使网络带宽、畅通性、安全性更有保证。网络交换还能够提供各种地址过滤功能，进一步提高网络的安全性和更好地保证网络畅通。以交换机为核心的独享网络替代以集线器为核心的共享网络，是网络技术的一大进步。以交换机为核心的交换网络，能在投资大致相同的情况下，为用户提供更多的带宽，能明显减少网络瓶颈，大幅度提高网络性能，并能实现按需服务，而且不需要改变传统集线器网络的物理结构，对用户是透明的。

带宽已不是制约网络发展的瓶颈。用户的应用需求更多地定位于应用层次。用户需要网络提供高可靠性、高汇聚带宽。网络信息要随处可取，且具有安全性。网络要能对不同的用户群提供个性化服务。面对各种业务应用，用户更需要一个具有网络管理、QoS Ceuality of Service 保障、可靠性、稳定性、安全性、高可用性的网络，智能千兆、智能网管、智能交换平台等智能产品应运而生。

7.2.3 山东建筑大学校园网络拓扑结构

校园网主干为 1000M 星型结构，桌面接入带宽为 10/100M，支持未来的万兆网络需求，支持 IPv6 协议。整个网络包括核心层、汇聚层和接入层。核心交换机为高性能、高吞吐量的企业级交换机,它不仅满足性能要求,而且满足层次化网络的设计要求。划分 VLAN 将网络分割成若干个小的网段,避免广播风暴,提高效率和安全性。

为了支持数据、图形、语音、视频等多媒体信息的传输,要求核心交换及分支交换机支持 QoS、CoS(Class of Service)和 802.1p 优先级,保证实时性强、低延时的信息优先传输,优化网络性能。在网络设计时,经常要采用链路级冗余,为了避免网络环路的产生,要求网络交换机还要支持 802.1d 生成树协议,将开销较高的链路阻塞掉,当开销较低的链路失效时,重新启用已阻塞的链路,保证既实现了链路冗余又不致产生网络环路而进入死循环。为了提高交换机之间中继链路的带宽,在设计时经常还要用到端口捆绑技术,将两个甚至多个链路集合在一起形成一个逻辑通道,以提升级联带宽,该技术在不同的厂家叫法不一样,例如,思科公司称其为 FEC 或 GEC 技术,FEC 代表 100M 端口捆绑,GEC 代表 1000M 端口捆绑。

自网络中心所在楼宇向各个建筑铺设一条 8 芯的单模光缆。光缆与其他弱电系统共用管沟。网络中心设置光缆总配线设备,如可采用机架安装式光纤互联中心(RIC)。各建筑物按接入容量配置光缆配线箱(架),如采用机架式光纤配线架或小型墙上安装式光纤互联中心,并配置跳线管理设备,以便于光纤的综合应用与管理。山东建筑大学校园网拓扑图,如图 7-1 所示。

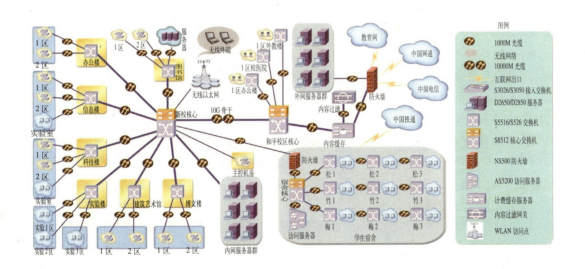

图 7-1 山东建筑大学校园网拓扑图

7.2.4 主要网络设备的选型

1. 核心层设备的选择

作为核心层设备,核心路由交换机需具备以下特点:

(1)稳定性和可靠性

关键板件和电源采用冗余热备份设计;采用分布式路由转发处理引擎,有效隔离网络故障,采用无源背板,支持热插拔、热备份。

（2）QoS 机制

完善的 Diffserv/QoS 支持，支持基于源端口、源 VLAN ID、源 MAC 地址、报文种类、TCP/UDP 端口号、IP 报文地址前缀等多种流分类规则，提供多种规则组合条件下的流映射和分类、流量监管（CAR）、拥塞控制方法（RED、WRED、SA-RED）、队列调度和输出流整形等功能，真正做到业务区分并保证带宽、时延、抖动在限定的范围内，使校园网真正成为同时承载数据、语音和视频业务的综合网络。

（3）安全机制

对重要的路由协议（OSPF、ISIS、RIP、BGP 等）提供多种验证方法（明文验证、MD5、HMAC-MD5）；支持配置安全，对登录用户进行认证，不同级别的用户有不同的配置权限，并提供两种用户认证方式——本地认证和 RADIUS 认证；支持受限的 IP 地址的 Telnet 的登录和口令机制；支持安全过滤，可将过滤的报文重定向到某个端口，便于利用仪器设备抓包分析。

（4）业务支撑能力

二、三层功能丰富强大：支持 802.1p 优先级、4k VLAN、GVRP、GMRP、端口捆绑、RSTP/MSTP 等丰富的二层特性和业务，支持丰富的路由协议、路由负载分担和策略路由功能。支持丰富的组播协议（IGMP、PIM-SM、PIM-DM、MSDP/MBGP 等）。

山东建筑大学校园网选用华为公司的 Quidway S8512 作为核心设备。

Quidway S8512 具备 720Gbps（可扩展至 1.44T）的交换容量，432Mpps 的包转发率。Quidway S8512 还将 Crossbar 引入到每一块业务单板上，进一步提升了分布式交换机的性能。同时，业务单板还配置了大容量的共享缓存，使每块单板不仅能够提供硬件线速全业务转发还能有效面对流量突增或遭到网络攻击等突发事件，有效地规避风险，提升性能的同时增加了安全性。

Quidway S8512 具备良好的业务支持，如组播、MPLS VPN、IPv6、Webswitch、IDS 和 RPR 等。为了更好地支持以上业务，Quidway S8512 采用了 ASIC+NP 技术，通过 ASIC 的低成本降低用户使用成本，同时通过 NP 保证了业务能力的持续增长。

2. 汇聚层设备的选择

汇聚层设备是整体网络的重要组成部分，负责用户接入的汇聚、业务的高速转发和网络服务质量的保障。基于现有网络业务，并考虑网络的发展，满足千兆到楼的要求。

（1）汇聚层设备要求提供丰富的业务接口,如百兆光（电）接入板、千兆光（电）接入板。

（2）实现所有接入端口的线速转发。对于校园网而言，大量的数据交换是网内交换，因此汇聚层设备的性能直接影响网络的运行效率。并且基于校园网的 VLAN 划分策略，汇聚层设备需具备强大的三层处理能力来保障网络稳定运行。因此，端口三层线速转发能力是汇聚层设备所必需的。

（3）避免环路冗余。校园网难免出现网络设备或链路变化，因此汇聚层交换机应支持快速生成树协议 RSTP，在变化期间缩短生成树"树根"端口和指定的端口进入转发状态的延时，从而缩短网络拓扑稳定的时间，减少网络变化带来的网络不稳定。

（4）支持 802.3ad 端口聚合。端口聚合是增加接入带宽的有效方法。汇聚层交换机需支持可以将若干个 FE 端口或 GE 端口汇聚到一起，以实现大容量交换机之间或者交换机与骨干路由器及服务器群之间的高速连接。

（5）抑制广播风暴。校园网常见问题是网内的广播风暴。汇聚层交换机应对VLAN上的广播流量进行监控，当广播流量的带宽超过配置的限度时，交换机将在该VLAN上过滤超出的流量，保证网络业务，使广播所占的流量比例降低到合理的范围。

山东建筑大学校园网选用华为公司的Quidway® S5516作为汇聚层交换机。

Quidway® S5516具有64Gbps背板带宽，32Gbps交换容量，24Mpps转发能力，最大支持32k路由表项，基于最长匹配的转发方式，保证了所有报文均获得相同的转发性能。

Quidway® S5516采用模块化设计，4个接口槽位，每个接口槽位可提供4个GE端口，提供多种规格千兆接口模块供选择，支持高性能SFP光接口，支持GE电口、单（多）模光口模块的混合配置，并可提供堆叠接口模块，可以和系列交换机堆叠，能够提供更灵活的组网模式。

支持OSPF、RIP I/II、BGP4等路由协议，支持802.1q、GVRP等二层协议，提供RSTP、VRRP、PIM协议，支持802.1x用户认证功能。

支持DiffServ、802.1p、GTS、WRR、RED等优先级处理和调度算法，可以对不同优先级业务进行调度及提供良好的网络拥塞控制策略，提供以64kbit/s为步长的流控粒度，可以对不同业务进行更细致的管理，支持基于L2/3/4的流分类。

支持SNMP，可支持Open View等通用网管平台，以及Quidview®、iManager®网管系统。支持RMON管理，使设备管理更方便。

3. 接入层设备的选择

接入层交换机作为直接面对客户的网络设备，承担网络的主要二层交换，因此此类交换机需具备以下特点：

（1）所有端口线速转发。

（2）支持端口镜像。为保证网络的安全和方便检测，二层交换机应支持镜像端口的设置，能够将指定端口上的数据包复制到监控端口，以便进行网络检测和故障排除。

（3）支持802.1x认证。网络安全需要认证技术手段来实现，802.1x认证技术是性价比较高的方案。配合管理平台实现账号、IP、MAC、端口的灵活绑定。

（4）支持组播应用。组播是校园的主要应用之一，二层交换机由于不具备三层功能，可能会对组播应用的开展带来一定的干扰。二层交换机可以通过支持IGMP Snooping来提高组播应用的性能。

（5）支持RSTP。使网络在发生设备变化的时候能够快速收敛，从而降低变动带来的影响。

（6）支持802.1qVLAN。对于大型的校园网，VLAN的划分成为管理和应用的必要成分。由于VLAN的划分是从整网考虑的，因此必须要求接入层交换机支持标准的802.1qVLAN，从而实现跨交换机的VLAN设定。

山东建筑大学校园网选用华为Quidway® S3000系列交换机作为接入层交换机。

Quidway® S3000系列二层交换机12.8/18.5Gbps的总线带宽为交换机所有端口提供二层线速交换能力。硬件能够识别、处理4～7层的应用业务流，所有端口都具有单独的数据包过滤，区分不同应用流，并根据不同的流进行不同的管理和控制。

支持802.1x认证，在用户接入网络时完成必要的身份认证，还可以通过灵活的MAC、IP、VLAN、PORT任意组合绑定，有效地防止非法用户访问网络。支持多种ACL访问控制策略，能够对用户访问网络资源的权限进行设置，保证网络的受控访问。

不仅支持STP/RSTP生成树协议，还提供了基于多VLAN的生成树MSTP，提高了链路的冗余备份和容错能力，保证网络的稳定运行。

支持基于源MAC地址、目的MAC地址、源IP地址、目的IP地址、端口、协议的L2～L7复杂流分类，支持1k个流规则。QoS策略丰富。

提供良好的堆叠功能，最大可支持16台设备的堆叠，同时支持不同设备的混合堆叠，从而保证了网络的平滑升级和降低了扩建成本。

支持SNMP，可支持Open View等通用网管平台以及Quidview®、iManager®网管系统。支持CLI命令行、Web网管、Telnet、HGMP集群管理，使设备管理更方便。

7.2.5 宽带无线网络

随着802.11b成为工业标准、因特网的日益普及以及移动终端的不断增加，人们对移动IP接入的需求迅速增长。宽带无线网络（Wireless Local Area Network）作为有线以太网的延伸，一定程度上满足了这种需求。

1. 宽带无线网络建设目标

建设覆盖整个校园的宽带无线网络，为全校师生提供无线宽带上网服务，在校园网基础上来规划及实施该网络。在整个校园范围里面漫游，实现宽带上网不受"线"制，并逐步融合Wi-Fi语音、视频、VPN等应用，提高校园信息化服务水平。

采用802.11b/g/a标准，提供108Mbps的共享带宽。用户在采用WLAN进行宽带接入时，采用与有线宽带相同的计费（免费）方式，保证带宽，并具有良好的稳定性。

在同一张物理网络上实现多个逻辑子网，可以实现对数据、语音、视频、VPN等多业务的支持。

2. 无线宽带接入应用

校园内无线宽带的接入，使用户可以随时随地接入因特网（Internet），进行数据传输通信，接入互联网就像使用手机一样简便。用户通过笔记本电脑、PDA等移动终端，在配备宽带无线上网卡时以无线方式高速接入校园网，获取信息、移动办公或者娱乐，共享接入速率最高可达108Mbps。

无线视频监控系统由视频采集装置、无线传输系统和监控中心三部分组成。无线网络可以灵活地设置监视点，在需要监视之处设置网络摄像机，利用其网络传输接口通过无线方式就可以将监控图像传回监控中心。

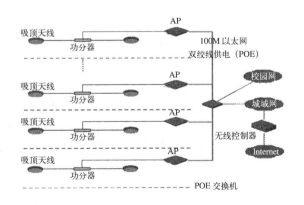

图7-2 室内无线WLAN拓扑图

3. WLAN 室内无线覆盖

室内覆盖方案主要针对上网密度较高的学生公寓进行 WLAN 设计,由电信运营商提供设备和线路,楼内覆盖拓扑图,如图 7-2 所示。

在每个楼层使用 1 个 AP 进行覆盖,AP 放置在弱电井中,通过射频馈线连接天线,考虑到信号的均匀,建议使用功分器,将射频信号通过多个天线均匀分布。AP 上行通过百兆以太网连接城域网,最终连接因特网。在各楼层顶棚上放置吸顶天线,天线与 AP 间通过射频线缆及功分器连接。

4. SSID 以及 VLAN 规划

在 WLAN 中需要实现多个业务的应用时,可在 WLAN 中设置多个 SSID。每个 SSID 上行对应到不同的 VLAN,再为每个 VLAN 设置不同的策略。当用户选择 SSID:Internet 时,进入因特网,使用设置的认证策略,通过包月或者上网充值卡的方式进行宽带上网;当用户选择 SSID:School 时,则进入学校的局域网,访问学校的网络资源。通过 SSID 与 VLAN 的对应,可以实现一网多用。如图 7-3 所示。

7.2.6 校园网集成应用系统

校园网集成应用系统可分为校园办公自动化系统、校园信息管理系统、校园网应用系统三大部分。

1. 校园办公自动化系统(校园 OA 系统)

校园办公自动化系统以文档一体化为主,针对校园的办公特点,可以实现通过电子公告板的形式进行全校信息的发布;通过电子邮件的方式实现全市教育系统的信息交流;教育论坛可以在全市教育系统进行信息交流和讨论;为教育机关建立教育信息资源库、教育年鉴等。具体而言,它可以进行:远程链接,提供国内外教育资源站点及各类学校站点的链接;信息公告,公告教委发布的各类通知;办公资料,机构职位设置、科室职能、教育法规及相关信息;电子邮件,提供电子邮件服务;公文流转,提供公文传阅等功能;信息浏览,提供各种日常资料,如列车时刻表、邮政编码、国内电话区号等;教育论坛,提供各类教育讨论区列表,用户可发表建议;统计数据,统计各种学校上报的材料。

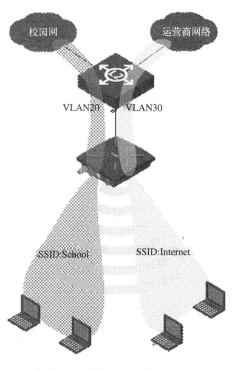

图 7-3 SSID 及 VLAN 规划示意图

2. 校园信息管理系统

学校信息、学校管理、工作管理、资源管理、教师管理、学生管理、对外信息交流等功能通过浏览器方式表现出来,提供给用户一个完全 Web 信息管理系统,具有综合查询与统计系统、办公自动化系统、仪器设备与实验室管理信息系统、教务管理信息系统、人事管理信息系统、网络管理计费软件系统、数字化校园网等。采用三层结构(数据层、中间层、表现层),与 WWW 服务器、数据库服务器紧密集成,用户使用浏览器即可在桌面环境下完成教学、学习等活动。

3. 校园网应用系统

现代校园网的应用还包含校园网 VOD 视频点播、远程网络教学、校园一卡通等各种应用。网上课堂直播教学方案,充分利用校园网络的资源,以及高品质、高画质的影音服务,将课堂上老师的讲解、示范、试验传递到校园网络的各个角落;网上课堂点播,可以分为校内课堂点播教学、远程课堂点播教学;在学校内,凡有现金、票证或需要识别身份的地方均可采用卡来完成,如学生管理、校长办公管理、教职工管理、通用查询、食堂收费管理、校园网管理、机房收费管理、后勤收费管理等。

7.2.7 网络安全系统设计

随着因特网的日益普及,人们对因特网的依赖也越来越强,网络已经成为人们生活中不可缺少的一个部分。但是,Internet 是一个面向大众的开放系统,对于信息的保密和系统的安全考虑得并不完备,加上计算机网络技术的飞速发展,因特网上的攻击与破坏事件不胜枚举。

1. 安全的表现形式

(1) 不良信息的传播

目前,Internet 上各种信息良莠不齐,有关色情、暴力、邪教内容的网站泛滥。这些有害的信息违反人类的道德标准和有关的法律法规,危害非常大。如果安全措施不好,不仅会有部分学生进入这些网站,还有可能会把这些信息在网络内传播。

(2) 病毒的危害

通过网络传播的病毒,在传播速度、破坏性和传播范围等方面都是单机病毒所不能比拟的。下载的程序和电子邮件都可能带有病毒。

(3) 恶意破坏

网络设备包括服务器、交换机、集线器、路由器、通信媒体、工作站等,它们分布在整个网络内,管理起来非常困难。某些人员可能出于各种目的,有意或无意地将它们损坏,这样会造成网络全部或部分瘫痪。

利用黑客技术对网络系统进行破坏,如修改主页面破坏学校形象、向服务器发送大量信息使整个网络陷于瘫痪、利用邮件服务器转发各种非法的信息等。

(4) 口令入侵

入侵者为了访问不属于自己应该访问的内容或将费用转嫁给他人,用不正常的手段窃取别人的口令,造成管理混乱。

2. 威胁安全的因素

(1) 物理因素

从物理上讲,网络的安全是脆弱的。网络涉及的设备分布极为广泛,任何个人或部门都不可能时刻对这些设备进行全面的监控。任何安置在不能上锁的地方的设施,包括通信线、网络设备等都有可能遭到破坏,从而引起业务的中断。

（2）技术因素

Internet 的共享性和开放性使网上信息安全存在先天不足，其赖以生存的 TCP/IP 协议，缺乏相应的安全机制。随着软件系统规模的不断增大，系统中的安全漏洞也难以避免。

（3）黑客和内部入侵者

黑客以发现和攻击网络操作系统的漏洞和缺陷为乐趣，利用网络安全的脆弱性进行非法活动，如修改网页、窃取或伪造信息、阻塞网络和窃取网络用户口令等。内部入侵者往往是利用偶然发现的系统弱点或预谋突破网络系统安全防范措施来进行攻击。由于内部入侵者比外部入侵者更了解网络结构，因此他们的非法行为对校园网络造成的危害更大。

3. 安全管理的策略

校园网络具有访问方式多样、用户群庞大、网络行为突发性较高等特点。网络的安全问题需要从网络规划设计阶段就仔细考虑，并在实际运行中严格管理。

（1）设备安全

在网络规划设计阶段就应该充分考虑到网络设备的安全问题，对一些重要的设备（如服务器、主干交换机、路由器等）尽量实行集中管理；各种通信线路尽量实行深埋、穿管敷设，并有明显标记防止无意损坏；对于终端设备（如工作站、接入交换机等），要落实到人，严格管理。

（2）技术保证

采用适时更新操作系统、部署网络杀毒软件、防火墙技术、加密技术、身份验证、存取控制、数据的完整性控制和安全协议等技术措施，增强网络的安全性。

1）常用的操作系统存在安全漏洞，更新操作系统可以增强系统安全性。

2）运用内容过滤器和防火墙。过滤器技术可以屏蔽不良网站，堵截色情、暴力和邪教等内容。防火墙技术包含了动态的封包过滤、应用代理服务、用户认证、网络地址转换、IP 防假冒、预警模块、日志及计费分析等功能，可以有效地将内部网与外部网隔离开来，保护网络不受未经授权的第三方侵入。

3）加密技术。加密技术主要有两个用途，一个是加密信息，另一个是信息数字署名。任何人只有用发信者的公用钥匙，才能解开这条消息。这一方面可以证明这条信息确实是此发信者发出的，而且未经过他人改动；另一方面也确保发信者对自己发出的消息负责。在网络传输中，加密技术是一种效率高而又灵活的安全手段。

4）身份验证。是在计算机中最早应用的安全技术，现在也仍在广泛应用，它是互联网上信息安全的第一道屏障。

5）存取控制。规定何种主体对何种客体具有何种操作权力。存取控制是网络安全理论的重要方面，主要包括人员限制、数据标志、权限控制、类型控制和风险分析。

6）保持数据完整性。在数据传输过程中，数据完整性是验证收到的数据和原来数据之间保持完全一致的有效办法之一。

7）运用 VLAN 技术。运用 VLAN 技术来加强内部网络管理。VLAN 技术的核心是网络分段，根据不同的应用业务以及不同的安全级别，将网络分段并进行隔离，实现相互间的访问控制，可以达到限制用户非法访问的目的。网络分段可分为物理分段和逻辑分段两种方式。

物理分段通常是指将网络从物理层和数据链路层上分为若干网段，各网段相互之间无法直接通信。

逻辑分段则是指将整个系统在网络层上进行分段。例如，对于 TCP/IP 网络，可把网络分成若干 IP 子网，各子网间必须通过路由器、路由交换机、网关（Gateway）或防火墙等设备进行连接，利用这些中间设备（含软件、硬件）的安全机制来控制各子网间的访问。

在实际应用过程中，通常采取物理分段与逻辑分段相结合的方法。

8）杀毒软件。选择合适的网络杀毒软件防止病毒在网上传播。

(3) 网络的管理

除了建立起一套严格的安全管理规章制度外，还必须培养一支具有安全管理意识的网管队伍。

网络管理人员通过对所有用户设置资源使用权限与口令，对用户名和口令进行加密存储、传输，提供完整的用户使用记录和分析等方式，可以有效地保证系统的安全。

网管人员还需要建立与维护完整的网络用户数据库，严格对系统日志进行管理，对公共机房实行精确到人、到机位的使用登记制度，对网络用户和服务账号进行精确地控制；定时对网络系统的安全状况做出评估和审核，关注网络安全动态，调整相关安全设置，进行入侵防范，发出安全公告，紧急修复系统。

(4) 用户教育

除了对用户进行有关网络安全的法律法规和规章制度的宣传教育外，还必须让用户知道如何使用密码、管理文件、收发邮件和正确地运行应用程序。对于非法访问和黑客攻击事件，一旦发现要严肃处理。

7.2.8　网络维护管理

建立统一的网管既能降低维护工作量，又便于业务的开展。山东建筑大学校园网络采用华为 iManager N2000 综合网管系统，实现网络设备的集中管理。

(1) 拓扑管理

拓扑管理用于构造并管理整个校园网的网络拓扑结构，通过自动上载网络设备的拓扑数据形成与实际网络拓扑结构相同的网络拓扑视图。运行中，通过对网络设备进行定时轮询监视，保证显示网络视图与实际网络拓扑一致，用户可通过浏览网络视图实时了解整个网络的运行情况。

拓扑管理主要操作有，增删设备或子网，查看节点、链路或子网的状态，通过定时轮询或手动启动对任一设备的状态或配置数据轮询，实时刷新拓扑显示数据。

拓扑管理还具有改变背景图像、设置网络对象属性、保存拓扑视图修改、查找网络对象、显示网络对象信息、拓扑视图显示效果设置等功能。

(2) 配置管理

iManager N2000 提供全网浏览树和设备面板图对配置进行维护。

全网浏览树把网络中的所有设备按不同的分组方式组织在一个树形结构中，操作者可灵活切换要进行配置操作的设备。对所有设备和设备组件的操作都通过右键菜单来完成。用户右键点中待管理的对象，系统将自动弹出该设备或设备组件所对应的管理菜单，所有设备和设备组件（如端口等）的配置、实时性能管理功能都可通过该右键菜单完成。

本浏览树可装载并显示所有路由器以及其他支持 SNMP 协议的设备端口数据。在浏览树中的端口显示数据包括：端口状态、端口索引、端口类型、IP 地址、掩码设置（如设置有），用户右键点中该端口即可弹出该端口所对应的配置菜单。

通过在拓扑图上双击拓扑设备节点启动设备面板图，在面板视图上对设备进行配置。设备面板图和全网浏览树所提供的配置功能是完全一样的。在面板上进行配置显得更直观，提供设备的机架视图，实时显示各单板的状态和告警信息，对于面板中的每个单板节点，提供右键弹出菜单，该菜单是针对该单板的一系列的应用，包括配置、性能、维护管理等；而全网浏览树则是提供了一种对全网设备进行管理的手段，在配置较多的设备时比较方便。

(3) 故障管理

故障管理主要包括对全网设备的告警信息和运行信息进行实时监控，查询设备的历史告警信息和运行信息，查询和配置设备的告警表。

(4) 性能管理

用户可以获得网络的各种当前性能数据，并可以设置性能的门限值，当性能超过门限时，网络以告警的方式通知网管系统。用户也可以收集一定时间段内的性能数据，并保存在数据库中，以作进一步的分析。

(5) 安全管理

安全管理完成网管系统本身的安全控制，包括下列内容：用户管理、操作日志管理、用户登录/退出管理。系统安全主要通过网管用户权限进行控制，用户在启动网管客户端后，需用已经建立的网管用户登录，并且只能以用户属性中设定的读写权限执行该用户指定可以执行的网管应用。网管系统各管理应用对用户执行的敏感操作进行记录，管理员可通过浏览用户操作日志来取得系统的所有管理操作信息。

7.3 通信系统

7.3.1 通信系统设计

采用积木式模块组合和结构化设计，使系统配置灵活，使网络具有强大的可增长性和强壮性，方便管理和维护。组网充分发挥设备效益，系统和应用软件功能完善，界面友好，兼容性强。选用先进的、市场覆盖率高的、标准化和技术成熟的软硬件产品。

(1) 局间中继设计

话务量计算依据。用户每线忙时话务量：取定 0.06erl/线；中继线话务量：0.7erl。

模块局 2M 数 = 用户线 × 用户每线忙时话务量 ÷ 中继线话务量 ÷ 30。

电信运营商提供 16 个 2M 作交换设备数字中继，另备用 16 个 2M 为教学科研提供远程教育、数据管理、移动通信、数据通信、宽带业务等数字通道。

(2) 通信系统安全设计

1) 双备份电源供电，确保设备用电安全

采用 48V 高频开关电源，设计容量为 300A·h，两组 1000A·h 备用蓄电池，保证机房设备及其远端模块电源的不间断供电。设置机房动力环境监控系统，采集机房的电源及环境参数。

2）交换系统可靠性设计

软硬件模块化设计，变动系统的功能模块不会对其他功能模块造成影响。主控板采用 1＋1 热备份，主备无缝切换。采用冗余板间通信设计，具备带内、带外两种通信通道，板间通信稳定可靠。带外通道由 10M/100M 以太网构成，带内通道通过交换网络链路构成，两种通信方式互为备份。

3）传输通道的保护

学校与电信运营商间的传输，采用 SDH 二纤双向通道自愈环保护方式。光纤线路采用环状敷设方式。

7.3.2 跨校区话音虚拟专网（VPN）的构建

各校区用户均纳入电信运营商虚拟网，电信运营商为每个分机分配公网号码。用户组成虚拟网群，公网号码的后 5 位设为虚拟网群内短号码，虚拟网群内短号拨叫，免费通话。拨叫 VPN 群外用户先拨虚拟网出群字冠，然后拨被叫号码。普通市话用户采用 8 位公网号码拨打 VPN 群内用户。

同一虚拟群内呼叫，由交换局 Centrex 功能即可实现。不同虚拟群间呼叫，需通过智能网来实现。如图 7-4 所示。

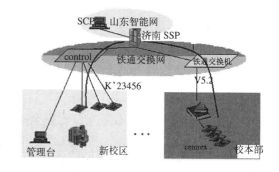

图 7-4　不同 Centrex 之间呼叫

VPN 可以设置用户账号、鉴权码和呼叫权限，查询通话费用，控制话费。

7.3.3 主要设备选型

（1）交换设备

新校区通信端局选择华为 C&C08 128 程控交换机系统。该系统以业务交换网、信令处理网、维护管理网、业务接口网、通信控制网形成组态网，提供标准物理接口和网络连接矩阵，通过软件加载指配网络资源和信令协议，从而构成各种通信系统。该系统适用于建设接入平台。表 7-1 为所选 C&C08 128 程控交换机配置清单，其主要特点为：

1）容量大、平滑扩容，交换网络容量 16～128K，以 16K 为单位增加。
2）呼叫处理能力强，实时操作，全分布式处理体系，处理能力可线性增加。
3）基于包交换的高速无阻塞信令网，采用帧中继协议，双平面冗余。
4）具有多种接口，如 40M 光接口、E1 以及 155M 标准 SDH 接口。155M 光中继接口，既降低了组网成本，也为向宽带交换机平滑过渡做了准备。
5）资源可全局共享。
6）提供了通用的业务处理平台，将来可以无缝叠加其他业务，可扩展性强。
7）提供在线打补丁功能，降低软件升级的风险。

8）具有以太网接口的高速后管理模块（10M/100M）。
9）系统模块化设计，便于安装维护。
10）整机在散热、电磁兼容等方面采用高可靠性设计。

新校端局华为C&C08 128程控交换机配置清单　　　　　表7-1

序号	型号		名称	数量
1	主控机柜与配电	C8-B2MC	128模块主控机柜	1
		C8-PWS	二次电源板	8
2	主控机柜主控框	C8-KCPM	128模块主控插框	1
		C8-ALM0	128模块告警板	1
		C8-CPC0	中央处理板	8
3	主控机柜时钟/通信框	C8-KCKM	128模块时钟/通信控制插框	1
		C8-FSN	帧交换网板	2
		C8-BAC1	总线管理控制板（加载方式）	2
		C8-CKS	时钟板	2
		C8-CKD	时钟驱动板	2
		CC-PWC	二次电源板PWC	2
4	主控机柜交换网框	C8-KCNM	128模块交换网框	1
		C8-SPC1	128模块业务处理板	2
		C8-CNU0	网框中央交换网板	16
		C8-BDR0	网框总线驱动板	2
		C8-SNU0	网框边缘交换网板	2
5	接口机柜与配电	C8-B2LIM1	128模块接口机柜	1
		C8-PWS	二次电源板	2
6	接口柜接口框	C8-KLIM	线路接口插框	1
		C8-OBC	40M光接口板	2
		C8-E161	16路E1接口板	1
		C8-DRCA-75-1×2	E16板后驱动板	1
		C8-QSI1	128模块高速系统接口板	2
7	共享资源机柜与配电	C8-PWS	二次电源板	4
		C8-B2SRM1	128模块资源机柜	1

续表

序号	型号		名称	数量
8	共享资源框	C8-FSRM	资源插框	1
		C8-SPT0	特殊语音板	2
		C8-SRC0	共享资源板	2
9	资源接口框	C8-KLIM	线路接口插框	1
		C8-MHI0	128模块多HW接口板	4
		C8-HBC	MHI板后转接板	2
		C8-QSI1	128模块高速系统接口板	2
10	业务处理机柜与配电	C8-PWS	二次电源板	2
		C8-B2SPM1	128模块业务处理机柜	1
11	业务处理框	C8-FSPM	业务处理插框	1
		C8-SPC1	128模块业务处理板	2
		C8-CPC0	中央处理板	4

（2）交换局选用华为 C&C08 B 型机

B 型机通过光缆和内部信令汇接到端局，从而实现窄带语音的接入业务。用户数据和计费数据既可通过电信运营商汇接设备进行修改和设置，也可在通过端局内的网管平台完成有关业务处理。

（3）传输设备

采用华为 Optix2500+ 传输系统，光纤接入。提供 155M、622M 电接口和光接口。预留 10 对光通道，可建立高速数据环。

（4）配线架

语音配线架采用华为 JPX202 型双面总配线架，模块容量 8000 线，预留扩容容量 2600 线。光纤配线架采用华为 GPX212 型 72 芯配线架。

7.4 校园一卡通系统

通过几年来的信息化建设，学校已经积累了良好的信息化基础，逐步建成了多个应用管理系统，这对提高学校教学、科研和管理水平起到了积极的推动作用。但各应用系统有不同的身份认证方式，存在信息"孤岛"，维护工作量大。随着业务系统的不断建设，系统间的数据共享、流程整合等问题逐渐凸显出来，对于各应用系统面向师生提供服务的要求也越来越高。在校园网建设中，将"校园卡"项目作为实现数字化校园建设的重要组成部分，纳入学校数字化建设规划之中，统一规划设计，分期建设实施。

7.4.1 校园一卡通系统构成

校园一卡通系统以网络为基础，由身份认证中心、信息发布平台、公用数据中心及应用系统构成。

（1）身份认证中心

身份认证中心包括用户资料的集中存储和管理、用户身份集中的验证、访问权限的集中控制和管理三个方面。

一卡通系统建设是一个动态的、持续发展的过程，随着各类信息系统的不断增加和完善，需要有一个独立、安全、高效和可靠的身份认证及权限管理系统，来完成对整个信息系统的统一身份认证与权限管理。

身份认证中心为所有用户提供统一的身份确认与权限交付。用户通过一次认证后，即可获得相应权限，享受一卡通所有应用系统提供的服务。

（2）信息发布平台

部门前期建立的各应用系统提供各自的操作界面，用户只能通过这些系统提供的界面才能进行正常的操作和管理。一方面无法实现各系统之间的协同工作，另一方面信息采集、系统管理分散于各部门，重复劳动多，且信息难以共享。信息发布平台让用户能够方便地发布、共享和查找信息，并可以根据自身要求管理相关信息。

（3）公用数据中心

根据国家《教育管理信息化标准——学校管理信息标准》和学校的实际情况设计共享数据平台。一卡通系统的核心是数据资源的集成共享，公共数据中心为部门的信息业务提供通用服务、管理平台，提供开放的数字化环境，将各个不同时期建立的业务子系统进行有机集成，实现整个校园信息管理的规范化、系统化、一体化。

在数据资源共享集成的基础上，建立面向各类人员需求的信息服务数据集，建立面向决策分析支持的主题数据集。

（4）应用系统

校园一卡通系统利用计算机、网络设备、终端设备等，借助于卡片载体，实现信息化管理。系统采用模块化设计，各模块之间功能清晰，学校根据自身需要灵活设置适合的管理体系。系统共有多个应用子系统模块，如上机上网、图书借阅、门禁、身份识别、保安巡更、会议签到、就餐、医疗等，模块可根据实际需要增减。校园一卡通应用系统树状结构，如图7-5所示。

7.4.2 系统主要特点

（1）卡片通用

系统使用 Mifare S50、S70 型 IC 卡，该卡片属于 Mifare 系列非接触式的 IC 卡，以卡代币。通过校园卡内电子钱包，持卡人可以在校园内任意消费网点以卡结算，实现电子化货币数字化结算，实现校园内餐厅、医疗、小卖部、超市、商场等所有消费场所一卡通用。校园卡在表面印有持卡人身份标志在校内以卡代证，作为持卡人身份证明，如作为学生证、教师证、工作证、图书馆借书证、门禁通行证等（身份证件使用）。数据共享，一卡通用。

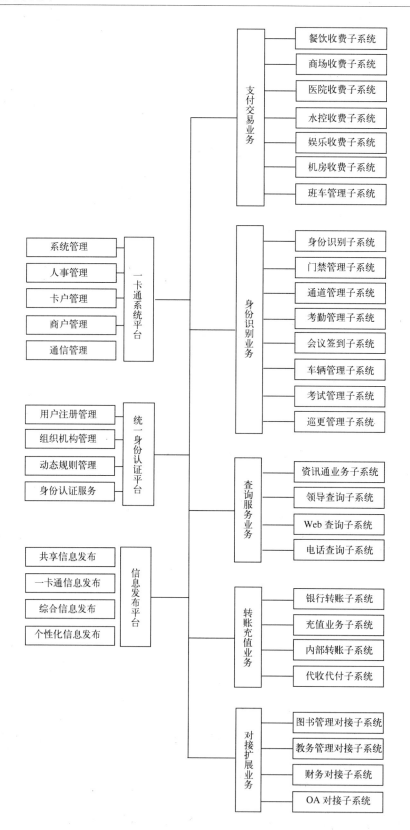

图 7-5 校园一卡通应用系统逻辑图

(2) 银行联网交易

采取校园 IC 卡与银行磁卡两卡分离，校园 IC 卡可应用于校园管理多领域，银行磁卡也可应用于银行借记卡所应用的各场点。电子钱包信息传送格式按金融交易报文格式，实现银行借记卡与校园卡实时自助圈存、转账对账、账务结算、营业分配等数据对接。

(3) 安全验证

各类收费产品，均使用统一国际标准加密算法。提供统一的一卡通安全接入接口，为第三方产品提供透明、标准的接入环境。设有系统授权接入，采用硬件加密保证其合法性与安全性。

(4) 使用简便

采用自助终端设备和方法，可以通过触摸屏、电话、Web、自助终端等多种形式为持卡人提供查询、挂失、解挂、修改密码等功能，各应用系统实时生效。完成批量自动转账、自助增值、自助挂失、自助解挂、领取补助、查询、圈存、账务结算等，减轻管理强度，方便持卡人、经营商户、校方的账户结算，实现无纸化消费、电脑化结算、规范化管理。

(5) 模块化结构，按需配置

所有终端产品均采用标准模块化式结构设计，当功能改变需要进行个性化服务时，只需配置不同的硬件模块，例如读卡模块、控制模块、通信模块、打印模块等，从而构成不同应用场合终端设备的整体硬件框架。根据业务不同，加载不同的应用软件模块，构成不同应用类型的终端设备（表7-2）。在管理中心，通过网络下传给相应的终端机即可，不需要更换终端设备应用程序芯片。

校园一卡通系统主要终端设备一览表 表7-2

类别	机型	使用说明
支付交易类	收费机	餐厅、食堂、商店等收费点
	售票机	停车棚售票
	车载机	公交车收费
	以太网POS机	直接在TCP/IP网络上使用
	专用POS机	特别适用与第三方对接
	POS机（充值）	卡片充值
	POS机（收费）	商店等分散收费点
身份认证类	检票机	停车棚检票
	通道机	图书馆出入口等人流出入口
	计时宝	考勤、门禁控制
	身份认证机	身份认证
自助服务类	资讯通触摸屏	卡片挂失、解挂，信息查询等
	电话语音服务系统	
其他类	读写器	通用读写器
	键盘读写器	图书馆
	手持机	适合离散场所各类应用

7.4.3 系统主要功能

(1) 人事管理业务系统

与"一卡通"平台的系统配置、人事、卡户、通信、账务等资源共享。软件主要功能，见表7-3所列。

人事管理业务系统主要功能 表7-3

子模块	三级功能模块	功能说明
参数设置		设置部门资料、人员职务资料、身份类型、证件类型、档案类型资料以及银行卡类型资料
基本档案		建立人事基本档案信息，包括人事资料的导入
健康档案		建立人员健康档案信息
数据管理		查询、统计及打印输出各种详尽的人事报表
		数据导入、导出（Excel、TXT、DBF、DB、SQL），信息来源与统一身份认证中心或人事部门的系统

(2) 卡户综合业务管理系统

与"一卡通"平台的系统配置、人事、卡户、通信、账务等资源共享。软件主要功能，见表7-4所列。

卡户综合业务管理系统主要功能 表7-4

子模块	三级功能模块	功能说明
参数设置	卡目录管理器	用于一卡通使用的卡片类型及功能结构设置；用于定义卡片内部数据功能目录及与其他供应商的系统发行的卡片对接，设置只给一卡通系统使用的扇区
	卡功能权限管理器	设置卡管理系统专用参数和使用到的系统参数，包含卡片结构、卡片型号、卡片目录扇区、钱包最大存款限额
	报表参数设置	设置基础类统计表的有关参数
账户管理		对卡户的银行账户开户、销户、冻结、解冻操作
卡注册		用户卡注册以及钱包注册，批量注册，批量取消注册
卡注销		用户卡注销，正常卡和临时卡注销
卡挂失		用户卡遗失，进行卡挂失处理以及解除用户卡挂失信息，把临时卡中的资金转到正常用户卡钱包中
卡拾遗		当已挂失补卡后又找回原来丢失的卡时，处理这两张卡之间的关系，最后只保留一张卡
存取款		用户卡存款和取款

续表

子模块	三级功能模块	功能说明
卡维护		进行错误卡和坏卡的修复、读卡和登记坏卡等维护操作
补办卡		办理用户临时卡补卡手续
卡户查询	卡户交易查询	按交易日期，查询统计每一个持卡人的交易报表情况
	卡户余额查询	查询卡户卡内余额
	基表查询	计算并查询统计基类报表
卡户报表	卡户交易统计表	统计某个部门下一级商户的交易数据
	卡户收支平衡表	计算并查询卡户存取及余额报表

(3) 商户综合业务管理系统

敏感数据加密处理，账务流程标准，出具多种标准财务报表，支持独立、非独立商户，最大支持12级商户组织设置，支持清分清算，数据导入、导出（Excel、TXT、DBF、DB、SQL），支持"一卡通"多系统、远程多用户使用。软件主要功能，见表7-5所列。

商户综合业务管理系统主要功能　　　　　表7-5

子模块	三级功能模块	功能说明
参数设置	商户组织设置	建立商户的管理组织结构
	机位设置	设置系统中各个终端设备所在位置
	报表参数设置	按照各类报表配置相关统计参数
收费查询	商户回款查询	按交易日期，查询统计商户回款报表情况
	商户交易查询	按交易日期，查询统计每一个持卡人的交易报表情况
收费报表	商户终端回款统计表	按交易日期，统计商户每日、月、年回款额
	商户分时回款统计表	按交易时间段，统计商户每日、月、年消费人次，金额情况
	商户分段回款统计表	按机号或商户组，统计出各统计选项的交易情况
	商户综合回款统计表	按交易日期，统计商户每日、月、年各类交易情况
	卡户分类回款统计表	按卡户的分类，统计商户每日、月、年的分类回款情况
	现金交易综合统计表	按交易日期，查询现金交易类型的统计报表情况
	现金交易分类统计表	按交易日期，查询现金交易类型的明细统计报表情况
	报表重算	对已统计出来的报表数据进行查询和重算

(4) 会计账务管理系统

支持"一卡通"多系统、远程多用户使用。软件主要功能，见表7-6所列。

会计账务管理系统主要功能 表7-6

子模块	三级功能模块	功能说明
账户管理	科目管理	设置卡户、商户的账务科目类型
	卡户账户管理	对卡户的银行账户开户、销户、冻结、解冻操作
	商户账户管理	设置商户的终端交易,指定相应的借贷方账户
手工账	记账输入	以手工方式输入交易记录,进行记账和抹账
	记账复核	对记账输入的交易记录进行复核并入账
批入账		将终端设备的交易数据进行一次性的批量入账
业务处理	日终结账	按记账业务日期,汇总当日发生的业务数据,产生日报表
	月终结账	按记账业务日期,汇总当月发生的业务数据,产生月报表
	年终结账	按记账业务日期,汇总当年发生的业务数据,产生年报表
报表中心		按记账业务日期,打印日终、月终、年终结账后的报表数据
账务查询	当天分户明细查询	按交易日期,查询统计当天分户明细报表数据
	历史分户明细查询	按交易日期,查询统计历史分户明细报表数据
	卡交易流水查询	按交易日期,查询统计卡交易流水报表数据
	卡历史交易流水查询	按交易日期,查询统计卡历史交易流水报表数据
	卡户资料查询	按交易日期,查询统计卡户资料报表数据

(5) 系统配置管理业务系统

由网络及网络设备、管理软件组成。软件主要功能,见表7-7所列。

系统配置管理业务系统主要功能 表7-7

子模块	三级功能模块	功能说明
参数设置		设置系统的工作参数,包括使用单位和服务单位的资料。是对一卡通所有系统都涉及的公用的带有共性的参数进行设置
时钟管理		校对时钟,以便全系统(含终端设备)的时钟同步。是一卡通系统里唯一的、标准的时钟依据
授权卡管理		授权卡的发行。授权卡用来给终端设备在系统中的使用授权,是一卡通系统里的安全认证卡。授权卡发行的对象及数量
权限管理	用户组设置	设置用户组资料,包括用户组名称的输入和操作权限的分配。权限分为子系统、功能模块、模块按钮三级
	操作员设置	设置操作员资料,包括操作员名称、登录密码、所属用户组等

续表

子模块	三级功能模块	功能说明
字典管理	库表字典	数据库表结构字典的管理和查询，为第三方接入使用提供接口
	代码字典	模块代码说明的管理和查询，为第三方接入使用提供接口
	模块字典	模块文件名及文件功能的管理和查询，为第三方接入使用提供接口
工具箱	数据入出	实现数据导入导出功能
	原始数据入出	对终端设备中未经过处理的消费或交易的原始数据进行导入导出
	原始数据查询	查询终端设备的原始交易、结账数据
	信息查询	查询各种信息资料
	共享数据	在查询机上直接查询学校的共享信息，通过本程序导入相关的信息
	菜单管理器	实现对一卡通菜单的增加、删除、修改的管理功能
	版本比对器	实现对文件版本和数据库版本的比较功能

(6) 终端前置管理系统

实现终端通信管理，数据收集入库及校验，自动监控工作站与终端设备任务执行情况，管理工作站与终端设备信息传递工作，支持局域网、公用电话网，支持"一卡通"多系统、远程多用户使用。软件主要功能，见表7-8所列。

终端前置管理系统主要功能　　　　　　　　　　表7-8

子模块	三级功能模块	功能说明
通信任务管理器	任务管理	为指定的终端设备下达指定任务
	通信分析	分析终端设备的任务执行情况
	终端工作报告查询	显示并导出终端设备工作状态情况
终端设备管理器	网络结构设置	设置终端设备与网络连接的对应关系，并与系统搜索的设备参数进行校对
	机型设置	设置终端设备机器类型
	主参数设置	建立商户与终端设备的管理关系，设置终端设备运行主参数
	计费终端参数设置	设置计费终端运行参数
	实时收集数据	实时收集数据，实时挂失、解挂，广播黑名单，修改卡户密码，被动收集数据，收集历史数据
	上下传参数	下传设备参数，上传设备参数，比较上传的参数和下传的参数是否一致，结果返回具体哪个参数不一致，上传的参数是什么，下传的参数是什么

续表

子模块	三级功能模块	功能说明
终端设备管理器	下传授权名单	下传授权名单到终端交易设备
	收集扎账数据	对终端交易的扎账数据进行收集
	校对黑名单	包括下传挂失名单，删除解挂名单，黑名单版本号更新，下传黑名单的有效期
	校对时钟	上传设备时间，比较上传时间和电脑时间是否在误差范围内，如果大于误差，则下传电脑时间给设备，并返回上传时间是什么，下传的电脑时间是什么
	终端机签到	指终端机一开机，在一定时间内必须得到上位机的确认才能交易，在确认之前，上位机必须完成对终端机的黑名单校对、时钟校对
	网络检测	检测终端设备与系统网络是否连接成功
	通信参数设置	对终端设备的通信参数进行设置
	补助名单下传	将某一补助版本的所有名单下达到终端设备
设备管理器		建立现场设备档案。它不与设备直接通信，仅仅记录所有设备必须具有的属性，包括管理组织、设备本身的属性、通信链路、生命周期

（7）圈存前置管理系统

实现用户将银行存款转入 IC 卡的充值交易（自助圈存），银行、用户管理部门、用户点三方交易自动结算，具有自动批量转账、存款、查询银行存款及 IC 卡余额等功能。支持"一卡通"多系统、远程多用户使用。软件主要功能，见表7-9所列。

圈存前置管理系统主要功能　　　　　表7-9

子模块	三级功能模块	功能说明
参数设置		配置系统运行参数
系统监控		实时处理银行端前置机传送到校园端的圈存交易，并监视交易状态
批量交易入库		将银行端前置机传送到校园端的圈存交易文件中的交易数据进行处理
圈存报表		按交易时间统计圈存交易报表
交易查询		按交易日期查询持卡人银行圈存交易的情况

（8）消费营业管理子系统

实现持卡人用一张卡在学校内部进行无纸化电子货币的各种日常消费，包括饮食中心、体育娱乐中心、超市、浴室、医院（挂号、住院、买药、医疗费用等）、上机上网、水电费等营业场所和其他有特殊要求的各种收费和结算。管理部门可以通过该系统的智能化管理，控制交易过程，防止作弊，保证交易过程及数据的安全性，提高工作质量、工作效率和管理水平。

1）消费管理系统特点

①资源共享。与"一卡通"平台的系统配置、人事、卡户、商户、通信、账务等资源完全共享。

②安全可靠。敏感数据加密处理，交易稳定，数据正确。

③实时监控。系统实时监控收费终端工作状态，自动定时完成规定任务。

④财务规范。账务流程标准，功能清晰完善，出具多种标准财务报表。

⑤挂失及时。可通过电话、Web、触摸屏、自助挂失机即时挂失，保护持卡人利益。

⑥功能强大。用户可以自定义消费人员、时间、地点、卡类、次数、金额、密码组合使用或限定使用功能，满足各种条件下的使用。

⑦兼容性好。可同时使用多种卡片，满足卡片升级的需要。可实现多种形式的补助发放和领取。

⑧小钱包应用。支持一卡通钱包与专用小钱包（一个或多个）独立使用功能。专用小钱包主要应用于不宜联网的场所，如淋浴房、饮水机、洗衣机、空调机等收费场所。一卡通钱包与专用小钱包中的金额，可通过"资讯通"个人理财系统的卡内钱包转账功能，实现相互转账，分别使用。

⑨多种卡类。最多可分 256 类卡，适用卡分类管理。各类卡不仅可在同一台收费机上同时使用，还可限定各类卡在各自的授权机上使用；可对不同卡类设定不同的管理费系数，如搭伙管理费、押金、折旧费、手续费等。

⑩安全多级别工作人员使用权限管理、安全日志。

⑪数据导入、导出（Excel、TXT、DBF、DB、SQL）。

⑫支持"一卡通"多系统、远程多用户使用。

2）消费管理系统结构

本系统由卡片、终端 POS 机、网络及网络设备、管理软件四部分组成。

①卡片。统一使用一卡通系统发行的卡片。

②终端 POS 机。有挂式、台式两款收费终端 POS 机可以选用。POS 机在通信协议上也有两种选择——RS485 和 TCP/IP，以适应现场网络情况。

③网络及网络设备。使用 RS485 通信协议的 POS 机与网络服务器连接，组成终端子网，网络服务器通过交换机直接连接到主干网。使用 TCP/IP 通信协议的 POS 机与交换机直接连接到主干网，管理中心的终端通信前置机即可对 POS 机进行数据传输、管理和控制。

④管理软件。全部安装在管理中心的应用程序服务器上，客户端 PC 机使用管理软件时，可按权限范围直接调用。

3）软件主要功能

软件主要功能，见表 7-10 所列。

消费管理系统软件主要功能　　　　　　　表7-10

子模块	三级功能模块	功能说明
参数设置	终端参数设置	按照终端设备工作要求，设置各类相关参数
	报表参数设置	按照各类报表配置相关统计参数
收费查询	商户回款查询	按交易日期，查询统计商户回款报表情况
	商户交易查询	按交易日期，查询统计每一个持卡人的交易报表情况
收费报表	商户终端回款统计表	按交易日期，统计商户每日、月、年回款额
	商户分时回款统计表	按交易时间段，统计商户每日、月、年消费人次，金额情况
	商户分段回款统计表	按机号或商户组，统计出各统计选项的交易情况
	商户综合回款统计表	按交易日期，统计商户每日、月、年各类交易情况
	卡户分类回款统计表	按卡户的分类，统计商户每日、月、年的分类回款情况
	现金交易综合统计表	按交易日期，查询现金交易类型的统计报表情况
	现金交易分类统计表	按交易日期，查询现金交易类型的明细统计报表情况
	报表重算	对已统计出来的报表数据进行查询和重算

4）终端POS机主要功能

具有分区管理、个人密码、实时挂失、实时补助等业务功能。可储存128笔扎账汇总记录（约32d），便于商户随时对账。可储存1万笔（约30天）消费交易记录流水账。支持联网、脱网交易使用功能。可独立管理100万个黑（白）名单。支持单价、编号、定值、快捷多种计费方式。支持误操作数据冲正，减少经营纠纷。终端POS应用程序远程下载，维护升级简便。

(9) 医院（门诊）管理子系统

实现持卡人在校医院门诊时，用一张卡完成挂号、买药等收费功能，还可以实现其他特殊要求的收费和结算功能。自动识别IC卡信息资料的变化、识别卡的有效性，自动区分保内、保外人员。自动识别特殊持卡人，完成收费功能，如公费、自费等。社保、医保可联网直接通信。本系统由卡片、专用POS机、网络及网络设备、管理软件四部分组成。软件主要功能，见表7-11所列。

(10) 机房管理收费子系统

系统自动根据机器的利用率分配计算机，远程控制计算机开启。每个机房设置代理服务器并设有通用读卡器，通过局域网与上机终端形成一个上机管理子系统。用户刷卡，系统分配机号，也可个人或集体预约上机，支持管理任务。底层监控，自动识别是普通上机、上校园网、还是上互联网，支持用户中间更换机器。上机依据身份设定收费标准，按时间收费。实时监控终端操作，对恶意攻击进行实时报警。可设定时段对上机刷卡的学生进行考勤统计。网络传输采用DES算法加密、流水单笔校验、包数据总校验三种方式防止侦听与篡改。软件主要功能，见表7-12所列。

医院门诊管理子系统软件主要功能　　　　　　　　　　　　　　　　表7-11

子模块	三级功能模块	功能说明
参数设置	挂号类型设置	病人就诊时的挂号资料设置
	病人类型设置	病人身份类型，如教工、学生、自费、离退休等人员；可根据不同的病人身份类型设置不同的报销标准
	药品入库设置	对收费项目（药品或医疗用品）进行分类入库
	统计编码设置	对医院各种不同的收费项目进行编码设置
	收费项目设置	设置医院具体的每种药品或医疗收费的具体项目
挂号管理		刷卡自动挂号，挂号自动显示刷卡人的详细资料及过往病历
药品管理		药品价格调整，药品出入库、库存管理
交接班管理		医务值班人员交接班手续管理
划价收费		按不同身份自动按比例划价； 自行设置收费比例； 联机刷卡、自动收费； 卡收费、现金收费兼容； 打印、重打、作废收费发票； 支持药品多种输入法，方便医生的习惯操作
信息查询		即时查询药品库存、用量、价格情况； 即时查询病人过往病历、消费情况； 即时查询医生的出诊、开药情况； 查询信息可以以多种数据形式输出
统计报表		收费员日结报表； 门诊收费月报表； 门诊日、月、年工作量、营业状况； 医生工作量报表

机房管理收费子系统主要功能　　　　　　　　　　　　　　　　表7-12

子模块	三级功能模块	功能说明
参数设置	机房设置	在管理组织结构中设置机房位置
	电脑设置	在机房中设置计算机
	费率设置	设置学生上机的计费费率
计时收费		实现学生上机开始计时，刷卡下机计费，停机，手工停机，计入欠费
查询统计		学生上机上网的统计报表查询和预览打印

(11) 控水子系统

实现持卡人用一张卡淋浴、打开水等用水收费功能。采用独立控制模式,计时收费。系统自动识别卡的有效性,区分冷、热水的收费标准。控水终端产品配置防水装备,在潮湿环境下可正常工作。本系统由卡片、计费控制器、电磁阀(或流量计)、专用 POS 机、网络及网络设备、管理软件等部分组成。软件主要功能,见表7-13 所列。

控水子系统管理软件主要功能　　　　表7-13

主要功能	控水子系统
计费方式设置	计时和计量两种不同计费方式的设置
计费数额设置	不同场所不同的计费设置
系统卡发行	发行系统卡,为独立式系统设备授权
用水人类型设置	可根据身份类型设置不同的收费标准
统计编码设置	对控水各种不同的收费类型进行编码设置
收费项目设置	设置水龙头具体每种收费金额
信息查询	即时查询水龙头的使用情况,即时查询水龙头以前的收费情况,即时查询水龙头故障情况,查询信息可以以多种数据形式输出
统计报表	水龙头收费日结报表,控水收费月报表,水龙头工作量报表
权限管理	进入系统身份验证,分级操作权限管理,操作流程日志管理

(12) 控电子系统

本系统集电能计量、时段控制、负荷控制、实时监控等诸多功能于一体。控电系统由系统软件、网络、用电管理器和控电机柜四部分组成。主要功能为:

1) 单元用电计量计费。用户通过售电计算机缴纳电费后,计算机自动将数据发送到控电机柜各个用电单元(脱机模式可通过 IC 卡传输数据到用电单元),系统对用电单元预存电量进行自动累减。

2) 单元预存电量低限提示。当单元预存电量减到设定低限值时,系统自动提示用户预存电量接近用完,应尽快购电。

3) 预购电量、无费关断。用户剩余电量为零时,系统自动切断该单元供电,用户重新购电后,系统自动恢复对该单元的供电。

4) 定时控电。根据管理需求,对学生用电进行时间的控制,系统可以对所有用电单元、分组进行统一开、关,也可以对任意单元进行单独开、关。

5) 单元限电。根据管理要求,设定和更改各用户单元的最大负荷。当某单元实际用电负荷超过设定的用电负荷时,系统将自动切断该单元供电。

6) 免费基础电量设置。系统可对学校给每个学生每月、季度、年的免费基础用电量进行单独、统一设置。

7) 房间调换进行数据转换。当学生调换房间时，操作员只需通过控电计算机对该房间进行数据转换即可。

8) 退费管理。学生毕业时，系统操作员可以打印出所有退费用电单元的退费明细表。

9) 用电查询。用户可以随时查询用电单元各个阶段用电量、剩余电量。

10) 短路、漏电保护，故障自动报警。

11) 实时监控。对每个学生房间的用电情况进行实时监控，监控学生房间当前的用电数据（当前电流、剩余电量、用电情况等）。

12) 恶性负载识别。当学生宿舍使用违规大功率电器或纯阻性负载（如电炉、热得快等），系统将自动识别为恶性负载，并自动切断电源，避免发生安全事故。

13) 一进两出控制。实行一表计量，两路控制，分别输出两个回路（一路为照明、插座回路，一路为电扇回路）。

控电系统管理软件主要功能，见表7-14所列。

控电系统管理软件主要功能　　　　　　表7-14

主要功能	用于电能计量、时段控制、负荷控制、实时监控
系统配置	系统基本信息设置
用户管理	系统用户信息设置
房间用电查询	查询房间用电情况
系统状态监控	监控系统设备在用情况
财务操作管理	对房间单元进行购电、退电、设置基础用电等各项财务操作，可以指定单个或者一组房间单元进行财务操作
IC卡账户管理	设置IC卡账户信息
硬件信息管理	对系统内的硬件设备进行分类管理
房间信息管理	设置房间名称和编号
系统配置维护	管理系统配置信息
用户管理审计	用户操作日志和追踪审计
报表查询打印	对系统的所有数据记录进行分类和汇总查询
用电监控	对每个学生房间的用电情况进行实时监控，监控学生房间当前的用电数据（当前电流、剩余电量、用电情况等）
用电查询	单元剩余电量与用电量查询

(13) 学生注册管理子系统

实现对学生注册的各种管理，与"一卡通"平台的系统配置、人事、卡户、商户、通信、账务等资源共享。在参数设置中设置缴费后卡片注册有效期以及临时注册人员卡片注册有效期。实时从财务处、学工处获取缴费人员名单及缓缴人员名单。支持"一卡通"多系统、远程多用户使用。软件主要功能，见表7-15所列。

学生注册管理子系统软件主要功能 表7-15

子模块	三级功能模块	功能说明
参数设置	注册使用有效期	设置缴费后可以使用有效期范围
	临时注册有效期	设置困难学生临时注册可以使用有效期范围
注册报表		统计各类注册情况报表
注册查询		查询各类注册情况数据

(14) 门禁管理子系统

实现对实验室、多媒体教室、公寓等场所需要安全防范、出入控制的门和通道的控制。通过刷卡控制持卡人出入并进行人数统计，只让经授权人员通过。系统按照建筑电气国家标准与安防、消防系统集成，一旦发生火警等紧急情况，门禁系统自动打开通道门，便于人群的疏散。与"一卡通"平台的系统配置、人事、卡户、商户、通信、账务等资源共享。

门禁管理系统由卡片、前置读卡器、数据控制器（门禁机）、磁感应锁或电控门锁及管理软件组成。

1) 卡片。使用一卡通系统发行的卡片。

2) 前置读卡器。分为密码键盘读卡器和不带密码键盘读卡器两种。使用时，持卡人将授权的 IC 卡在读卡器的有效感应区内轻轻一晃即可。前置读卡器通过 RS485 信号线与数据控制器（门禁机）相连。

3) 数据控制器（门禁机）。数据控制器通过前置读卡器传送的信息自动识别 IC 卡并控制门锁开启，同时记录下开门时间、授权卡号及管理程序的其他指令。使用非授权卡，系统拒绝开启门锁，并通过预定程序和装置自动报警。数据控制器通过交换机直接连接到主干网，管理中心的终端通信前置机即可对数据控制器进行数据传输、管理和控制。数据控制器与门禁机可根据现场情况选择使用。

4) 磁感应锁或电控门锁。磁感应锁或电控门锁根据数据控制器（门禁机）所传送的信息来开启。

5) 管理软件。全部安装在管理中心的应用程序服务器上，客户端PC机使用管理软件时，可按权限范围直接调用。

门禁管理系统主要功能：

1) 防非法人员进入功能。门禁机可管理黑白名单达 100 万条，允许授权人员开门，禁止非法人员进出门，能实现一卡对多门、一门对多卡的功能。

2) 防非法时间进入功能。可设置时间表，如某些时间段内视为非法时间，持卡者不能进入。可随时查看各进出站点、各时段人员的进出门情况。人流量高峰期可设置为不打卡。晚上的时候可设置打卡后必须输入密码的功能，进行双重身份认证。

3) 防拆除功能。各前置感应器安装时已和安装处的墙面构成一体，不能随意拆除，起到防止恶意破坏的作用。

4) 防潜入功能。系统可设置为进出门都要打卡的状态，如发现没有出门打卡记录，系统将视为非法潜入，发出警报。

5）防卡片盗用功能。在使用密码键盘的情况下，持卡人必须在打卡后输入密码，进行双重身份认证，可以有效地防止卡片遗失带来的不良后果。

6）防返还功能。所有卡必须刷卡进入后才能刷卡出门，反之亦然，保证出入人数的准确性。

7）防劫持功能。门禁系统中专门设置一个报警密码，当持卡人被劫持后，输入报警密码，门依然可以开启，但管理机能发出报警信号通知值班人员。

8）双门联动功能。门禁系统可设置权限，强制规定一门在开启状态时，其余各门都不能打开或一门在开启状态时，只能开启或关闭某些门。

9）查询功能。可查到任何人在任何时间进出过哪些门的记录，可查到任何门任何时间任何人的出入记录。

10）可同时作为考勤机使用。

门禁系统管理软件的主要功能，见表7-16所列。

门禁系统管理软件主要功能　　　　　　　　　　　　　表7-16

子模块	三级功能模块	功能说明
参数设置	终端参数设置	设置系统中各个终端和机位之间的对应关系
	报表参数设置	为分时段统计报表设置统计时段
门禁管理		对人员的进出设置权限管理，加强管理安全
门禁报表	分时流量统计	统计某一地理位置或门禁机不同时间段内的工作情况（进出次数、正常次数、异常次数）
	卡户分类流量统计	统计某一地理位置或门禁机以卡类区分的工作情况
	部门分类统计报表	统计某一地理位置或门禁机以部门分类的工作情况
	位置分类统计报表	统计某一部门以地理位置分类的工作情况
出入查询		查询任意时间地点、任何人或部门的出入情况
实时监控		对宿舍门禁管理进行实时监控
紧急处理		通过执行防火和防盗任务实现门的自动打开和关闭

（15）会议签到管理子系统

实现持卡人用一张卡完成会议签到，记录会议、活动或讲座等出勤情况，如出席人姓名、院系、时间等，实时显示到会状况。采用门口非接触式卡集中签到方式签到，签到机和相关计算机显示器具有声光提示功能；签到机处显示当前签到者姓名、照片、代表团名称；在主机上显示签到状态，包括会议标题、应到人数、实到人数、未到人数；实时统计大会应到人数、实到人数、未到人数；未带卡的代表可由工作人员随时补报。会议签到管理子系统由签到机和管理软件组成。软件主要功能，见表7-17所列。

会议签到管理子系统软件主要功能　　　　　　　　　　　　　　表7-17

子模块	三级功能模块	功能说明
参数设置	会议类型设置	设置会议类型
	会议性质设置	设置会议性质
会议安排		编制会议召开计划安排表
办理签到		会议召开参会人员签到管理
签到查询		人员签到情况查询
签到报表		人员签到情况报表
会议记录		会议内容记载

(16) 巡更管理子系统

巡更系统由工作站主机（PC机）、卡读写器、巡更检测点（即IC卡）、巡更器（即手持式IC卡读卡机）、巡更管理软件等组成。采用离散式巡更系统，工作过程为：

1) 发行。软件设定巡更时间要求、线路要求、次数要求，通过发行巡更点、巡更器，记录巡更员身份、编号，授予有效巡更读卡权限。

2) 信息采集。巡更员带巡更器按规定时间及线路要求巡视，将巡更器在巡更点前一晃，便可记录巡更员到达日期、时间、地点及相关信息。若不按正常程序巡视，则记录无效，查对核实后，即视作失职。返回管理中心时，可连接电脑下载巡更器中所有数据，整理、存档。

3) 查询。采集回来的数据，系统可自动生成分类记录、报表，并可随时打印。管理人员根据需要随时在电脑中查询保安人员巡逻情况，有助于对失盗失职情况的分析。

巡更软件主要功能，见表7-18所列。

巡更管理子系统软件主要功能　　　　　　　　　　　　　　表7-18

子模块	三级功能模块	功能说明
参数设置	人员设置	设置巡更人员的姓名、卡号等人事基本信息资料
	地点设置	设置巡更人员的巡更地点
	巡更器设置	设置巡更器的机号、名称和通信端口
	时钟设置	把系统的时间下传到巡更器中
读取机号		读取巡更器的机号数据
数据采集		把巡更器里的数据收集到数据库中
巡更查询		查询从巡更器里收集过来的数据记录

(17) 停车场收费管理系统

采用射频身份识别技术，通过标准工控网络，将非接触卡读写机、电动栏杆、摄像机等设备集成为性能完善的停车场管理系统。实现进出车辆明细情况监察、反潜入报警，进出车辆图像抓拍、对比监控，车位状态提示，收费标准显示，自动、手动控制电动栏杆升降，各种收费（固定车位、月保、夜保、临保）等。软件主要功能，见表 7-19 所列。

停车场收费管理软件主要功能 表7-19

主要功能	用于停车场收费管理
车场监控	对进出停车场的车辆进行监控
卡管理	对用户卡进行管理，实现用户卡的注册发行、卡维护、卡挂失等功能
交接班	对用户单位人员上下班的交接登记
查询报表	查询和打印各种报表数据
系统设置	实现系统各种参数的设置。主要是标语设置、监控系统设置、摄像机设置、收费标准设置、车主信息录入、白天晚上时间设置、路址编码设置、进出小区设置、车位登记、班次设置、临时卡设置、机号参数设置等

(18) 图书信息管理系统

本系统由校园专用 POS 机和管理软件组成。与"一卡通"平台的系统配置、人事、卡户、商户、通信、账务等资源共享。

1) 图书信息管理系统特点

①自动形成图书条码（扫描器录入，节省人工编号）。

②图书入库、出库、库存及查询、统计、盘点管理。

③自动管理借阅者类别、书类、延期时间、罚金标准。

④统计分析借阅者类别、书类、流量数据。

⑤具有流行图书推荐、图书申请订货功能。

⑥多级书类存取位置划分，多类读者区别待遇。

⑦多台服务器容错与负载平衡。

⑧安全多级别工作人员使用权限管理、安全日志。

⑨数据导入、导出（Excel、TXT、DBF、DB、SQL）。

⑩支持"一卡通"多系统、远程多用户使用。

2) 管理软件主要功能

软件主要功能，见表 7-20 所列。

(19) 查询业务系统

1) 持卡人通过 Web 或触摸屏途径，查询一卡通卡片的有关信息（如卡片金额、持卡人身份信息等）。校领导及管理部门也可以查询管理信息、后勤信息、消费信息等，分析有关数据，为领导决策提供依据。软件主要功能，见表 7-21 所列。

图书信息管理软件主要功能　　　　　　　　　表7-20

子模块	三级功能模块	功能说明
库存管理	参数管理	对图书的基本资料进行设置，对图书规格、图书损坏原因、作者资料、出版社资料、存放书架、图书种类六个功能项进行设置
	条码制作	系统自动生成图书管理条码
	图书入库	图书资料分类归档入库管理
	图书查询	查询图书的存放详细资料
	图书盘点	检查电脑数据库中图书数量是否和实际库存图书数量相同，把有差异的图书记录下来，找出原因以备调整
	盘点整理	调整电脑数据库中图书数量，使其和实际库存图书数量相同
借还书管理	参数设置	设置借还书读者的身份类型参数
	借还书办理	借还书手续办理
	罚款查询	查询读者在借阅书的过程中，是否有过罚款的记录以及所罚款金额的总计费用

查询业务系统主要功能　　　　　　　　　表7-21

功能分类		功能	说明
新闻篇	新闻快讯		××功能开通；××通过验收
	领卡通知		新生入学领卡办理；补卡办理
	失卡招领		××号卡片已找回，请相互转告，感谢××人员
	冻结公告		××号卡片由于××原因，已被冻结，特此公告
卡户篇	卡片查询		查询个人卡片内的各项有关信息
	卡片维护		对个人卡片内的有关数据进行维护
	挂失申请		自助办理个人卡片挂失或解除挂失
	密码更改		自助办理个人交易密码的更改
	账务查询	存款信息	查询个人存款信息（圈存机、充值机、柜台）
		取款信息	查询个人取款信息（月消费总额、总消费次数等）
		交易日志	查询个人各业务交易流水账
	个人理财		月消费额类型比例；消费水平衡量（含统计图）
	转账办理	领取转账金	自助办理转账金领取业务
		领取补助金	自助办理补助金领取业务
		购买澡票	自助办理购买澡票业务
	学绩学分		查询个人学绩学分情况

续表

功能分类	功能		说明
卡户篇	奖贷学金		查询个人奖贷学金情况
	教学情况		查询个人教学情况
	科研情况		查询个人科研情况
	行踪日志		查询个人每日行踪情况
	注册办理		自助注册卡片有效期
商户篇	使用时,需验卡、校验密码。便于商户掌握该单位在"一卡通"系统中应用的有关资讯		
	营业信息	根据授权	按结算单位、营业班组、消费时段等组合查询
	结算信息	根据授权	按结算单位、结算时段等组合查询
银行篇	营业网点简介		银行营业网点简介
	网络银行简介		银行网络银行简介
	电话银行简介		银行电话银行简介
向导篇	使用指南		"资讯通"使用指南
	校园概况		校园基本情况简介
	系统简介		系统功能、设备分布
	产品简介		"一卡通"系统各业务产品功能简介
	用户须知		"一卡通"系统使用常识
	疑难解答		校园卡使用中常遇问题的解决办法
	系统服务	管理结算中心	联系地址、电话、作息时间
		服务机构	服务承诺、联络办法

2) 电话语音服务子系统。通过电话实现用户 IC 卡的挂失和解挂功能、卡余额和消费明细的查询功能。可以提供 32 路并发电话语音服务,24 小时为用户提供挂失、解挂、余额查询等服务,方便持卡人。

(20) 转账充值业务子系统

1) 现金充值业务子系统

现金充值业务系统由充值 POS 机、充值业务系统软件组成,对卡钱包进行充值或取款操作。系统将根据卡交易号判断是否为有效卡,无效卡将不能进行存取款。软件功能包括卡管理、通信、维护、图表打印及参数设置等。

2) 银行自助圈存转账业务子系统

自助圈存系统由圈存机、银行自助圈存业务系统软件组成。通过圈存机将银行卡系统和校园卡系统联系起来,实现银行卡对校园卡的圈存转账。圈存机作为终端设备,通过网络与银行卡主机及校园网主机进行信息交换,可实现圈存、查询等业务,为持卡人提供方便快捷的服务。软件主要功能,见表 7-22 所列。

银行自助圈存转账业务子系统主要功能　　　　　　　　　表7-22

子模块	功能说明
参数设置	配置系统运行参数
系统监控	实时处理银行端前置机传送到校园端的圈存交易,并监视交易状态
批量交易入库	对银行端前置机传送到校园端的圈存交易文件中的交易数据进行处理
圈存报表	按交易时间统计圈存交易报表
交易查询	按交易日期查询持卡人银行圈存交易的情况

3)银行自动转账业务子系统

通过签订转账协议,确定持卡用户转账的模式和具体参数,生成、发送、接收和处理转账申请清单,实现银行自动转账充值的功能。软件主要功能,见表7-23所列。

银行自动转账业务子系统主要功能　　　　　　　　　表7-23

子模块	三级功能模块	功能说明
参数设置	协议设置	确定各持卡用户转账的模式和具体参数
自动转账处理		自动生成并发送转账申请清单、接收并处理转账结果清单
转账查询		按交易日期查询持卡人银行转账交易的情况
转账报表		按交易时间统计转账交易报表

第8章 绿色大学校园安全技术防范系统设计

8.1 校园安全技术防范系统的内容及要求

绿色校园安全技术防范系统主要由视频安防监控系统、入侵报警系统、门禁系统、巡更系统和火灾自动报警系统等组成。

校园安全技术防范系统主要特点为：校园内需要监控的区域大，设置火灾自动报警系统的建筑物多；学校出入口多、人员密集且外来人员较为复杂，需要布防的监控点多。安全技术防范系统应支持多种布线方式，尽可能利用既有管路、线路，或允许多个子系统相对独立，方便施工及维护。

视频安防监控系统应对校园、建筑物内需要进行监控的主要公共活动场所、通道、重要部位和区域等进行有效的视频探测与监视，图像显示、记录与回放。前端设备的最大视频探测范围应满足现场监视覆盖范围的要求，摄像机灵敏度应与环境照度相适应，监视和记录图像效果应满足有效识别目标的要求，安装效果宜与环境相协调。系统的信号传输应保证图像质量、数据的安全性和控制信号的准确性。记录图像的回放效果应满足资料的原始完整性，视频存储容量、记录、回放带宽与检索能力应满足管理要求。

重点监控部位设置视频移动报警功能，利用视频技术探测现场图像变化，一旦达到设定阈值即发出报警信息。报警事件发生时，视频监控系统调用与报警区域相关的摄像机自动录像，报警信息上传至安全技术防范系统监控中心，并将报警区域图像自动切换到电视墙，以便及时采取措施。

入侵报警系统设计应根据防护对象的风险等级和防护级别、环境条件、功能要求、安全管理要求和建设投资等因素，确定系统的规模、系统模式及应采取的综合防护措施，根据现场勘察情况划分防区，确定探测器、传输设备的设置位置和选型，系统应以规范化、结构化、模块化、集成化的方式实现，以保证设备的互换性。

火灾自动报警系统的主要作用是防止和减少火灾危害，保护人身和财产安全。根据有关消防系统设计规范、建筑物特征和使用性质、火灾发生与发展特征、建筑物内人员情况等条件设计火灾自动报警系统。山东建筑大学行政中心、图书馆、信息楼等多座建筑设有火灾自动报警系统。为保障消防系统可靠运行，且降低运行费用，全校火灾自动报警系统联网运行。各单体建筑的区域报警控制器采集本建筑的火灾报警信号，传送给消防控制中心的集中报警控制器，并接收集中报警控制器的指令。

校园安全技术防范系统具有防止校园暴力、意外伤害取证、防火预警等作用。学生在校期间，所有监控点要能正常录像，发生意外伤害时，可以主动举证。一旦发生火灾，火灾自动报警系统及时提醒、组织人员疏散。安全技术防范系统要与学校日常工作相结合，实现视频监控和门禁系统、火灾自动报警系统联动，充分发挥各系统的作用。视频安防监控系统在校园内的应用主要有两种，一种是作为校园安全的保安监控，监控点多而分散，主要分布在学校主要通道、重要场所和出入口等；另一种是用于监考、教学、远程管理，其中考场监控是近年兴起的一大热点应用。

视频安防监控系统、入侵报警系统和火灾自动报警系统中使用的设备必须符合国家法律法规和现行强制性标准的要求，并经法定机构检验或认证合格。

8.2 视频安防监控与入侵报警系统

8.2.1 视频安防监控与入侵报警系统概述

本系统将计算机技术、控制技术、检测技术以及通信技术等同安全防范理论相结合，以安全防范产品（包括探测器、摄像机、监视器以及其他控制和通信设备等）为基础，联合其他保安设施和保安人员，在校园建立一道"电子壁垒"。视频安防监控与入侵报警系统的总体设计目标是：建设一个安全、高效、稳定的安全保卫系统，适应安全管理的要求，系统可以扩展。

本系统集画面处理、视频切换、视频矩阵、图像录制及报警输出输入等全部功能于一体，是标准的工业系统网络控制平台，并具有快速图像检索、动态物体检测、报警联动、报警延时录像等功能。

8.2.2 视频安防监控与入侵报警系统构成

视频安防监控与入侵报警系统，如图 8-1 所示。

1. 视频安防监控系统

视频安防监控系统按照划分的防区和技术防范标准，一般可分为四部分。

（1）图像拾取系统

通过安装在各布防点的摄像机，将监视景物转换成视频信号。主要由摄像机、镜头、云台、护罩、解码器等设备组成。对这部分的要求为：图像清晰度高，灵敏度好，信噪比大于 48dB，以确保图像清晰、稳定、不失真。摄像机选型要充分满足监视目标的环境照度、安装条件、传输、控制和安全管理需求等因素的要求。监视目标的最低环境照度不应低于摄像机靶面最低照度的 50 倍。监视目标的环境照度不高，而要求图像清晰度较高时，宜选用黑白摄像机；监视目标的环境照度不高，且需安装彩色摄像机时，需设置附加照明装置；附加照明装置的光源光线要避免直射

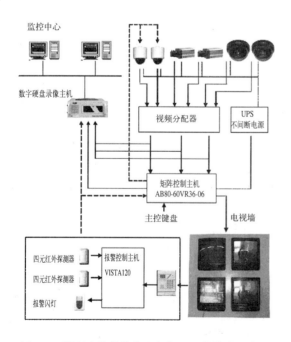

图 8-1 视频安防监控与入侵报警系统构成示意图

摄像机镜头，以免产生晕光，并力求环境照度分布均匀；摄像机隐蔽安装监视时，宜选用红外灯作光源；附加照明装置可由监控中心控制；应根据现场环境照度变化情况，选择适合的宽动态范围的摄像机；监视目标的照度变化范围大或必须逆光摄像时，宜选用具有自动电子快门的摄像机；摄像机镜头安装宜顺光源方向对准监视目标，并宜避免逆光安装。摄像机设置：

1) 新校区主出入口处设置 1 台带云台的低照度彩色黑白转换一体化摄像机，对所有出入新校区正门的人员和车辆进行 24h 的监控。该摄像机在光线充足时，为彩色摄像模式，在夜间照度较低时（低于 1lux 时），切换为分辨率更高的黑白摄像模式，能够满足全天候工作的要求。同时，为该摄像机配置 1 台全方位快球云台。

2) 在教学区域内，主要是对实验楼、图书馆的各主要出入口进行监控。因出入口位于室内外交界处，普通摄像机面对门口存在逆光现象，只能看到人形轮廓而无法看清面目，针对此情况，在相应位置设置彩色超宽动态摄像机，该摄像机在强逆光条件下仍能对所有出入的人员进行清晰记录。

3) 学生公寓、食堂出入口设置 1 台彩色超宽动态摄像机。

(2) 传输系统

传输系统由图像传输、控制信号传输、电源供应三部分组成。所有线缆均穿钢管或在地下线缆沟中敷设，具有良好的防水性能。

1) 视频信号传输

要求图像传输信号衰减和损耗小，隔离和抗干扰能力强。视频信号采用视频基带传输方式，其特点是抗干扰能力强、衰减小、造价极为低廉、安装方便。距离监控中心 200m 以内的前端摄像机图像传输采用 SYV75-5 视频线缆，距离稍长（200～500m）的摄像机图像采用 SYV75-7 视频线缆传输，距离超过 500m 的摄像机采用光纤传输视频信号。

一部分较集中的摄像机可就近接入分控中心的硬盘录像机，通过校园网传输至监控中心。

2) 控制信号传输

对于一体化摄像机，除了视频信号的传输外，还需要将监控中心发出的控制信号传送到摄像机。控制信号传输要保证前端设备按照中心控制指令运行，采用 RVVP-2×1.5 屏蔽双绞线传输控制信号。

3) 电源传输

电源应满足前端设备的要求。采用 RVV-2×1.5 线缆为监控系统前端设备供电。

(3) 图像的控制

对输入的视频信号源进行校正、补偿、处理、分配、压缩和控制，实现预置的功能。该部分是整个系统的心脏，其功能的强弱、指标的高低、接口是否灵活、网络的技术支持和兼容能力以及操作管理等，影响整个系统运行的结果。

(4) 图像显示与记录

通过显示器和录制设备将监视的图像呈现出来，并按要求进行记录、保存、回放。要求呈现的图像分辨率高、视觉效果好，录制设备经久耐用，图像回放清晰。

硬盘录像技术已广泛应用于安全防范领域。硬盘录像机（DVR）集画面处理、视频切换、录像等功能于一体，且图像检索十分方便。

2. 防盗报警系统

在重点防范区域，如通信中心、计算中心、网络中心、财务室、档案室、机要室等外设置防盗报警探测器，下班后布防，防止外人侵入。财务结算中心设有紧急报警按钮，一旦有紧急情况发生，工作人员通过紧急按钮向监控中心报警。

(1) 探测器

防盗报警探测器选用吸顶四元红外对射探测器等传感器，在设防状态下，当有人侵入防范区域时，探测器会立即向报警主机发出报警信号，可联动电视监控系统的摄像机进行实时录像。要求安装位置合理，精度调整恰当，不允许漏报，尽可能降低误报。

(2) 信号传输

探测器发出的报警信号通过安装在现场的防区扩展器以总线通信方式连接到报警控制主机，探测器到防区扩展器采用六线传输方式。要求信号传输抗干扰能力强，通信可靠。

(3) 报警主机

报警主机接收报警信号后，立即根据设定程序，进行相应联动输出。要求报警主机性能稳定可靠，防区可扩展，可做多级级联。

系统对安装在现场的红外探测器等前端设备的状态进行实时监测，有警情发生时，系统将作出迅速反应。设防状态下，当有人侵入防范区域或出现紧急情况时，探测器会立即向报警主机发出报警信号，监控中心的报警主机立即启动声光报警设备，将报警点的地址（防区号）显示在液晶屏幕上，并联动相应的摄像机通过中心的矩阵主机将图像切换到主监视器上，硬盘录像机做报警画面记录。所选用的硬盘录像机具有移动侦测功能，经设置，可对摄像机画面中出现的移动物体进行侦测及报警。

8.2.3 安防系统主要设备选型

1. 摄像机选型

摄像机是电视监控的前沿部分，是整个系统的"眼睛"，它把所监视的内容变为图像信号，传送到控制中心的监视器上。摄像机图像信号的质量将影响整个系统的质量。

(1) 彩色低照度一体化摄像机

选用 SONY FCB-EX480AP 和 FCB-EX48AP。FCB-EX48AP 主要应用于室内厅堂场所，通过加载云台能够对远近距离的空间进行全方位监控。FCB-EX480AP 应用于室外，可根据照度条件调整 CCD 感光模式。

(2) 超宽动态摄像机

选用 MTC－63W1 超宽动态摄像机。CCD 总像素：795（水平）×596（垂直）（PAL 制式）/811（水平）×508（垂直）（NTSC 制式）。具有上下反转、非闪烁、影像加强、数字放大、背光补偿、负片、区域遮罩、自动增益控制调整等功能。超宽动态范围：48dB（280:1），SMEAR 消除功能：154dB。

(3) 室内摄像机

选用 SCC－B5301GP 彩色半球摄像机，作为室内摄像机。该摄像机内置手动光圈大镜头（配 3.8～12mm 镜头，可定制），是主流机型之一。

2. 图像的显示、记录、控制部分

(1) 数字硬盘录像主机

根据监控系统的功能和容量要求，选用 VM2000-M4-SL16 硬盘录像机。主要功能特点：

1) 可支持 16 路视频输入、16 路音频输入、16 路传感器输入、16 路报警输出、云台、镜头控制等功能，系统无需增加其他硬件即可实现 DVR 的全部功能。

2) MPEG4 压缩技术，录像及回放图像清晰度均在 TV400 线以上。

3) 既有音视频同步、图像连续、多画面同时回放等一般 DVR 具有的基本功能，还有一般 DVR 不具有的掉电自动重启动、退出自恢复等功能。

4) 具备联网功能，可以用 PSTN、ISDN、ADSL、DDN、LAN、Internet 等方式进行联网。

5) 支持多任务，显示、回放、检索、设置、录像、控制云台、镜头、远程访问与遥控等可同时进行。

(2) 矩阵控制主机

选用 AB80-60VR 系列模块化以太网联网控制型矩阵主机，用以实现对现场摄像机的群控、群切、巡视扫描、跟踪预设等多功能切换，其主要特点如下：

1) 视频切换。可将任意摄像机信号切换到任意监视器。每一个摄像机可设置预置的摄像点，并且在任何一个监视器上可随时调用显示。切换可由键盘手动操作，也可受系统自动切换和报警切换控制。

2) 自动切换队列。一个自动切换队列是指一组摄像机输入自动循环地显示在一个单独的监视器上。每个摄像机画面的显示时间可设为不同的值，并且一个摄像机画面可在一组切换队列中重复出现多次。切换可顺序或倒序进行。每个监视器拥有独立的切换队列。

3) 报警编程。每个报警输入通过编程可调任一个摄像机画面或任一组摄像机画面到任意监视器（摄像机画面也指各摄像机的预置点和备用功能）。每台监视器也可编程指定工作在 6 种报警显示、清除方式中的任一种。

4) 解码器的控制。系统提供 AB 控制码，可以连接到解码器和智能球，用于驱动摄像机云台、镜头和备用功能。每个摄像机通过编程可具有多至 72 个预置点，可对云台进行恒速和变速控制。

5) 编程数据存储。存储在存储器中的所有用户编程的数据，断电后可用内部电池至少保存 5 年。这些用户数据包括自动切换参数、报警时的系统布防参数以及时间日期等。

(3) AB60-884M 键盘

AB60-884M 键盘是以宏操作为特色的多设备操作键盘，通过它不仅可以控制 AB 系列矩阵主机，还可以控制多种品牌的画面处理器和 DVR 录像机，可以直接控制多种协议的解码器。

键盘具有流线形外观，4 行 20 个字符的液晶显示屏使得操作更加方便直观。面板上共有 50 个按键，其中 32 个普通操作键，6 个宏键，2 个功能键和 10 个多功能键。可以根据型号不同安装二维或带顶部按钮的三维摇杆。有 4 个数据通信端口，1 个继电器开关量输出端口。每个数据通信端口的用途和波特率可编程设定，每个端口都支持 RS－232 和 RS－485 通信方式，其中两个端口还支持 RS－422 通信方式。

通过宏指令操作，可以同时切换不同矩阵站点的摄像机画面到监视器上显示；进行多层次下级矩阵站点的摄像机联切和预置点调看；同时打开或关闭多个前端辅助开关；同时布防或撤防多个矩阵报警触点；还可以用楼层或房间号类似虚拟方式来表示实际的摄像机号；在多设备操作模式下，可以一步同时完成多个不同种类设备的操作，如在进行矩阵视频切换的同时控制画面分割器，并打开录像机进行录像等。

宏键盘还可以接收报警箱或矩阵主机上传的报警信号，用于在接收到报警触发或撤销信号时联动调用各种宏操作指令或继电器动作，可方便地实现矩阵站点之间的报警联动控制。

（4）监视器

选用彩色监视器 ML21C，21" 彩色显像管、分辨率 600 线（Y/C）。其主要功能特点：

1）自动转换 PAL/NTSC 标准制式。
2）复合视频信号：1 路输入、1 路输出、带高低端阻抗转换。
3）S-VHS 视频信号：1 路输入、1 路输出、带高低端阻抗转换。
4）带黑电平延伸电路和图像清晰度提升电路，提高图像对比度和清晰度。
5）在 NTSC 制式下，具有肤色校正功能。
6）中英文屏幕菜单显示。
7）采用防干扰金属外壳。
8）独创锐度可调。
9）高解像黑底显示管，色彩逼真、图像清晰。

3. 防盗报警系统设备

（1）报警主机

报警系统采用 VISTA120 系列报警主机，能够 24h 不间断工作，随时监测防护区域内的情况。系统具备防破坏、自检功能，可对线路、电池、探测器等进行自检。可配置多组密码，防止误操作。设防、撤防易于操作。报警时，能够对警情的发生时间、位置、警情属性进行记录，并发出声光报警信号。

1）子系统多功能及可扩充防区
①系统可分割多至 8 个子系统，各子系统可独立操作及进行通信。
② 9 个基本接线防区，可扩充多至 128 个防区。
③可支援 16 个控制键盘为各子系统使用。
④使用四线回路，双线总线制回路及无线防区。

2）进出入人员控制系统
① 150 组使用者密码，划分为 7 个使用者级别。
②以时间控制人员对系统的使用。
③非正常进出入报告。

3）时间控制系统
①预设时间控制继电器的开关。
②预设时间启动系统的布防及撤防。
③用户可自行设置临时进出时间表。

4）编程式继电器模组系统
①可编程设置多至 32 个继电器。

②继电器可依不同系统装置自动开关。
③可依预定的时间表控制继电器。
④用户可自行编程控制继电器。

5）系统记录功能

①可记录 224 宗系统事件以供参考，由键盘显示或印表机输出。
②可使用 4285VIP 电话遥控，对系统布防、撤防、旁路防区或启动继电器控制，并有语音报告系统状态。

(2) 吸顶四元红外探测器

选用 OCTOPUS EP 吸顶式探测器，探测范围直径可达 12m。当安装高度为 3m 时，探测直径为 11m；安装高度为 4m 时，探测直径为 12m。

具有互锁四元热释电传感器，由性能参数有效克服环境的干扰。

自动温度补偿功能，使用三维透镜进行有效的全方位探测。

模拟脉冲计数 1～3 级可调。可通过改变脉冲计数来改变探测器的灵敏度，从而使探测器能够适应不同的工作环境。

IFT 技术自动调节报警触发界值，有效防止强电磁场干扰。

8.3 火灾自动报警系统

8.3.1 火灾探测器的选择与设置

(1) 火灾探测器的选择

根据图书信息中心、行政中心、网络中心机房和学术报告厅的实际情况——火灾发生的初始形态是首先发出大量浓烟，继而起明火，且仍然伴随大量浓烟。因此，绝大多数火灾探测器应选用感烟探测器。食堂的厨房有浓烟、水雾，应采用感温探测器和可燃气体探测器。

感烟探测器按工作原理分为离子感烟探测器、光电感烟探测器等。离子感烟探测器性能稳定可靠，在 20 世纪 90 年代被广泛采用，但是离子感烟探测器内部含有放射性元素，现在选用得越来越少。一些知名厂家的光电感烟探测器性能已经很稳定，该探测器对环境没有污染，属于环保型。因此，工程采用光电感烟探测器。为便于安装，选用二总线制火灾报警系统。

(2) 探测器设置的数量

感烟探测器在小于 $40m^2$ 的房间里要设 1 个，大于 $40m^2$ 的房间按下面的公式计算。

$$N = S/(K \times A)$$

式中　N——需安装的探测器数量；
　　　S——探测区域面积；
　　　K——修正系数，在此可取 1；
　　　A——探测器的保护面积。

走廊上，每 15m 设 1 个。在有梁的房间里，若梁高于 200mm，则要考虑梁的影响。

(3) 手动报警按钮

每个防火分区应至少设置1个手动火灾报警按钮。从一个防火分区内的任何位置到最邻近的一个手动火灾报警按钮的距离，不应大于30m。手动报警按钮应安装在经常有人通过的地方，有隔离玻璃片和醒目标志，防止不经意的误操作。

8.3.2 火灾自动报警系统方案

火灾自动报警系统有三种方案，即区域报警系统、集中报警系统、控制中心报警系统。

区域报警系统。由区域火灾报警控制器和火灾探测器等组成，或由火灾报警控制器和火灾探测器等组成，是功能简单的火灾自动报警系统。火灾报警控制器设在有人值班的场所。

集中报警系统。由集中火灾报警控制器、区域火灾报警控制器和火灾探测器等组成，或由火灾报警控制器、区域显示器和火灾探测器等组成，是功能较复杂的火灾自动报警系统。火灾报警控制器要置于有专人值班的消防控制室内。

控制中心报警系统。由消防控制室的消防控制设备、集中火灾报警控制器、区域火灾报警控制器和火灾探测器等组成，或由消防控制室的消防控制设备、火灾报警控制器、区域显器和火灾探测器等组成，是功能复杂的火灾自动报警系统。

其中最完整、监控范围最大的是控制中心系统。校园是一个大园区，有多座建筑需要设置火灾自动报警系统，所以应选用控制中心报警系统方案。消防控制室需要由经过专门培训的人员24h值班。全校设1个消防控制中心，还可以降低运行费用。集中控制器设在学校消防控制中心，它能显示各区域报警控制器的状态信号。各重要的单体建筑设区域报警控制器，它采集本单体建筑的火灾报警信号，传送给消防控制中心，并接受学校消防控制中心的指令。

8.3.3 信号传输、供电电缆与接地

（1）室内布线

各类探测器、模块的信号线、控制线均采用$2\times1.5mm^2$阻燃双色绝缘双绞线，"+"线为红色，"-"线为蓝色。绝缘和护套均采用阻燃材料制成，耐温等级不小于105℃。

所有供电线均采用不小于$2.5mm^2$的绝缘单芯导线，交流供电线为3种颜色，其中一芯为黄绿双色线，直流供电线为红、蓝2种颜色，护套采用阻燃材料，耐温等级不小于105℃。

（2）室外信号传输布线

1）线缆长度小于1200m时，采用铜缆专线传输。

2）线缆长度大于1200m时，利用校园光缆网进行传输。

（3）系统接地

应将消防报警控制中心的接地主干线接入大楼的联合接地网。接地线不小于$25mm^2$。在任意一处检测，其接地电阻不得大于1Ω。

8.3.4 火灾自动报警系统的主要设备与系统总体功能

（1）火灾自动报警系统主要设备

火灾自动报警系统由GST5000系列消防报警设备组成，主要设备见表8-1所列。

火灾自动报警系统的主要设备　　　　　　　　表 8-1

序号	名称	型号
1	光电感烟火灾探测器（含底座）	JTY-GD-G3
2	感温火灾探测器（含底座）	JTW-ZCD-G3N
3	燃气探测器	GST-BR001M
4	应急广播音箱	XD-100B
5	手动报警按钮（含电话插孔）	J-SAP-8402
6	消防电话分机	GST-TS-100A
7	防火卷帘模块	LD-8303
8	火灾显示盘	ZF-101
9	消防分线箱	GST-JX100
10	总线隔离器	LD-8313
11	消火栓按钮	LD-8404
12	编码单输入模块	LD-8300
13	编码双输入输出模块	LD-8303
14	输出控制模块	LD-8301
15	切换模块	LD-8302
16	双动作切换模块	LD-8302A
17	转换接口模块	LD-8302C
18	消防广播模块	LD-8305
19	联动控制单元	128点
20	火灾报警控制器（联动型）	JB-QT-GST5000
21	消防专用电源	LD-D06
22	消防广播录放单元	GST-KZ
23	消防广播功放单元	GST-GF300
24	消防电话主机	GST-TS-Z01A
25	手动控制盘	LD-KZ014
26	消防控制台	LD-FB-1100

1）联动型火灾报警控制器（JB-QT-GST5000）

在消防报警控制中心配置 1 台联动型集中火灾报警控制器。火灾报警控制器总线采用无极性二总线制，回路板采用拔插式设计，系统容量扩充简单、方便。

2）光电感烟火灾探测器和感温火灾探测器

在公共场所等部位及一般房间设置光电感烟火灾探测器JTY-GD-G3。在厨房或设有气体灭火处设置感温火灾探测器JTW-ZGD-G3N。火灾探测器带有地址编码，可以直接接入火灾报警控制器的二总线回路。地址编码可由电子编码器事先写入，也可由控制器直接更改。

3）手动报警按钮（J-SAP-8402）

在公共活动场所的出入口处设置手动报警按钮，手动报警按钮与消防电话插座设计成一体。每个手动报警按钮均有独立地址。当现场人员按下手动报警按钮后，将报警信号送至消防中心，并能准确显示报警位置。当有火灾发生时，便于消防人员在现场与消防中心进行联系，控制局势，掌握主动，使火灾在初期就得到控制，防止火灾的扩展和恶化。

4）消防联动监控模块

在楼层配电箱等处均设现场控制模块和反馈模块。当发生火灾时，控制主机根据接收来的现场报警信号自动或手动启动消防联动设备，并切断有关部位的非消防电源。同时，消防控制中心接收确认火灾的报警信息。

（2）系统功能

1）火灾信息实时监测

通过在建筑内设置的探测器，对火灾信息进行自动实时采样、监测、判断，并按火灾的发展形势，按预报警、报警进行自动确认，当确定发生火灾信息后，发出火灾报警信号。

2）人工确认功能

当报警区域发生探测器报警或有手动报警按钮被按下时，系统发出预警信号，消防值班员通过人工的方式（通过闭路电视监控系统或通过消防电话系统）对现场的火灾进行确认。如确认发生火警后，将启动火灾报警及相应的消防联动控制；如确认无火灾发生，则人工解除该预警信号。

3）报警及消防联动控制功能

当系统确认火灾发生时，将进行如下处理：

①启动消防报警值班室内火灾声光报警；消防报警控制器显示火灾发生的地点、性质和时间。

②消火栓喷水后自动启动消防水泵（档案室、程控机房、网络中心及其他不宜用水灭火的场所采用气体灭火系统）。

③电动防火卷帘门得到感烟探测器的信号后下落到距地1.8m处停止，阻止防火分区上部烟的扩散并给人群提供逃生通道，得到感温探测器的信号后下落到底。

④关闭电动防火门，启动相关的排烟风机和正压风机，停止相关范围内的空调风机及其他送排风机，切断非消防电源，强制电梯停于首层，保证自动消防灭火系统正常供电。

上述控制应按预先编定好的火灾报警控制模块，有顺序有步骤地进行。系统将预先设计好的控制模式存放在消防报警控制器中，在控制时将按所发生火灾的地点自动执行相应的控制程序。

4）自检功能

具有交流电源欠压、备用电池故障、线路短路、线路开路、通信传输故障、主要元器件故障、系统内部故障等自检功能。

系统自动检测各模块、探测器、手动报警按钮等设备的运行状态。系统发现设备出现故障时，将会准确报告故障的位置和故障的设备，并自动隔离故障设备或相应回路，以确保系统的正常运行。上述自诊断的结果在消防报警控制器及图形显示器上实时显示。

另外，检测人员可将系统设置为检测模式。当系统处于检测模式时，控制器向报警设备、回路发送短脉冲信号以证实设备运作良好。

5) 系统自动补偿功能

系统具有根据时间进行昼、夜灵敏度自动调节功能。探测器具有温度、温度漂移补偿，灰尘积累程度及故障探测功能。

6) 系统自适应功能

通过电子编码器，可将报警阈值在 0.2% ~ 4.5% 范围内设定，可满足对探测灵敏度要求不同的任何环境。报警阈值设定灵活容易，根据特殊环境，通过现场模式设定，可使探测器适应特殊的场合或特殊环境的需要，赋予探测智能与时间或环境相关联；根据环境造成的缓慢飘移，灵敏度可自动补偿，在任何环境影响下，保证灵敏度处在最佳状态。

GST5000 系统从主机配置、从机配置到模块配置，采用模块化结构，主机与探测器、模块等采用任意分支的接线方式，容易使后续工程纳入现有系统之中，为系统的扩展提供便利的条件。

系统采用统一的标准底座，采用电子地址编码技术，使得对系统内不同的探测器类型的更换极为简便，只需对线路图在计算机上进行简单的确认，而不必对整个系统的地址或底座进行大规模的调改。

(3) 系统的性能特点

1) 系统的可靠性

火灾报警产品在电路设计方面采用了冗余技术，从器件的选用、参数的设置方面充分考虑了产品应用的可靠性。软件方面采用软件工程技术方法，在过程控制方面充分保障软件开发的质量，采用静态分析、动态分析技术，在软件测试方面引入"白盒"测试方法，保障了嵌入式系统软件设计的可靠性。控制器内设有 watchdog 功能，对于外界强电磁干扰造成的系统程序混乱，可自动恢复正常运行。各种探测器本身采用了相应的抗干扰措施，多方面降低了误报率。

当总线发生故障时，将发生故障的总线部分与整个系统隔离开来，以保证系统的其他部分能够正常工作，同时便于确定发生故障的总线部位。当故障部分的总线修复后，被隔离出去的部分重新纳入系统。

2) 系统的兼容性和可扩展性

电路设计具有良好的电磁兼容特性，符合 EMC 标准的结构设计，对强电磁场及静电具有良好的屏蔽和隔离作用。所有产品在外界电磁场的干扰下，均不会出现任何画面跳动和扰动。

3) 探测器采用智能算法

探测器采用可变长窗口特定趋势算法。在正常环境下，采样趋势窗口较短，对烟雾变化趋势敏感，使探测灵敏。当有烟雾或其他异常时，采样趋势窗口自动加长，对烟雾变化趋势进行进一步分析确认。既保证在正常状态下有较高的探测灵敏度，又剔除虚假误报因素。同时，在硬件采用屏蔽技术、滤波技术的基础上，软件算法采用了常用的数字滤波、延时确认等算法，大大减低了误报因素。

探测器对关键器件（如红外发射管、接收管、运算放大器、A/D模数转换）实时监测，当上述器件失效不能报警时，立即报出故障信息，保证探测器的报警功能处在有效状态。同时，对温度、灰尘的影响具有良好的补偿，尤其是对灰尘的补偿——当灰尘积累到需清洗时，及时通知管理人员处理。在此期间，探测器可继续工作，保证报警功能处在有效状态。当超过补偿限度时，报探测器故障。杜绝了由于灰尘影响引起的误报。

探测器智能算法对一般火灾信号既可以进行独立判断，也可以将信号加工处理传送给控制器，控制器根据更高级的火灾探测专家算法和相邻位置的探测器信号综合判断处理，提高报警的准确率。

第9章　绿色大学校园施工

建筑活动是人类作用于自然生态环境最重要的生产活动之一，也是消耗自然资源最大的生产活动之一。建筑物所占用的土地和空间，建筑材料的生产、加工、运输与建成后维持功能必需的资源，以及建筑在使用过程中产生的废弃物的处理和排放等都对生态环境产生极大影响。

绿色施工是指在工程建设中，通过施工策划、材料采购，在保证质量、安全等基本要求的前提下，最大限度地节约资源与减少对环境负面影响的施工活动。山东建筑大学在进行绿色大学校园建设过程中强调绿色施工，校园建设严格按照住房和城乡建设部颁布的《绿色施工导则》进行，通过与施工单位、监理单位签订三方绿色施工协议，明确各方的职责与任务，真正做到了从施工到工程竣工验收全过程的"四节一环保"（节能、节地、节水、节材和环境保护）。

首先，新建大学校园在选择建设用地时应严格遵守国家和地方的相关法律法规，保护现有的生态环境和自然资源，优先选择已开发且具有城市改造潜力的地区，充分利用原有市政基础设施，提高土地使用效率。

其次，尽量选用废弃场地进行建设，通过改良将荒地和废地变为建设用地，提高土地的使用效率，合理高效地利用现有的土地资源，提高环境质量。废弃场地包括因各种原因未能使用或尚不能使用的土地、仓库与工厂弃置地等，选用这类场地进行合理再利用，有利于改善城市环境，且征地时无拆迁与安置问题。

第三，场地建设应不破坏当地的自然生态环境，在建设过程中应尽可能地维持原有场地的地形地貌，这样既可以减少由于场地平整所带来的建设投资的增加、减少施工的工程量，也有利于减少因场地建设而对原有场地生态环境造成的破坏。如建设开发确实需要对场地的地形、地貌、水系、植被等进行改造，则应注意对场地原有表层土及植被的保护，待工程完工后对其进行回填与回植，这样不仅可以降低开发建设成本，还可以降低因土地过度开发对场地原有生态体系的破坏。

实施绿色施工是可持续发展思想在工程施工阶段的应用，对促进建筑业可持续发展具有重要意义。绿色施工涉及与可持续发展密切相关的生态与环境保护、资源与能源利用、社会与经济发展等问题，是绿色施工技术的综合应用。实施绿色施工应遵循一定的原则，如：减少场地干扰、尊重基地环境，施工结合气候，节约资源（能源），减少环境污染，实施科学管理、保证施工质量。各种绿色施工技术正是在这些原则的指导下，在科学实践中产生并完善的。随着可持续发展战略的进一步落实，实施绿色施工，必将成为社会的必然选择。

9.1 绿色施工的内容及原则

校园建设采取绿色施工，其目的是在确保工程质量的前提下，尽可能地减少场地干扰，提高资源和材料的利用效率，增加材料的回收利用等。好的工程质量，可延长项目寿命，降低项目日常运行费用，有利于使用者的健康和安全，再加上绿色环保的施工措施，更能体现社会的可持续发展。

9.1.1 绿色施工的内容

绿色施工总体框架由施工管理、环境保护、节材与材料资源利用、节水与水资源利用、节能与能源利用、节地与施工用地保护六个方面组成（图9-1）。这六个方面涵盖了绿色施工的基本指标，同时包含了施工策划、材料采购、现场施工、工程验收等阶段的各项指标。

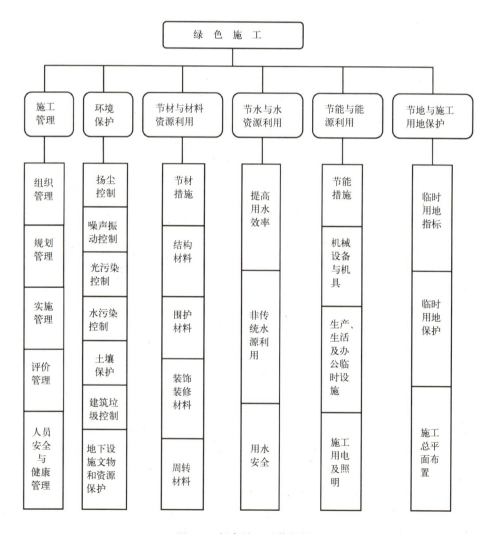

图9-1 绿色施工总体框架

9.1.2 绿色施工的原则

1. 减少场地干扰、尊重基地环境

工程施工过程会严重扰乱场地环境，这一点以未开发区域的新建项目尤为突出。场地平整、土方开挖、施工降水、永久及临时设施建造、场地废物处理等均会对场地上现存的动植物资源、地形地貌(图9-2)、地下水位等造成影响，还会给场地内现存的文物、地方特色资源等带来破坏，影响当地文脉的继承和发扬。因此，施工中减少场地干扰、尊重基地环境，对于保护生态环境、维持地方文脉具有重要的意义。

(a) 雪山南建筑用地

(b) 雪山西农田

(c) 雪山西南方备用地

(d) 自雪山北望

(e) 自泉港路西望雪山

图 9-2 新校区原址地形地貌

2. 施工结合气候

在选择施工方法、施工机械，安排施工顺序，布置施工场地时，应结合气候特征。这可以减少因为气候因素而带来的施工措施的增加、资源和能源用量的增加，有效地降低施工成本；可以减少额外措施对施工现场及环境的干扰；可以有利于施工现场环境质量品质的改善和工程质量的提高。

要能做到施工结合气候，首先要了解现场所在地区的气象资料及特征，主要包括：降雨、降雪资料，如全年降雨量、降雪量、雨季起止日期、一日最大降雨量等；气温资料，如年平均气温、最高最低气温及持续时间等；风的资料，如风速、风向和风的频率等。

3. 节约资源（能源）

建设项目通常要使用大量的材料、能源和水资源。减少资源的消耗，节约能源，提高效益，保护水资源，是可持续发展的基本观点。

4. 减少环境污染、提高环境品质

工程施工中产生的大量灰尘、噪声、有毒有害气体、废物等会对环境品质造成严重的影响，也将有损于现场工作人员、使用者以及公众的健康。因此，减少环境污染、提高环境品质也是绿色施工的基本原则。如图9-3、图9-4所示。

图9-3　校园地砖铺设现场　　　　　　　　图9-4　室外管网施工

9.2 绿色校园施工的主要做法

9.2.1 施工现场具体措施

1. 施工结合气候

(1) 尽可能合理地安排施工顺序,使会受到不利气候影响的施工工序能够在不利气候来临前完成。如在雨季来临之前,完成土方工程、基础工程的施工,以减少地下水位上升对施工的影响,减少其他需要额外增加的雨期施工保证措施。

(2) 安排好全场性排水、防洪,减少对现场及周边环境的影响。

(3) 施工场地布置应结合气候,符合劳动保护、安全、防火的要求。产生有害气体和污染环境的加工场(如沥青熬制、石灰熟化)及易燃的设施(如木工棚、易燃物品仓库)应布置在下风向,且不危害当地居民;起重设施的布置考虑风、雷电的影响。

(4) 在冬季、雨季、风季、炎热夏季施工时,针对工程特点,尤其是对混凝土工程、土方工程、深基础工程、水下工程和高空作业等,选择适合的季节性施工方法或有效措施。

2. 噪声与振动控制

在新校区建设过程中,针对校园建设面积较大的特点,在施工建设过程中实行分期开发的原则,这样,对环境质量要求高的学生的学习必然会受到建筑施工噪声的影响。对于施工噪声产生的不利影响,在施工过程中采取了一定的措施,减少了学校的教学、生活与施工建设产生的矛盾。

建筑施工噪声主要指建筑施工现场产生的噪声,在施工过程中要大量使用各种动力机械,要进行挖掘、打洞、搅拌,要频繁地运输材料和构件。噪声主要来源于施工机械,如:施工时打桩机的噪声瞬间值超过90dB(A)[根据研究,一般认为85dB(A)下的噪声是可以接受的]。根据不同的施工阶段,施工现场产生噪声的设备和活动包括以下方面。

(1) 土石方施工阶段:挖掘机、装载机、推土机、运输车辆等。

(2) 打桩阶段:打桩机、振动棒、混凝土搅拌车等。

(3) 结构施工阶段:地泵、汽车泵、混凝土搅拌车、振动棒、支拆模板、搭拆钢管脚手架(图9-5)、模板修理、电锯、外用电梯等。

图 9-5 脚手架工程

(4) 装修及机电设备安装阶段:拆脚手架、石材切割、外用电梯、电锯等。

土方中的大型设备如挖掘机、拖拉机、推土机等,由于设备本身的特性,自身消除噪声比较困难。在施工中,采用合理安排台班作业、在夜间或中午广大师生休息时停止作业、在工作区域周边搭设隔声防振墙(板)等办法(图9-6),削减对周边的影响。

钢管切割机和电锯等小型设备,主要用在脚手架搭设和模板支护方面。为削减其噪声,

图 9-6 搭防护棚阻挡噪声

一方面优化施工方案,采用定型组合模板和脚手架等,避免对钢管和模板的切割,同时节约了成本;另一方面,将其移至房屋地下室等隔声处,避免对周边教学、生活的干扰。同样,在制作管道时,工作环境也置于地下室或隔声处,从而减少了对外界的干扰。

混凝土施工机械的噪声也是一个重要的环节。施工现场主要采用商品混凝土,以避免使用混凝土搅拌机。振动棒因其自身的工艺原理,噪声较大。为了消除振动棒噪声污染,一方面合理安排工作时间,另一方面采用和易性较好的免振自密实混凝土,从而减少振捣时间和次数。混凝土输送泵车是高层建筑输送混凝土的重要动力,由于功率大,噪声也较大,在教学时间内,采用围护隔振措施来消除。

在园区二期建设(图 9-7)中,为减少建筑施工过程中的噪声对广大师生正常工作、学习和生活的影响,在整个园区建设用地的西北角开设专门的施工入口,所有与建筑施工有关的车辆(包括建筑材料的运输车辆、土石方的运送车辆以及各种施工作业车辆等)都必须通过这一专用入口进出校园,使其行驶路线尽量远离园区内的教学、办公和生活区域。

对施工时间进行严格控制,暂停夜间施工活动。特别是禁止夜间使用打桩机、打夯机、搅拌机、振动机、电锯等高噪声机械和运输装卸建筑瓦砖、灰砂、石料等建筑材料。

图 9-7 二期建设中的二号餐厅

这一系列噪声控制措施保证了园区环境噪声符合现行国家标准《建筑施工场界噪声限值》GB 12523—1990 的规定,为教学、生活提供了有利的声环境,避免了学校的教学、生活与施工建设产生矛盾。

3. 建筑粉尘的控制

建筑粉尘是地表扬尘的主要来源,是影响城市环境空气质量的重要因素,建筑粉尘污染主要是由施工现场平整作业、水泥搬运、混凝土搅拌、木工房锯末、石灰、砂石和回填土等建筑原材料在运输、堆放和使用过程中,由于人为或某些气象因素,部分建筑原材料小颗粒散失到环境空气中造成的,也包括由于建筑施工造成的裸露地表对环境空气质量的影响。

(1) 施工场地及道路

1) 现场内所有道路采用 200mm 厚 C15 的混凝土浇筑硬化,其他场地采用石子及防尘网进行整体式覆盖(图 9-8),并配备专人洒水清扫,以控制扬尘(图 9-9)。工地四周砌筑 2.5m 高的围墙,实行封闭施工。生活区与施工区域间设置铁栅栏分隔,栅栏边种攀爬植物。

图 9-8 裸露土堆覆密闭网避免扬尘　　　　图 9-9 洒水湿润路面避免扬尘

2) 车辆运输防尘。保证运土车、垃圾运输车、混凝土搅拌运输车、大型货物运输车辆运行状况完好,表面清洁。散装货箱带有可开启式翻盖,装料至盖底为止,限制超载。挖土期间,在车辆出门前,派专人清洗泥土车轮胎。运输坡道上可设置钢筋网格振落轮胎上的泥土。在完全硬化的混凝土道路上设置淋湿地毯,防止车辆带土和扬尘。

3) 楼层垃圾的清运,应洒水、清扫,集中装袋后,用人力或垂直运输机械向下运送,严禁将垃圾从楼面上直接向外抛撒。

(2) 施工材料的防尘措施(图 9-10)

暖气片的集中堆放　　　　钢筋按类别整齐堆放　　　　木材的整齐堆放

图 9-10 施工材料的防尘措施

1) 采用商品混凝土,现场只搅拌部分砂浆,采用混凝土自动搅拌站,并加以封闭,以降低和减少施工时产生的水泥尘量。

2) 施工现场存放的水泥、粉煤灰、白灰粉等散体材料入库存放,垛底高度为 15cm,临时露天存放时必须苫盖。露天存放的砂石等散体材料设高度不低于 50cm 的围挡。袋装水泥需仔细拆包，包装袋整齐码放打捆，及时回收，落地灰及时使用、清运。砂石和其他散体材料随用随清，不留料底，做到活完料净、脚下清。

3）施工现场装修所用原材料尽量采用半成品（如灰膏），减少扬尘。灰土集中过筛、拌合并设围挡，减少对周围环境的污染。

4. 泥浆污染的防治

泥浆污染主要表现在桩基施工、特别是钻孔灌注桩时，为清孔而产生的大量泥浆。此外，地下连续墙和基坑开挖施工等也引起较多的泥浆。泥浆会污染道路，堵塞城市排水管道，在其干燥后，还会变成灰尘。

泥浆污染主要来自基础和土方工程。污染防治，首先可以通过具体工艺避免，如改钻孔灌注桩为挖孔灌注桩等。其次，通过人工措施及时固结泥浆，以避免泥浆流入场外，污染道路和市政工程，对进出施工现场的车辆，应在进出场地的地方设立冲洗处，以保护周围环境。

5. 污水排放控制

施工现场污水排放应达到国家标准的要求。污水源有施工用水、生活用水、冲厕用水等。在施工现场，应针对不同的污水，设置相应的处理设施，设置沉淀池、隔油池、化粪池。

（1）建筑施工中产生的废水主要包括钻孔灌注桩施工产生的废泥浆液，井点降水、混凝土浇筑废水，骨料冲洗、混凝土养护及拌合冲洗废水等。基坑开挖时抽取的水、搅拌砂浆及混凝土的多余水、场地门口洗车台下的水均有较多的泥砂，这些水通过排水沟或抽水管道送至沉淀池（图9-11），经二次沉淀再排入市政管道。严防施工污水直接排入市政污水管线或流出施工区域污染环境。

图 9-11 设置沉淀池

废水的重复利用。现场大门口设置三级沉淀池，清洗混凝土泵车、搅拌车的污水经过沉淀后还可进行现场洒水降尘、混凝土养护等重复利用。

（2）工地厨房的污水有大量的动植物油，动植物油必须先除去才可排放，否则将使水体中的生化需氧量增加，从而使水体发生富营养化作用，这对水生物将产生极大的负面影响，而动植物油凝固并混合其他固体污物更会对公共排水系统造成阻塞及破坏。因此，工地厨房污水使用三级隔油池隔除油脂。隔油池有两个隔间并有多块隔板，当污水注入隔油池时，水流速度减慢，污水里较轻的固体及液体油脂和其他较轻废物浮在污水上层并被阻隔停留在隔油池里，而污水则由隔板底部排出。

（3）卫生间的用水进入化粪池处理后再排入市政管道。

（4）现场雨水的利用。现场设置雨水收集系统，将雨水有组织地排入现场水处理池内，收集再利用（用雨水降尘）。多余的雨水排放至现场周边的市政雨水管线。

6. 光污染防治

（1）焊接遮光棚的设置。钢结构焊接部位设置遮光棚，防止强光外射对工地周围区域造成影响。遮光棚采用钢管扣件、防火帆布搭设，可拆卸周转使用。

（2）光线照射角度的控制。工地周边及塔吊上设置大型罩式镝灯，随施工进度的不同随时调整灯罩反光角度，保证强光线不射至工地外。施工工作面设置的碘钨灯照射方向始终朝向工地内侧。

（3）工作面设置挡光彩条布或者密目网遮挡，防止夜间施工灯光溢出施工场地范围，对周围居民造成影响。

7. 防止易燃、易爆品以及化工材料的污染措施

（1）油料、油漆应隔离入库存放，单独标示，库内通风良好。

（2）库外有明显的禁止烟火的标志，配备足够的消防器材。

（3）油料、油漆桶及擦手布等废料应集中处理，严禁到处乱扔，以免污染环境。

（4）机械维修时应采取相应的措施，严防油料污染土地，废油应集中回收，二次使用。

8. 建筑固体废弃物的利用

建筑固体废弃物一般是在建设过程中或旧建筑物维修、拆除过程中产生的。不同结构类型的建筑所产生的垃圾，其各种成分的含量虽有所不同，但基本组成是一致的，主要由土、渣土、散落的砂浆和混凝土、剔凿产生的砖石和混凝土碎块、打桩截下的钢筋混凝土桩头、金属、竹木材、装饰装修产生的废料、各种建筑原材料的包装物和其他废物等组成。

建筑固体废弃物排放量大，面广，影响深远，比较难以降解，长期存在于土壤中会改变土壤特性，不仅破坏环境美感、影响市容市貌、危害人类健康、污染土壤和地下水、降低土地经济价值等，而且堆放或填埋要耗用大量的土地和垃圾清运等建设经费。同时，清运和堆放过程中的遗洒及粉尘、灰砂飞扬等问题又会造成严重的环境污染。

在大学校园施工过程中产生的垃圾按可再生利用与不可直接再利用进行分类。

在施工过程中最大限度地利用建筑施工和场地清理时产生的废弃物等资源，如废渣、废砖头、强度较高的混凝土块体作混凝土基础垫层使用，碎砖和混凝土碎块也可以在铺设路面时使用（图9-12），延长其使用周期，达到了节约原材料、减少废弃物产生的目的，并降低了更换新材料需要增加的生产和运输成本以及对环境造成的不利影响。

图9-12　回收建材铺砌林间小路

不可直接再利用的，如废钢筋、废铁丝、废电线和各种废钢配件等金属，通过再生利用企业进行回收、再加工，制造成各种规格的钢材材料；废木、废纸、塑料、金属材料等送到专门的废品收购站以回收利用；多余的泥浆及下脚料外运至填埋场。最大限度地避免废弃物污染及被随意遗弃。这样既减少了施工中材料的消耗量或通过销售节约了建设成本，也降低了运输或填埋垃圾的费用。

9. 使用材料耗能最小化

在施工过程中，使用耗能比较少的材料，尽可能不用耗能高的材料，像钢材和水泥等。在使用材料时，采取制定科学的采购计划、合理进行现场保管、减少材料的搬运次数、减少包装、完善操作工艺（图9-13）、增加摊销材料的周转次数等方法，以降低材料的消耗，提高材料的使用效率。

钢材节约措施：钢筋集中加工（图9-14），统筹使用，先配长料后配短料，做到物尽其用；提高翻样和配料的正确性，避免重项、错项；加强对钢模板、钢跳板、脚手管的管理，使用后及时维修，租赁的材料及时退还。

图9-13 图书信息中心钢架桥吊装施工现场

图9-14 钢筋的集中加工

水泥节约措施：水泥库内落地灰及时清理使用，水泥袋及时回收；水泥库地面防水、防潮湿，屋面防漏。

木材节约措施：严禁优材劣用、长材短用，杜绝任意锯割的现象；木材妥善保管，防止受潮霉烂变质；文明施工，减少模板损耗，增加材料的周转次数。

10. 施工用地保护

（1）土壤保护

保护地表环境，防止土壤被侵蚀及土壤流失。因施工造成的裸土，及时覆盖砂石或种植速生草种，以减少土壤被侵蚀；因施工造成容易发生地表径流土壤流失的情况，采取设置地表排水系统、稳定斜坡、植被覆盖等措施，减少土壤流失。

施工后恢复被施工活动破坏的植被。与当地园林、环保部门或当地植物研究机构进行合作，在先前开发的地区种植当地的或其他合适的植物，以恢复剩余空地地貌，或进行科学绿化，补救施工活动中由于人为破坏植被和地貌而对土壤造成的侵蚀。

（2）土石方的合理利用

土石方平衡不仅直接影响校园建设的投资，也直接对周边环境产生影响，特别是在校区建设过程中，涉及的土石方数量大、结构物多、开挖和填筑范围广，容易造成植被破坏和水土流失，对生态环境影响较大。通过对土石方平衡的评价，优化工程结构、选址，既节约工程建设费用，又可使生态环境得到保护，减少植被破坏和水土流失的发生，促进整个校园的可持续发展，实现校园建设与环境保护并重。

自经十东路北望雪山

自泉港路西望雪山

基地西北平整用地

基地南面山坡

图 9-15　校区规划用地

山东建筑大学新校区规划用地内（图 9-15），地势起伏有致，基本特征为一山一谷（西山东谷）；地形西南高东北低，东西高差约 20m；中南部雪山相对高程 80m，植被较好，成为该区的环境景观中心；东部有一条呈南北走向的冲沟，形成天然小谷地；大部分用地为荒地，部分为农业用地，沿经十路建有少量房屋。

1) 合理地利用地貌

校区内土层较为复杂，考虑到各个单体建筑地质状况的不同，土石方施工采取的方式不同。在每个单体施工时，尽量使土石方的平衡更加合理，减少对现状地形地貌和植被的破坏。

图书馆信息中心（图 9-16、图 9-17）坐落在雪山脚下，土层以岩石为主，以岩石作为持力层，具有很强的承载能力，所以，在土石方施工过程中，充分利用地质条件，尽量减少开挖量，既降低了土石方搬运的成本，也使雪山保持原有的地质地貌（图 9-18）。

考虑到原有地貌西高东低的特点，在进行学生食堂设计时，在地势较低的东部开发出地下空间，作为超市和其他商业用途，满足学校的生活要求。这样，一方面减少了食堂设计统一地坪的情况下所要开挖的土石方量，从而节约了成本，缩短了工期；另一方面，也减少了填充东部所需要的大量土石方，降低了土石方的调运成本。

图 9-16　正在进行图书馆信息中心场地平整

图 9-17　土石方施工现场

图 9-18　图书馆信息中心因势而建

而学生公寓整体采用了错层的布置形式，平面形式总体分为三部分，顺应西高东低的地势，由东向西逐渐升高地坪，中间由错层踏步连接，将由此形成的地下空间设计成半地下室，作为储藏室和其他用途空间。

在原有校址东部，有一条从南至北的冲沟，在规划中利用原有的冲沟地貌（图9-19），建设了一条从南至北的道路（图9-20），而图书馆东侧的月泉广场（图9-21），就是在冲沟的基础上建设而成的。

图 9-19　地势较低的冲沟

图 9-20　原冲沟位置交通主干道施工现场

由于原有冲沟的地势较低，在广场下形成地下空间作为实验车间和地下停车场（图9-22）用地，这样，既减少了填充冲沟所需的巨大土石方投入量，又增加了使用面积，满足了广场建设的功能需求。

图 9-21　月泉广场

图 9-22　地下停车场

2）映雪湖的土石方处理

在原有的规划中，映雪湖位于雪山山脚正北侧的景观轴线上，但是在实际施工中发现，这个位置的地基为岩石层，如果按照正常施工，将花费大量的资金。为了降低成本和缩短工期等，经过综合条件分析后，决定将映雪湖的位置重新进行调整，移向原有位置东北方向 70 多米处。

基地处于雪山北部腹地，高低参差不齐，地形复杂。东、西差达 2.4m，南、北平均高差 3.5m，东北、西南最大高差 5.5m。基地由北向南、由东向西地表覆土逐渐减少，基地内覆土最浅部位只有 1.5m。为减少土石方的开发量，降低工程造价，同时考虑到地质条件的情况，映雪湖从南至北设计了 3 个不同的水深，有效地减少了土石方的投入。高差的设置从水力学和水力声学的角度创造出瀑布的声学效果，使校园的自然景观更加突出。而从映雪湖基地开挖出的大量土壤，作为学校的绿化用土解决了学校建设中缺乏植被用土的问题。如图 9-23、图 9-24 所示。

图 9-23　映雪湖施工现场

图 9-24　映雪湖现状景色

3）湿陷性黄土的合理利用

位于冲沟东侧的原有基地为湿陷性黄土，不能作为建筑基础的持力层使用，因此在办公楼、博文馆、建艺馆和外文馆等建设时，将挖出的大量湿陷性黄土作为了绿化用土，就地使用，减少了运输费用，满足了学校绿化建设用土的要求。如图9-25所示。

9.2.2　绿色施工的管理与验收

绿色大学校园的施工组织管理工作复杂程度较高，科学、有序、节约的施工方

图 9-25　湿陷性黄土的再利用

法都是建设过程中强调的重点。基建处结合学校自身条件制定出工程验收标准，对工程施工过程进行严格检查和控制。如保证构成工程实体的材料满足设计图纸和规范要求，使用的设备为低噪声、环保设备；施工用水采用计量，并低于审批用水指标；污水排水措施到位，

水质排放符合标准,对水源无污染;施工用电采用计量,并低于审批的用电指标;除土方机械、运输设备外,采用电动机具;现场燃料消耗统计等。如图 9-26～图 9-28 所示。

图 9-26　工地办公区

图 9-27　建筑工人生活区

图 9-28 施工场地保持清洁

(1) 在绿色施工过程中,还采取以下管理措施:

1) 各单体建筑施工企业按照绿色施工的各项要求编制施工组织设计和专项施工方案,并落实到工地管理、工序管理、现场材料加工管理等各项管理中去。比如,通过合理的施工线路规划,减少运输,减少填土,推广合理的施工工艺,严格管理,杜绝返工等,以减少能源的利用及对环境的影响。严格检查落实情况,并督促施工单位提前做好绿色施工技术交底工作。

2) 施工管理工作直接深入到各个施工作业班组、个人,从而强化了绿色施工管理。细化管理,明确责任,实施有效的过程控制与管理。

3) 加强执行力度,坚决纠正现场各种违章、违规行为。加强对现场安全和绿色施工巡检,对巡检中发现的违章行为、现象立即纠正,及时取证,责令改正,并做好记录或进行曝光。对整改不及时、违章不改正、屡教不改者,按规定采取严格的处罚措施。

4) 在施工中要坚持全员参与的原则,定期对建筑工人进行绿色施工和节能降耗的宣传和培训,增强绿色施工方面的知识和思想意识,通过现场图板展示,在施工现场营造出浓厚的绿色施工氛围。

5) 坚持绿色施工周检、月检制度,注重绿色施工的制度化、规范化。绿色施工领导小组每月召开一次绿色施工会议,总结上个月绿色施工的实施情况,研究部署下个月的绿色施工,同时由安全环境部牵头,每周一次,组织各分包队伍项目经理和专职安全员进行绿色施工的检查评比,尤其是在特殊作业环境、主要环节、关键工序、重点部位施工时,更要加强落实,从机制上确保绿色施工的有效推行。

(2) 绿色施工各环节的控制效果如何,需要通过一系列检查验收工作来鉴定。在校园建设中,主要采取以下措施:

对建筑材料的选择,包括对样板材料的确认和资料的审批。建筑材料的检查和验收应当按照绿色建筑的标准,从采购、运输、进场到现场存储、加工和使用等各个环节进行严格检查和验收;对进场材料的数量、价格及各项技术参数(尤其是在满足力学性能要求的前提下对涉及的环保因素和节能降耗的指标)进行严格检查、验收。

对已完工程进行整体验收(也就是通常所指的"四方验收",即由质检站组织的建设单位、设计单位、施工单位及监理单位对已竣工工程的联合验收）时，四方一致认为工程符合规范标准，才能通过质量验收。而对于"绿色建筑"而言，监理和项目验收部门则应根据绿色建筑的标准，采用先进的技术对建筑物和各个环节进行监督与检测，加强对保温材料的厚度、热导率及外窗热导率、气密性等热工指标的控制，使其符合设计文件的严格规定。

9.3 综合效益分析

在校园建设过程中，由于坚持采用绿色施工的管理与措施，最终实现了经济效益、社会效益和环境效益的统一。

在经济上节约了大量资金。建筑单体建设过程中，依据地形特点来减少填挖土石方量，节约资金约2000万元；通过合理设计道路标高而减少土石方量的投入资金约500万元；将从映雪湖开挖出的土作为绿化用土，节约资金200余万元；体育用地充分利用原有的地势条件，建设成3块梯级运动场地，节约土石方投入资金约300万元；在办公楼、博文馆、建艺馆、外文馆和月泉广场建设中，地基建设土石方量达到30000m^3，而在建设中这些土作为绿化用土，节约了75万元的再次投入。

在技术、管理和节约等方面取得了良好的效益。在规划管理阶段编制了绿色施工方案，方案包括环境保护、节能、节地、节水、节材的措施，这些措施都直接为校园建设节约了成本。因此，绿色施工在履行保护环境、节约资源的社会责任的同时，也节约了施工企业自身的成本，促使工程项目管理更加科学合理。

环境效益转化为经济效益、社会效益。在校园建设过程中，注重环境保护，树立了良好的社会形象，进而形成了潜在效益。比如，在环境保护方面，由于在扬尘、噪声、振动、光污染、水污染、土壤保护、建筑垃圾、地下设施、文物和资源保护等方面控制措施到位，因此有效改善了建筑施工脏、乱、差、闹的社会形象，得到了社会的好评，保证了校园建设各项工作的顺利进行。

第 10 章　绿色大学校园节能监控设计

节能监控是绿色大学校园建设的重要内容之一，加强校园的节能监控设计，能有效地促进绿色大学校园建设的全面开展。山东建筑大学的节能监控主要从智能照明控制、节水控制、制冷与采暖智能控制和分散设施远程监管系统四个方面进行设计，目前已取得了较好的节能效果，为今后绿色大学校园的节能监控设计提供了可借鉴的方向。

10.1　智能照明控制

山东建筑大学校园智能照明控制系统有着显著的优越性和特点，从实际应用效果来看，大大提高了学校照明电力的管理水平，为校方节省了大量的电费支出，同时，也为学校师生提供了一个更舒适、明亮和高效的学习工作环境。

10.1.1　校园智能照明系统控制原理

山东建筑大学校园智能照明控制系统综合运用了红外遥控技术、光控智能化技术、红外人体感应技术等先进技术，构建了教室节电控制系统。如图 10-1 所示。

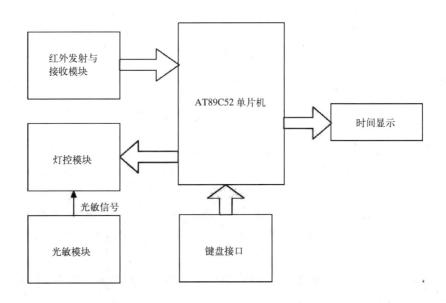

图 10-1　智能照明系统结构框图

利用红外传感器技术检测室内人数，根据光照度控制照明的同时，根据室内人数控制亮灯的数量，最大限度地节约电能；根据光照度控制开关灯的参数无需调试，实现了智能化，灵敏度高而不会出现闪灯现象，实现了最佳的节电效果；在感知检测范围内是否有人方面，成功地实现了人在静止不动的情况下仍能被检测到的目标，解决了当人静止不动或动作小时熄灯的问题。

智能照明系统的组成及主要工作原理，如图10-1所示。包括单片微型计算机、红外检测模块、光敏模块、灯控模块、时钟芯片、输入接口。

(1) 光敏检测模块

光敏检测模块通过光敏电阻探测光照度的变化，在必要的时候产生开灯信号。这部分电路主要由光敏二极管、电压比较器等组成。其电路如图10-2所示。

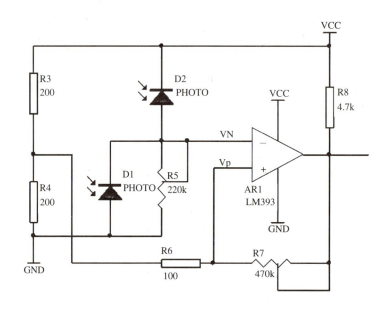

图 10-2　光敏检测模块

电路中电阻R4的分压为基准电压；D1、D2为光敏管，D2感光，D1起温度补偿作用；R7是反馈电阻，使LM393构成迟滞电压比较器，防止光强在临界状态的微小变化而引起误动作。其基本工作原理是当光强达到一定程度时D2导通，LM393反相端电压高于同相端基准电压，此时LM393输出低电平，为关灯信号；反之，输出高电平，为开灯信号。

(2) 人数采集模块

人数采集模块的设计采用红外传感器，红外传感器包括红外发射模块和红外接收模块，红外发射模块和红外接收模块组成双路红外栅栏，红外发射模块的发射端和红外接收模块的接收端都设置有透镜。

(3) 红外线的发射与接收电路

根据功能分析和元器件的选型，可得系统结构图，如图10-3所示。

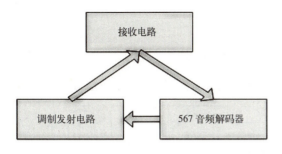

图 10-3 红外线的发射与接收电路系统结构图

调制发射电路。所谓调制就是指在发送端用低频信号去控制一个高频信号，使高频信号的幅度、频率或相位按照该低频信号变化。这部分电路主要包括信号发生器和驱动器，电路如图 10-4 所示。

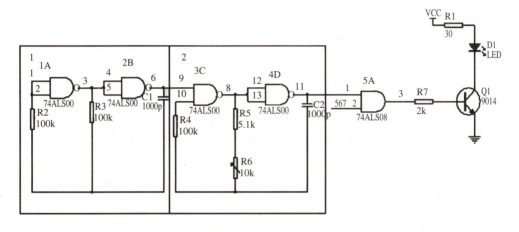

图 10-4 调制发射电路

在发射电路中使用了一片高速 CMOS 型四重二输入"与非"门 74ALS00。其中"与非"门 3、4 组成载波振荡器，振荡频率 f_0 调在 38kHz 左右；"与非"门 1、2 组成低频振荡器，振荡频率 f_1 不必精确调整，大约 4kHz。f_1 对 f_0 进行调制，所以从"与非"门 4 输出的波形是断续的载波，也即 f_1 的低频起到了对高频 f_0 的间断作用，满足了 HS0038 的接收要求，然后再经 LM567 产生的更低频率方波调制，这也是经红外发光二极管传送的波形。

接收解码电路。所谓解调就是在接收端从高频载波中取出原调制信号。这部分电路主要由红外接收头、LM567 音频解码器组成，电路如图 10-5 所示。

图中 LM567 是一片锁相环电路，其⑤、⑥脚外接的电阻和电容决定了内部压控振荡器的中心频率 f_2，$f_2 \approx 1/1.1RC$，这里为了便于对发射信号进行调节使用了占空比可调的振荡电路。其①、②脚通常分别通过一电容器接地，形成输出滤波网络和环路单级低通滤波网络。②脚所接电容决定锁相环路的捕捉带宽：电容值越大，环路带宽越窄。①脚所接电容的容量应至少是②脚电容的 2 倍。③脚是输入端，要求输入信号不小于 25mV。⑧脚是逻辑输出端，其内部是一个集电极开路的三极管，允许最大灌电流为 100mA。LM567 的工作电压为 4.75～9V，工作频率从直流到 500kHz，静态工作电流约 8mA。LM567 的内部电路及详细工作过程非常复杂，这里仅概述如下：当 LM567 的③脚输入幅度不小于 25mV、频率在其带宽内的信号时，⑧脚由高电平变成低电平。电路中就是利用了 LM567 接收到相同频率和相位的载波信号后，⑧脚电压由高变低这一特性，来形成对控制对象的控制。

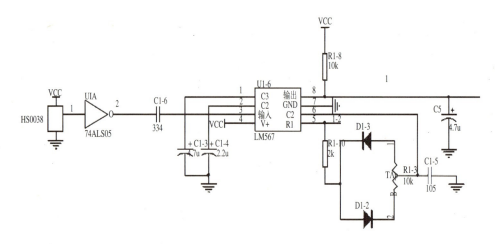

图 10-5 接收解码电路

能够探测人员进出是本设计的一个技术攻关点,传统设计上几乎都没有涉及这一方面。本系统的设计思想为:在每个门安装两路对射管,一高一低,一前一后,这样通过判断哪束红外光线先被遮断就可以分析出人员是进还是出。其具体工作原理为:当有人通过红外对射管 1 时,红外对射管 1 给出相应的电平变化,红外对管 2 同红外对管 1,当两路红外对管的电平有变化时,经过相应的模拟电路处理,转换成脉冲信号被送入单片机,单片机根据不同的结果做出不同的判断,断定是有人进入还是离开。例如:如果红外对射管 1 先感应到有人经过,红外对射管 2 后感应到有人经过,则判定有人进入教室;如果红外对射管 2 先感应到有人经过,红外对射管 1 后感应到有人经过,则判定有人离开教室。

(4)灯控模块

该模块是前述各模块控制信号经处理器处理、整合后所发信号的执行器。电路如图 10-6 所示。

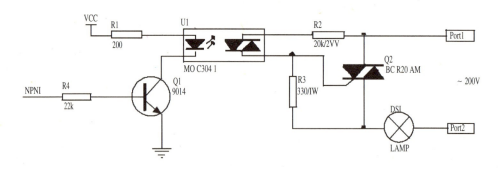

图 10-6 可控硅控制电路

该电路光电耦合器 MOC3041 起隔离作用,使强电与弱电系统隔离,防止对弱电系统的电磁干扰,以及保护人身安全;可控硅 BCR20AM 为无触点开关。当三极管 9014 导通时,光耦工作,可控硅导通,灯(LAMP)亮。

时间显示。本系统的设计支持万年历，提供年、月、日、时、分和星期的显示，根据实际需要选择相应的一种或多种数据显示。

其不仅是给人们提供时间、人性化的表现，同时也为时间控制提供时间基准。万年历仍然使用普遍用于此种显示的数码管显示。由于数码管功耗较大且数量较多，在充分考虑处理器资源的情况下，决定采用动态扫描显示。其与单片机的接口电路如图 10-7 所示。

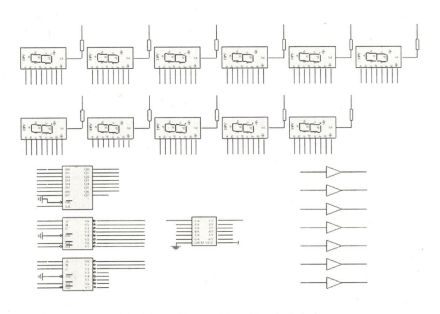

图 10-7　时间显示单片机接口电路图

(5) 具有静止检测功能的被动红外探测式建筑照明节电控制器

普通的热释电节电控制器广泛应用在走廊、楼梯的照明控制上，也可以用在图书馆的书库区，一灯一控，可以实现有人活动灯亮，人走灯灭。但这种热释电节电控制器只能检测运动人体，在教室等人员活动相对少的场所并不适用——控制器检测不到人体就会熄灯，除造成使用者不方便之外，灯的频繁开关还会减少其使用寿命。许多厂家往往采用延长关灯时间来减少该问题的影响，但采用这种做法必然会造成浪费。为了解决普通热释电节电控制器只能检测运动人体的弊端，进行了科研攻关，最终实现了热释电节电控制器的静止人体检测功能，适用于教室、自习室、阅览区等场所。

该建筑照明节电控制器改变了传统的探测模式，使用单片机作为控制单元，实现了智能光照度探测、静止人体探测等关键技术，解决了传统探测方式中有人在时就灭灯的问题，在节电的同时，解决了误操作给使用人员带来的不方便和对灯具的损坏，实现了智能化、人性化。

建筑照明节电控制器的原理框图，如图 10-8 所示。

具有静止检测功能的被动红外探测式建筑照明节电控制器，其结构包括单片机以及和单片机相连接的光照度探测模块、温度探测模块、人体探测模块，人体探测模块又由静止人体探测模块和运动人体探测模块组成，单片机还连接有灯具控制模块。如图 10-9 所示。

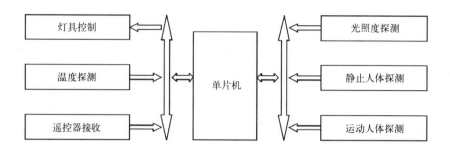

图 10-8　具有静止检测功能的节电控制器的原理框图

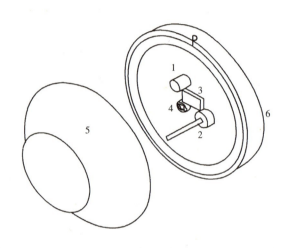

图 10-9　具有静止检测功能的节电控制器的结构示意图
1—光敏管；2—电机、叶片；3—红外传感器；4—热释电传感器；
5—上盖；6—底盖

单片机、光照度探测模块、温度探测模块、静止人体探测模块、运动人体探测模块、灯具控制模块均安装于由底盖6和上盖5组成的装置中。

光照度探测模块为线性光敏传感器，具体为微电脑光敏管；温度探测模块为红外传感器3；静止人体探测模块、运动人体探测模块为热释电传感器4。

人体感应功能模块采用智能化设计，克服传统电路只能检测运动人体的局限。同时，光照度控制采用线性光敏传感器，利用单片机进行数字化处理。所有参数设置均由遥控器操作。

具体工作过程为，由光敏管1感应光照度，热释电传感器4感应人体信号，经单片机处理，当光照度满足开灯条件，且探测范围内有人员活动时，开启灯光，并启动延时，灯具工作一段时间。当延时时间到，在延时期间没有人员活动，即进入静止人体探测模式，电机带动叶片转动，如果探测到有人，即再次延时，若没人，则熄灯。在整个过程中，只要光照度满足了关灯条件，即熄灯。在本实用新型中，电机、叶片2用于静止人体探测，光照度探测采用单片机自适应算法。

10.1.2　智能照明控制系统的优越性

山东建筑大学采用的智能照明控制系统从节能效果、光源寿命、照明方式、管理维护和经济效益上都有着显著的优越性。

（1）良好的节能效果

如今，节能和保护环境已成为世界各国普遍关注的社会问题，并直接关系到社会的可持续发展。在英国，应用在照明上的能量大约占总消耗能量的5%。而在我国，照明用电量占总发电量的10%以上。如果可以有效地利用照明用电，能量消耗就可以相应减少。智能照明控制系统借助各种不同的"预设置"控制方式和控制组件，对不同时间、不同环境的光照度进行精确设置和合理管理,实现节能。这种自动识别照度的方式,有利于充分利用室外的自然光,只有当必须时才把灯点亮,利用最少的能源保证正常的学习,节电效果十分明显。由于我国电力主要来自燃煤,照明节电就意味着减少二氧化碳、二氧化硫等有害气体排放,减少有害气体对大气环境的污染,绿化环境。

(2) 延长光源寿命

本系统节能的实质是减少了光源大量不必要的开启时间,因此在节能的同时也就延长了光源的使用寿命。

(3) 实现合理的照明方式

用于学校教室的智能照明控制系统,应充分考虑教室的功能进行照明及用电设备的控制。对于教室这个特殊的场合,主要有三种使用状态:上课、考试、自习。对于这三种不同的使用状态,要采取不同的控制策略,在保障室内照明的前提下,实现节电的目的。

(4) 管理维护方便

智能照明控制系统对照明的控制以模块式的自动控制为主,手动控制为辅。照明预置场景的信息存储在内存中,在主控制室内就可以观察到各个教室的照明使用情况,这样,信息的设置和更换十分方便,使建筑物的照明管理和设备维护变得更加简单。例如,教室可以根据上课的时间以及自习室关闭的时间设置光源的开关时间。

(5) 良好的经济效益

智能照明控制系统在节能和节省灯具使用的同时,有效节省了电费与管理费用的支出。根据山东建筑大学教学楼、图书馆所采用的建筑照明及用电设备节电控制系统的实际运营经验,大型教室内安装的 JZJD-1 型产品节电约达 60%,其他的产品节电可达 40% 以上。根据这些数据,可以看到节电效果令人满意。

10.1.3 智能照明控制系统的特点

照明控制在楼宇自控、景观照明领域已经在国内外许多工程予以实践。山东建筑大学校园的照明控制设计也基本参考了原来楼宇自控的设计原理和设计思路。设计的目标是要突出照明控制系统智能化、科学管理和节省能源、节省运营费用的特点,合理细分控制回路,合理设置回路的控制方式和系统的运行方案。

山东建筑大学校园智能照明控制系统具备了以下特点:

(1) 根据校园建筑的不同功能,进行照明分析,满足了不同建筑的采光需求,减少了人工照明数量,并实现了自然采光与人工照明的切换控制。

(2) 教室照明考虑了校园特点,安装了合理的控制措施。对教室等公共照明系统进行了有效的分区、分时控制。通过管理措施和技术手段,避免了教室白天开灯、无人开灯、人少大面积开灯等电力空耗现象;充分利用自然光照,晴天时少开灯、人少时少开灯、长时间无人时关闭照明电源。

照明控制系统采用独立系统,使用专门的通信装置和编程监控软件,以便设置更理想、更灵活地控制方案。对学校而言,把照明控制系统独立出来,一方面方便整个校区各楼宇照明控制的通信和统一管理;另一方面,控制系统也可以把一些小功率用电设备(如电扇、通风口等)的控制纳入其中,简化设计。

10.1.4 校园智能照明控制系统的设计应用方案

1. 大型教室控制方案

山东建筑大学教室的灯光照度设计标准为，室内平均照度 300lux，讲台点照度 500lux。如此高的照度要求，如果没有合理的控制方案，将造成巨大的能源浪费。因此，智能照明控制系统，不但用于控制公共楼道的灯光，而且对于普通教室、阶梯教室、投影室的应用也具有相当的实际意义。对于学校而言，使用调光控制显然造价过高，难以接受，而且教学楼的灯具大多选择了荧光灯，调光控制需要专用的调光镇流器，比较繁琐。因此，开关控制是主要的控制方式。

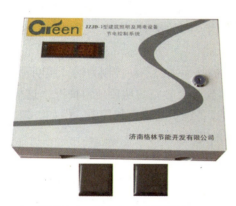

图 10-10 JZJD-1 型建筑照明及用电设备节电控制系统产品图

山东建筑大学大型公共教室、学生自习室使用了 JZJD-1 型智能照明节电控制系统（图 10-10），不仅可以根据室内的光照度控制照明，还可以根据当前室内人数控制开灯的数量，最大限度地节约了电能。根据室内现有的灯光控制方式或改造灯光控制方式，将室内划分为若干个区域，通过室内人数、光照度以及作息时间综合控制开灯数量。

（1）控制系统原理

建筑照明及用电设备节电控制系统有两路输入量，一是对教室内光强数据进行采集，通过模数转换通道，向单片机输入数字量，进行数据处理。二是对教室内人数的识别，通过安装两对红外传感器，设置两个标志位和延时进行控制，由下降沿脉冲触发中断实现教室内人数的统计。单片机结合设定的光强阀值，对采集的光强数据进行比较，对于光敏控制回差的设定实现了智能化，自适应自动设回差，灵敏度高而绝不会出现闪灯的问题，之后通过控制部件进行灯光控制并显示当前室内人数与设置后开关灯的状态。以山东建筑大学博文楼的 BW101 教室为例，首先装上节电控制系统，然后将室内的所有灯具以区域划分为 6 路，根据教室内的人数以及当前的光线情况来确定打开教室内荧光灯的数量，实现整个教室 1/6，2/6，…，6/6 的照度。

智能型校园教室灯光自动控制系统的总电路框图，如图 10-11 所示。

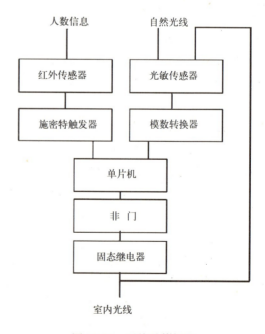

图 10-11 系统总体框图

(2) 控制系统功能

1) 教室内光线强度的拾取，通过模数转换送到单片机进行处理。光线强度充足，关闭所有荧光灯；光线强度不充足，根据人数，开启荧光灯。

2) 教室人数的识别。根据人数多少开启相应组数的荧光灯。实现无人关灯，有多少人开多少盏灯。

3) 根据人数和多媒体的使用情况判别是否在上课。如果上课用多媒体，关闭荧光灯；如果上课不用多媒体，开启全部的荧光灯。

4) 根据用户的状态选择，实现按顺序开启灯组。

5) 传感器的实效性和输出的准确性的判断，如有异样，通知用户。具有故障检测功能。

(3) 系统的主要特点

1) 采用现代智能红外传感器技术识别室内人数。选用遮断式主动红外线探测方式来探测并统计进出教室的人数。系统由安装在教室每个入口的两套红外收发电路和可逆计数器及判断执行电路等组成，对射光线选择在人员出入必须经过的地方。如果没有人员出入，对射光线没有被遮挡时，接收电路输出高电平；而当有人员等物体通过时，光线被遮挡，接收电路就输出低电平；为了能够监测人员进出的方向，可以采用两束光线对射，根据遮断的先后顺序从程序上判断人员的进出。

2) 根据室内光照度控制开、关灯，实现了智能化，自适应光照度检测，合理、方便、精确。采用线性光敏电阻构成的电路检测环境光的强度，在开、关灯点的光敏值的设定上实现了智能化——开灯点采用遥控器"预设值"；关灯点光敏值使用软件设回差，运用逐次逼近方式接近关灯光敏值，灵敏度高而又不会出现闪灯现象。

3) 内置作息时间，根据学校作息时间自动更换，无需调整。

4) 内置时钟实现了与北京时间自动校时功能。

5) 配有遥控器，多种场景供选择，支持考试等特殊情况下的场景模式，使用操作方便。

6) 控制部分采用无触点开关，整机寿命可达 10 年以上。

7) 手动应急开关，无后顾之忧。

(4) 控制系统使用

本系统目前在山东建筑大学主要应用于博文馆以及逸夫馆。通过两年左右的实际应用，节电效果十分明显，其现场使用情况如图 10-12 ~ 图 10-14 所示。

2. 小型教室、图书馆控制方案

学生自习室、图书馆区、阅览室以及书库室区，主要采用区域照明控制方案（图 10-15）。

(1) 控制系统原理

我校小型教室、图书馆使用了 JZJD-7 型节电系统。本系统实现了人体检测和光控的智能化，主要用在一灯一控，即 1 盏灯装 1 个。灯下有人时，不管人是否动均可以准确检测到，避免了普通热释电开关用在教室等场所时频繁开关的问题，延长了灯的使用寿命，避免了频繁开灯给使用者带来的不方便。根据室内光线，控制开、关灯的设定及调试，实现了智能化，采用自适应技术，方便安装的同时灵敏度高而不会出现闪灯的现象，节电效果好。本控制器实现了在低于规定的光照度下，人来灯亮、人走灯延时熄灭。

图 10-12 应用于博文教学楼内的节电控制系统 1

图 10-13 应用于博文教学楼内的节电控制系统 2

图 10-14 安装节电控制系统后的教室使用情况

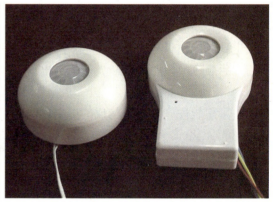

图 10-15 JZJD-7 区域照明控制器

(2) 控制系统的主要特点

1) 系统最突出的特点是可以准确检测到静止不动的人体,该技术在国内尚属首创。市场上现有产品大多只能检测运动人体,当灯下人有大的动作时才能检测到,灯才能点亮,延时几分钟。如果学生上课或考试,长时间坐着不动,灯就会熄灭,学生只能进行大的动作,灯才能再点亮。

2) JZJD-7 区域照明控制器,只要灯下有人,不管人是否动,灯都不会熄灭。检测范围、延时均可调整。

3) 采用数字化光照度检测,光控实现了智能化。本控制系统光照强度的检测实现了数字化和智能化,使用遥控器设置开、关灯的照度值,安装使用方便,灵敏度高,节电效果好,而绝不会出现闪灯的问题。

4) 达到光照度要求并满足了舒适度的要求。按照国家相关标准规定,教室内光线不仅要达到绝对照度要求,还应达到与周围环境的相对照度要求,才能保证学生视力不受损害。如果灯下有人只能点亮一盏灯,这种方式的弊端是,虽然当前桌面绝对光照度达到要求，但由于周围没有学生则四周漆黑，相对照度不能够达到国家相关标准的要求。在这种环境下学习，会极大地损害学生视力并引起不适，这个问题在部分高校的节电改造中已经凸显。

JZJD-7 区域照明控制器目前已应用到山东建筑大学的图书馆及小型自习室，节电效果明显。应用到图书馆的现场图，如图 10-16、图 10-17 所示；应用到教室内的，如图 10-18～图 10-20 所示。

图 10-16　应用到图书馆的区域照明控制器（无人情况）

图 10-17　应用到图书馆的区域照明控制器（有人经过情况）

图 10-18　应用到小型教室内的区域照明控制器

图 10-19　应用到小型教室内的区域照明控制器（光线不好时）

图 10-20　应用到小型教室内的区域照明控制器（光线较好时）

10.1.5　基于 ZigBee 无线网络技术的路灯控制系统

1.ZigBee 无线网络技术的路灯控制原理

路灯控制系统综合运用无线局域网技术、自动化控制技术、地理信息系统等先进技术，构建了一个集控制、监测、数据分析、信息管理等功能为一体的路灯管理平台。

该系统的主要创新点：

ZigBee 与 nRF905 结合组网控制路灯，造价低，ZigBee 节点作为中心节点，用 nRF905 节点进行网络的延展，这样既利用了无线网络的优点，又降低了成本。室外光照度探测智能化，通过软件算法，避免了外界光源的干扰，而且控制更加精确。实现了对路灯的个性化控制。

整个控制系统可以分为三部分：监控中心管理、无线通信系统、路灯测控 RTU。系统结构框图，如图 10-21 所示。

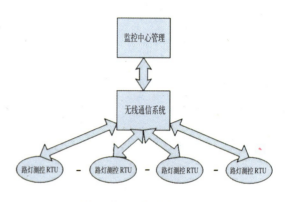

图 10-21　系统结构框图

（1）监控中心管理

监控中心采用 B/S 架构，以数据库为中心构建服务器，通过以太网进行通信。操作员通过浏览器可以在其权限之内对数据库中的数据进行操作，并可以实时监控现场的状况。如图 10-22 所示。

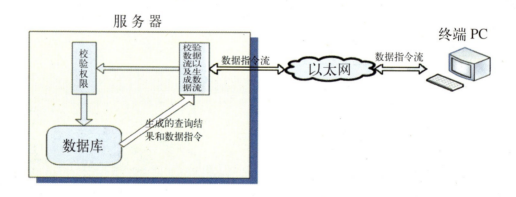

图 10-22　监控中心组成示意图

服务器端。可稳定工作，自动判断用户权限并根据用户要求进行查询并生成报表，管理用户和用户自定义组，管理路灯信息，对各种参数进行分析。

操作系统采用 Windows 2000 Server 企业版或 Windows 2003 Server 企业版，数据库使用 MS SQL Server 2000 或 MS SQL Server 2005 工作组版或者以上版本构建。

PC 终端。提供友好的用户界面，可根据用户的权限使用本系统。

(2) 无线通信系统

无线通信系统由 zigbee 骨干网和 nRF905 子网组成。

1) ZigBee 骨干网

ZigBee 是一个由可多到 65000 个无线数传模块组成的一个无线数传网络平台，十分类似现有的移动通信的 CDMA 网或 GSM 网，每一个 ZigBee 网络数传模块类似移动网络的一个基站，在整个网络范围内，它们之间可以进行相互通信；每个网络节点间的距离可以从标准的 75m，到扩展后的几百米，甚至几千米；另外，整个 ZigBee 网络还可以与现有的其他各种网络连接。

2) nRF905 子网

nRF905 无线模块是挪威 Nordic 公司推出的单片射频发射器芯片，工作电压为 1.9～3.6V，32 引脚 QFN 封装，工作于 433、868、915MHz3 个免执照频道。nRF905 单片无线收发器由一个完全集成的频率调制器、一个带解调器的接收器、一个功率放大器、一个晶体振荡器和一个调节器组成。ShockBurst 工作模式的特点是自动产生前导码和循环冗余校验码（CRC），可以很容易通过 SPI 接口进行编程配置。

3) 无线通信系统的网络拓扑

ZigBee 无线模块和 nRF905 子网相结合，构成网络拓扑结构，如图 10-23 所示。

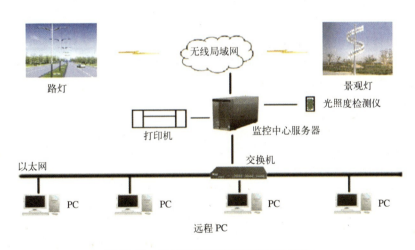

图 10-23 无线通信系统的网络拓扑结构

(3) 路灯测控 RTU

路灯测控 RTU 由电流、电压等检测模块和 nRF905 无线模块组成。电流、电压检测模块实时采集电流、电压参数；nRF905 无线模块将路灯测控 RTU 组成无线子网。

远程终端设备（RTU）是安装在远程现场的电子设备，用来监视和测量安装在远程现场的传感器和设备。RTU 将测得的状态或信号转换成可在通信媒体上发送的数据格式。它还将从中央计算机发送来的数据转换成命令，实现对设备的功能控制。在本系统中，用户可以远程监控设备的运行状况，并且可以获得每一个路灯的电流量、电压量等数据信息，以便控制中心进行正确的控制。

我国大、中、小城市在晚上 10 点后，行人较少，而景观灯仍然处于全亮状态，造成极大的浪费；晚上 12 点以后，有些路段行人和车辆很少，没必要开启所有路灯。因此，对所有路灯实行统一网络管理，进行整体测控，实现最大意义上的节能，成为目前人们关注的焦点。

利用有线通信技术或有线通信与无线通信技术相结合实现路灯管理控制，都需要铺设电缆等大量的施工作业，给人们带来很多麻烦，而且也不利于二次改造和升级。由此，选用了基于无线局域网的智能化路灯管理控制系统。

2.ZigBee 无线网络技术的路灯控制系统实际运用的优点

该系统综合运用低成本无线局域网技术、自动化控制技术、地理信息系统等先进技术，构建了一个集控制、监测、数据分析、信息管理等功能为一体的路灯管理平台。无线局域网技术采用 Zigbee 无线通信技术和 nRF905 无线通信技术相结合的方式，降低了成本；地理信息系统所见即所得，操作更直观方便；光照度探测智能化，通过自适应软件算法，避免了外界光源的干扰，而且控制更加精确，实现对路灯的个性化控制。

无线路灯监控系统由调度端的微机网络系统、无线数据传输系统和现场的智能终端（RTU）组成。系统根据光照度，通过无线数传信道自动遥控开（关）灯，并能遥测现场的工作电压、电流、功率等数据，可对采集到的数据进行分析，从而判断路灯运行情况。系统可实现各种故障的声光报警，提高路灯系统的运行可靠性。

本系统采用基于 ZigBee 无线网络技术的控制方式实现了校园路灯的远程个性化控制，所有路灯的控制和状态显示均可在一台电脑终端前实时进行操作，可以随时对路灯的开启和关闭时间进行设置，并可进行个性化控制。例如，对某些时段中人流量稀少的路段实行隔几盏灯亮几盏灯的控制。智能控制模式一旦设定好参数，则整个校园路灯将自动按照系统设定的模式运行，如遇特殊情况，还可以实时手动直接在软件中控制所需路灯的开启或熄灭，并设有检修模式等人性化设计，可极大地减少学校的人工维护量和维护费用。最大特点是，全部采用 ZigBee 无线网络控制方式，无需每年向移动或联通等运营商缴纳使用费用。

3.ZigBee 控制器的技术优势

（1）先进性。系统融合无线通信技术、计算机技术、自动控制技术于一体，是现代科技发展的产物。它将分散在各处的照明路灯、景观灯控制终端通过无线通信网络汇集到监控中心，实现集中监控。所有控制点的参数均以定时上报或主站召唤方式传送至中心主站，进行计算、分析、显示和判断，并生成统计报表存储和打印；所有路灯的开关均由监控中心统一控制，所有终端的时钟由监控中心同步。

（2）实时性。系统各终端时刻保持在线，确保监控中心命令能够及时下达，终端数据、状态及各种报警信息能及时上传到监控中心，为值班人员迅速反映提供技术保障。

（3）灵活性。系统采用计算机时控和光控相结合的方式控制开关灯。以当地纬度的日出日落时间为基准时间，预先给计算机设定好每天的开关灯时间，在开灯时刻前后一段时间内，启动光控方式下达开灯命令。在阴雨天气，光照度低，系统提前开灯；在晴朗天气，光照度高，系统在保证自然照度的前提下延迟开灯，节约大量电费。当出现特殊情况或有重大活动时，也可通过计算机人工干预，随时进行开关灯的操作。

(4) 智能性。系统的监控中心主站和现场终端均具有智能化运行和检测的功能。监控中心主站和终端可以互相检测对方的运行状态,当监控中心主站发现某一终端出现故障,会将故障信息及时通知值班人员;当监控中心主站出现故障,终端会启动独立运行功能,极大地提高了系统的可靠性。

(5) 开放性。监控系统的建设是一个不断扩充和完善的过程,随着监控点的增多,系统规模和信息量会越来越大,系统遵循开放性的原则,软件用户界面和应用层是完全开放的,提供友好的图形界面和人机对话窗口,用户可自行对终端进行增减。

4. 本系统可实现的功能

(1) 采集测量。采集线路交流模拟量、开关数字量、设备运行状态、监控中心光照度。

(2) 数值计算。计算有功功率、无功功率、有功电量、亮化率等。

(3) 实时控制。采用时控或时控和光控相结合的方式集中控制;按预设方案对景观灯、节假日灯进行控制;计算机手动操作临时控制,实现智能控制与手动控制相结合。

(4) 后备控制。在监控中心主站故障或通信中断时,现场终端独立工作。

(5) 分组控制。可将校内的路灯分成若干组,分别采用不同的控制方式。

(6) 终端巡检。中心主站按设定的周期对终端自动巡检,操作员也可随时对任意终端巡检。

(7) 地理信息。采用地理信息系统,操作直观。

(8) 故障报警。在出现故障或异常状态时,中心主站及时报警,并给予信息提示,报警信息有:线路停电、电压超限、电流超限、通信故障等。

(9) 终端检索。终端输入快速查询。

(10) 数据库记录。实时运行数据、历史数据、报警记录、统计报表、登录信息等。

(11) 通信方式。RS232、RS485、无线局域网通信。

(12) 安全管理。实行用户密码检验、多种用户级别。

(13) 后备电源。现场终端提供后备直流电源,保证线路断电时终端能继续正常工作。

(14) 网络远程控制。相关人员可以通过 Internet 上网查询系统实时数据并进行控制。

5. 本系统的社会效益分析

不同季节,每天晚上的路灯照明根据光照不同,分布不均,实际点亮约十几个小时,使用该路灯管理控制系统后,在节能的同时相应地延长了负载灯具的使用寿命,节约了设备损耗带来的成本。

为了保证照明效果,很多路灯管理处都安排了专门的管理人员,任务是对路灯各方面进行管理。使用本装置后,减少了管理人员,在中心控制室内即可对每条道路的照明设备进行管理,实现了路灯管理的智能化、人性化。

将区域内所有道路上的路灯组建成一个网络,由管理系统对每条道路的路灯实行监控,发送所需指令,在夜间可以分时段关掉指定路灯(图10-24),最大限度节约了电能。

当光照达不到要求时,路灯会自动开启,有效地保证了道路上行人与车辆的安全与畅通。使用该路灯管理控制系统后,最大限度地节约了能源,同时也减少了煤燃烧带来的污染,在节能的同时达到了保护环境的目的。

该系统的广泛推广必将产生巨大的经济效益和良好的社会效益。

(a)   (b)

图 10-24 监控中心路灯管理系统

10.2 节水控制

在校园中，公共建筑的卫生间是用水量大、设备损坏率较高的地方，针对卫生间采取节水措施也是效果比较显著的。在不影响正常使用的前提下，尽可能避免漏水事故的发生进而节约了大量水资源。山东建筑大学采用的智能节水控制器创新性地将人体感应终端和水表相结合，大大减少了由于设备损坏和人为失误造成的水资源浪费的现象。

10.2.1 节水控制的原理

山东建筑大学的节水控制器利用了人体检测终端和水表，将两者有机地结合起来，并具有了数据远程传输的功能，不仅能检测到卫生间的用水量，而且能够通过人体检测终端检测到卫生间的使用情况，并将卫生间的用水量和卫生间的使用情况上传至监控平台。如果卫生间没人在使用，却仍然发现有水的利用，就能知道这个卫生间可能发生了漏水事故，应该及时维修。这时，节水控制器将该卫生间的地址和报警信息上传至监控平台上，平台根据卫生间的地址信息会从数据库中查找该卫生间负责人的联系方式，并及时通过手机短信的形式通知负责人来维修。

10.2.2 节水控制的优势

现在普遍采用的卫生间节水设备仅仅是通过人体检测器控制一个电磁阀的通断来控制卫生间的用水，这种方式仅仅是一个单一的控制单元，无法实现集中控制，也无法报警。同时，由于水质等诸多原因，电磁阀出现失效的几率也很大，必须定时更换电磁阀。当电磁阀出现故障时，根本无法控制卫生间的用水，还是会发生漏水事故。

部分单位在卫生间内安装了远传水表，将卫生间的用水量上传到监控平台上，通过对比前后某段时间内的用水量来发现用水异常然后报警。这种方式没有实时性，必须统计一段时间的用水量才能发现异常，而且较短时间内的比较还不能充分说明该卫生间用水异常，导致漏水已经发生了好长一段时间才能被发现，造成了水的浪费。

山东建筑大学采用的智能节水控制器吸收以往产品的经验，将人体感应终端和水表相结合，创造性地解决了以往存在的问题。

10.2.3 社会和经济效益

通过平台的优势，将校园卫生间内的节水控制器整合到平台上，通过平台可以方便地知道整个学校内卫生间的漏水信息，节约了大量的人力物力，避免了大量水资源的浪费，完善了水资源的计量统计，加强了能源的监控作用。

10.3 制冷与采暖智能控制

制冷与采暖设备是校园运行过程中的主要能耗设备，通过智能节能技术对制冷与采暖设备进行有效监测，对关键数据进行实时采集并记录，对上述设备系统按照设计要求进行可靠的自动化运行控制，也可达到节能降耗的目的。因此，山东建筑大学对所采用的空调与供热设备进行了智能节能技术的应用。

10.3.1 制冷智能控制

学校内的制冷设备主要是空调，空调节能也是节能工作的重点。现在，有些教室、办公室内的空调在屋内没人的时候仍然不停地空转，造成很大的电能浪费。而且，由于人为原因将空调温度设置得太低，同样造成了很大程度上的浪费。为了尽可能地杜绝以上现象的发生，山东建筑大学在教室、办公室内安装了智能空调控制器。智能空调控制器能够通过人体检测来判定室内是否有人，同时实时地检测室内温度，并且内置时钟，能够按照作息制度控制空调开启。

1. 制冷智能控制的原理

智能空调控制器的工作流程如下：当智能空调控制器检测到室内有人办公学习时，根据室内的温度对空调进行启停操作。当室内温度高于设定的开机阈值时，智能空调控制器发出红外线开机信号，空调开机，并设置空调温度为国家设置的温度标准，可以实现冬夏季限温操作。当智能空调控制器检测到室内无人并且空调仍然处于运行中的时候，延时15min后自动将空调关机，杜绝了室内无人空调空转的现象。通过校园网，智能空调控制器能将室内的温度和空调的状态实时地上传到平台上，通过平台能清晰地看到办公室的空调使用情况。

2. 制冷智能控制的特点

智能空调控制器能准确地检测到室内有无人员活动，自动开关空调；可以根据室内的光照度对室内的照明进行控制，灯光控制合理、方便、精确；内置时钟，可以按照作息制度控制用电器和空调；智能温控符合国家最新空调温度标准；具有信息远传功能，按照平台需要传输实时数据；最大限度地节约电能。

3. 制冷智能控制的优势

现在市面上存在的空调控制器大部分都是通过通断空调电源来控制空调启停，这样势必造成压缩机的频繁启停，对空调本身造成很大的损害，严重影响空调机的寿命，造成了省电不省钱的现象。山东建筑大学采用的智能空调控制器是通过遥控器来对空调进行操作,而内部压缩机仍然由空调本身来控制,实现了压缩机的软启动,对压缩机没有损害。同时,智能空调控制器具有数据远程传输的功能,将室内温度及空调状态信息通过 TCP/IP 协议进行远程传输,同样可以对室内空调进行远程控制,平台可以通过以太网对空调进行控制。

4. 社会和经济效益

通过安装智能空调控制器杜绝了空调的空转现象,及时地对空调进行控制,大大节约了电能,并通过作息进行了人性化的管理和控制,在节能的同时给大家提供了一个舒适的工作学习环境,实现了人性化的节能。

10.3.2 采暖智能控制

山东建筑大学对采暖的智能控制主要是通过在锅炉房外加装气候补偿器,解决了炉工"看天烧炉"的问题,实现了供水温度与室外温度量化自动控制和采暖的数字化管理。

1. 采暖智能控制的原理

气候补偿器根据室外温度的变化及用户设定的不同时间对室内温度的要求,按照设定曲线求出恰当的供水温度进行自动控制,实现供热系统供水温度—室外温度的自动气候补偿,避免产生室温过高(低)而造成能源的浪费(图 10-25)。

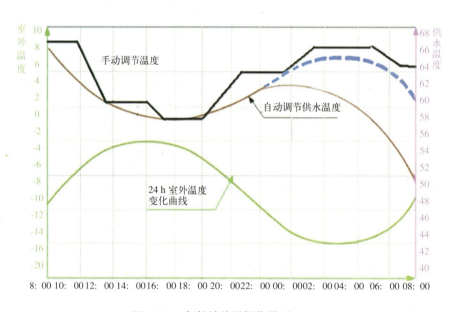

图 10-25 气候补偿器操作界面

通过安装在各个需要分时分温控制的楼宇中的楼宇现场控制器配合电动阀可自动调节实现各楼宇的分时、按量供热,保证按需供热,避免能源浪费。同时,还具有夜间解冻功能(防冻死功能),以免由于外界温度剧降,造成管道冻坏,系统能自动执行回温功能。采暖智能控制系统,如图 10-26、图 10-27 所示。

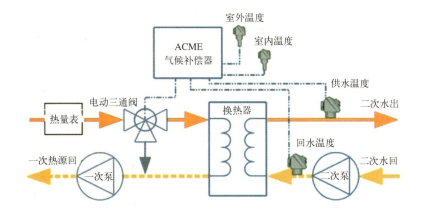

图 10-26　采暖智能控制系统图

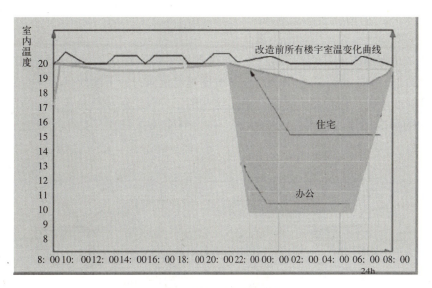

图 10-27　现场控制器操作系统

2. 采暖智能控制的特点

①多曲线补偿功能；②防冻死保护功能；③用能诊断平台；④热源综合控制；⑤燃煤炉的风煤比调控技术；⑥数字化总控系统采用 DCS 集散控制；⑦多通信网络协议支持。

10.4　分散设施远程监管系统

山东建筑大学是山东省首家尝试建立校园能耗监控平台的高校，该平台基于 Internet 和无线局域网，运行后可实现对整个校园建筑用能情况的监控和管理。此系统的启用既有效降低了学校能源消耗成本，又积极响应了国家节能减排的号召，实现了经济效益和社会效益的双赢。

10.4.1 分散设施远程监管系统的原理

公共建筑能耗监控系统（图10-28）构建一种针对校园等重点耗能单位电水热等能耗进行实时监测、智能控制、分析统计的平台系统，系统基于以太网络，综合运用了低成本的网络技术、自动检测技术、计算机控制技术及地理系统等先进技术，通过远程数据采集，实现对学校各办公室、教室、宿舍用电用水用能的监控和管理，并对校园建筑及用能设备进行分类、分项的能耗统计，同时对各种数据进行分析，为能源使用政策提供辅助决策。

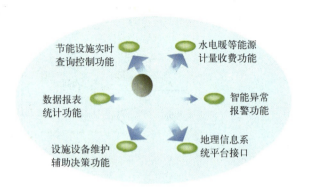

图10-28 能耗监控系统

在各个用能点安装能耗计量设备，通过数据采集器将计量设备所计量的实时能耗发送到校园网上，并上传到监控平台，从而根据用能记录进行能耗统计，并绘制出建筑物任意时间段的曲线图、柱状图、饼图。根据这些图，可以了解建筑物或房间的用能情况，掌握建筑物的用能规律，制定出用能计划，并为节能减排作数据支撑。系统结构图，如图10-29所示。

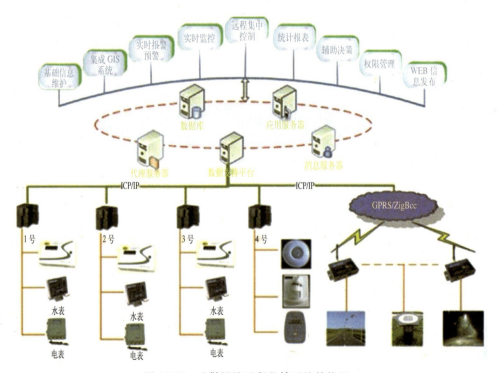

图10-29 分散设施远程监管系统结构图

10.4.2 分散设施远程监管系统的功能特点

（1）校园地理信息系统

通过地理信息系统可以方便快捷地浏览到这个校区内建筑物的能耗情况。所见即所得，操作直观方便。

（2）用能监控

可以监控任意房间内的水电暖使用情况，并根据建筑的用途对能耗进行分类分项统计计量，出现异常后智能报警。

1）教室、办公室内的照明系统能根据人数和光线控制灯管亮起的数量，并根据作息制度实现自动熄灯管理。

2）办公室内的空调能根据室内外温度差和人员活动情况控制空调开关和温度调节，并根据作息制度实现自动预开机管理。

3）系统控制中心能对教室和办公室照明控制器、空调控制器、卫生间节水控制器进行实时监测、远程管理。

（3）用能浏览

智能电表实时采集现场电流电压等用电数据，智能水表实时采集现场的用水数据，通过网络上传到监控中心，根据建筑物、房间的用能记录绘制出任意时间段的曲线图、柱状图、饼图。

（4）智能报警

采用了终端人员信息采集，当室内没有人时将信息传到平台上，若水电仍在空耗，说明有漏水、空耗电等其他现象，平台会立即报警并以短信方式报告相关负责人，及时避免浪费，达到节能目的。

（5）对比统计

对比同一用电单位不同时间段的用电情况，可以清楚地看到实施节能措施后的效果，还可以了解到建筑物的用能规律，找出节能措施。

（6）统计查询

查找校区或院系内的用电大户，针对用电大户采取有针对性的节能措施。

（7）报表管理

可以根据实际情况输出、打印报表。

（8）用能记录

详细记录了每个时刻、每个用电单位的用能情况，为节能减排工作作数据支撑。

（9）基础数据维护

对平台内全校建筑物的信息进行维护，方便管理。

（10）用户管理

根据不同等级用户分配不同的权限，实现等级管理。

10.4.3 分散设施远程监管系统的效益分析

（1）完善了计量统计，对能源监控起到加强作用高校办学的正常运转离不开能源的供应,而该用多少能源、怎么去利用能源就成为节能工作的重点。因此,完善计量系统建设、加强能源监控、做好能耗的统计分析,就显得十分重要,通过系统中反映的前后数据的对比及时发现问题,能够帮助工作人员更快地解决问题。

(2) 加强了节能观念

通过构建能耗监控平台系统,可以对学校能源使用有一个直观全面的认识,对于提高节能意识、培养师生自觉节能的习惯有着至关重要的作用。

(3) 打造了有效的管理机制和考评体系

在高校中,如果没有组织管理措施、缺乏必要的考评奖惩机制,很可能使整个学校的节能工作悬在半空中或只是停留在口头上,无法构筑节能型校园的牢固基础。因此,通过建立能耗监控平台系统,对各能耗部门的监管做到细致的量化,能为建立有效的管理机制和尽快形成能够细致操作的定量化考评体系打好坚实的基础。

(4) 对节约型和数字化校园建设起到推动作用

能耗监控平台的建设,必将对在师生当中宣传节能观念、树立节能意识、培养节能习惯、营造节能氛围起到积极的作用。同时,平台建设对于提高学校管理水平、办公效率将有着不可替代的作用。

第 11 章　绿色大学校园的运行管理体系

绿色大学校园的运行管理体系综合性极强，校园的建设不仅需要好的应用平台、完善的业务系统，从可持续发展的角度看，更为重要的是还需要从组织制度建设、运行维护系统、宣传教育等方面，建立一套完整的符合校情的运行管理体系，来保证整个系统的安全、可靠、稳定和高效运行。

11.1　监管体系

山东建筑大学绿色校园的监管体系科学性、技术性、政策性强，涉及面广，难度大，为了不影响学校教学、科研、生活的稳定与发展，既要从组织上给予保证，进行必需的组织建设，还要建立和完善管理制度。

11.1.1　组织建设

山东建筑大学成立了由主要校级领导负责的校园建设管理委员会，委员会由能源管理、基建、房产、资产、设备、采购、学工、团委等部门的负责人和相关专家组成，负责制定校园建设工作的方针，指导校园的建设工作，审核建设项目规划和节能、节地、节水、节材和保护环境的技术方案，组织协调各院系、各部门的资源，为绿色大学校园建设工作的实施提供基本保障。校园建设管理委员会下设职能办公室，建立责任人负责制度，全面部署、协调、监督和检查校园建设的各项实际工作。

为切实加强组织领导，山东建筑大学成立了绿色校园领导小组。组长由分管校领导担任，副组长由相关职能部门负责人担任，领导小组下设办公室和督察室。办公室负责全校节约宣传、教育、实践活动的组织实施，督察室负责督促检查各单位、各部门节约宣传、教育、实践活动的进展和成效。各单位根据学校创建绿色大学校园的工作重点，结合本单位实际，成立相应的工作小组，制定具体的节约措施和规定，积极组织和开展绿色大学校园的建设工作。

学校的团委、学生会及相关教育部门也将绿色大学校园建设工作纳入学生工作中去，培养学生的节能意识，积极引导和支持学生开展校园节约活动。

11.1.2　制度建设

制度建设是保证山东建筑大学绿色校园建设正常运行的重要前提，它包括建设项目审查制度、校园设施运行监管制度、统计审计制度、数据公示及共享制度、需求管理制度、资源节约型采购制度及环境管理制度等。山东建筑大学根据具体情况，参考国家及地方的相关法规和建设标准等，进行绿色大学校园的相关制度建设。由校园建设领导小组研究制定了《山东建筑大学节约型校园建设实施意见》和《山东建筑大学能源管理实施细则》；由学生处、团委研究制定大学校园及学生公寓节约行为准则；由教务处、科技处制定教师校园节约行为准则；由校部机关党总支结合机关作风建设活动，研究制定机关工作人员节约守则；由后勤处制定水电节约管理规定和物业节约管理办法等相关规章制度。实现了绿色大学校园的安全、长期、有效的运行。

1. 建设项目审查制度

建立和完善山东建筑大学绿色校园建设项目的节约资源评估审查制度。审查制度的主要内容包括：

（1）新建项目的专项审查

校园新建项目按照国家相关规范和程序委托工程设计，并委托了相应的审查机构进行节能专项审查。

（2）既有建筑改造项目评审

既有建筑分为历史建筑和一般既有建筑。

对于历史保护建筑的改造，以满足历史建筑的保护要求为基本原则，组织专家论证和评审相适应的建筑节能、节水、节地、节材技术方案，严格参照相关的法规条例实施。

对于一般既有建筑，建立和完善既有建筑设备的管理台账，建立设备检定与改造的原则、组织和程序。应在优化运营管理的同时，有计划地实施节能改造。改造应当考虑建筑物的寿命周期，对改造的必要性、经济技术可行性进行科学论证和评审，提高建筑物的资源能源利用效率。

2. 校园设施运行监管制度

（1）建立各级能源管理负责人制度

1）学校主要领导担任校园节能工作的责任人，并将校园节能工作与业绩考核挂钩。

2）各院系、部门负责人为该部门单位能源管理和节能工作的最终责任人，并建立相应的业绩考核体系。

3）对于能耗较大的建筑设施或设备，如含有大型试验装置的实验室，指定实验室负责人或项目负责人为能源管理责任人，督促建立健全用能原始记录、统计台账及能耗计量、统计工作。

4）设立能源管理岗位，聘任的能源管理人员具备以下几方面的条件：熟悉国家有关节能法律、法规、方针、政策，具有能效管理专业知识，三年以上实际工作经验和工程师以上（含工程师）职称。能源管理人员负责对本校的能源利用状况进行监督检查。

（2）能源管理文件、报表、记录和管理台账

1）建立和完善能源管理文件

明确校园建筑能源管理的原则、职责权限、办事程序、协调及联系方法、记录表格（包括建筑物能源管理机构或责任人的任命或聘用文件）并形成文件。

制定关于建筑节能的有关管理措施和文件，完善设备运行的管理台账。如大型用能设备（制冷机、锅炉、大型试验设备）或设备机房的节能管理规定、规程，能耗计量装置（仪表）的校验证明，管理人员接受节能培训的证明文件。

2）建立和完善建筑节能技术文件

包括：技术要求、操作规程、测试方法、竣工图纸、计算书等。

3）建立和完善建筑能耗记录文件

对建筑能源管理中的计量数据、检测结果、运行记录、分析报告、建筑自动化系统存储的记录数据等资料，应按规定保存，作为分析、检查和评价的依据。

（3）校园能耗定额管理

参照住房和城乡建设部、教育部及本地区的用能、用水定额标准和实际能耗统计结果，研究制定合理的校园用能、用水定额及管理制度。

3. 统计审计制度

（1）能耗统计

山东建筑大学不仅建立了校园能耗、水资源利用等基础数据的专项统计制度和方法，开展能源审计工作。挖掘节约空间。促进绿色校园建设工作，还建立了校园建筑及用能设施分类能耗统计或分项能耗统计制度。

1）分类计量

按照生活服务设施、行政办公设施、教学设施、学科研究设施、实验设施、实习设施等类别，实施分类建筑物能耗计量。

2）分项计量

根据实际条件，按建筑规模、耗能规模并参照《大型公共建筑节能运行管理条例》，对大型设施、建筑制定能耗分项计量实施方案。列入分项能耗统计对象的新建建筑或设施，按空调、采暖、照明等用途设计独立的电力线路并配置数字计量仪表，对于既有建筑应根据条件逐步配置数字计量仪表，逐步建立了建筑能耗分项计量，并为网络远程数据采集奠定了基础。

3）能源管理人才培训

山东建筑大学制定了能耗统计实施方案、表式、分类统计标准，开展了统计业务培训与技术指导，并纳入能源管理岗位考核制度。

4）能耗统计报表及能耗数据库建设

山东建筑大学能源管理人员及时、积极、准确地记录能源消耗情况，建立能源消耗统计表。能源消耗统计表包括：建筑基本信息表；建筑物耗电量、耗气量、校园照明耗电量的逐日数据表；建筑物耗油量、耗水量、耗热水量的逐月数据表；校园维护与维修耗水量、耗油量的逐月数据表；耗热量的全年数据表；分项能耗计量系统。建筑物用能用水记录或账单，统一按实际月（指每月起始日 0：00～每月最末日 24：00）折算。

5）建立校园能耗数据共享机制

统一了校园能耗统计数据的内容及格式，逐步实现了数据采集记录的自动化、电子化系统建设，建立了可靠性强、效率高、共享度高的校园能耗数据库。

6）高能耗设备设施的专项计量和能源审计

对高能耗的试验设备设施采取了专门的分项计量措施，建立设备的运行记录，定期对高能耗的试验设备设施进行能源审计。

（2）能源审计

学校定期开展能源审计，同时积极配合并协助国家和本地区建设主管部门开展建筑能源的统计和审计工作。

1）校内能源审计执行机构

校内能源审计项目建立了如下的执行机构：学校成立能源审计领导小组和工作小组，负责能源审计的领导和具体工作并出具审计报告；能源审计工作小组聘用了校内的建筑、暖通空调、给水排水、会计、审计等专业人员参与。

2）能源审计程序

召集山东建筑大学相关负责人以及主要运营管理人员工作会议，了解运营情况及存在的问题，逐项核实基本信息表。

分析能源费用账单，分类计算出校园各类设施能源实耗值。

随机抽检10%的楼层以及重点耗能建筑，检测室内基本环境状况并记录。室内基本环境状况包括：温度、湿度、CO_2浓度、照度等室内参数。采用巡检方式，在整个审计阶段跟踪连续检测。

3）能源审计内容

检查校园建筑的节能管理状况，包括节能管理制度、节能管理文件、所采用的节能管理方法和节能技术手段。要求制定并组织实施本单位节能计划和节能技术进步措施；有健全的能源计量、监测管理制度，配备合格的能源计量器具、仪表，能源计量器具的配备和管理均达到相应的国家标准；建立节能工作责任制；每年都安排一定数额资金用于节能科研开发、节能技术改造和节能宣传与培训。

收集校园建筑的总能耗和主要用能子系统（空调、照明、办公设备、试验设备、特殊功能等）能耗，计算对应的能耗指标，从而判断建筑物整体及各主要用能子系统能耗的合理性。

根据用能特征计算相应的单位能耗指标。

4）提交能源审计报告

能源审计结束后，提交审计报告。能源审计报告列出审计的目的和范围、被审计设备（系统）的特性和运行状况、审计结果、确定的节能措施及相应的节能量和费用，提出节能潜力分析和建议，最后得出审计结论。

4. 数据公示及共享制度

为深入持久地开展节约型校园建设各项工作，提高节约意识，强化监督管理，山东建筑大学建立了校园资源消耗数据公示及数据共享制度。

（1）建立了校园能源、水资源消费数据库及信息管理系统，提高数据的可靠性、数据采集的效率和数据的共享度，提高管理效率。

（2）通过校园网、媒体等公开途径，向使用者、管理者和社会定期公示校园能耗及水耗统计数据、分类单位能耗及水耗统计指标数据（包括现实数据和历史对比数据）。

5. 需求管理制度

建立校园能源及资源需求管理制度。

（1）制定和完善了能源计量、收费管理系统，实现能源管理的数字化、自动化。

（2）逐步建立了校园用能用水经费的指标化管理制度。校园用能用水逐步实行"全面计量，分类管理，指标核定，全额收费"的水电经费管理方式，加强了师生员工的成本核算意识和节能节水意识。

(3) 建立了校园节能节水奖励制度。结合实际情况，对在节能节水管理、宣传、节能技术应用工作中取得显著成绩的单位和个人予以表彰和奖励。

(4) 建立了校园节能节水办公室责任制。

(5) 建立了校园用能用水设施档案制度。定期委托相关检测机构对用能用水设备和系统的性能进行综合检测评价，定期维护，保证设备和系统的正常运行。

6. 环境管理制度

建立了校园环境管理制度，实施 ISO 14000 环境管理体系认证。

11.2 运行维护

山东建筑大学用能设备主要为采暖、集中空调、照明设备，应重点强化这些设备运行维护阶段的技术、管理及行为节能措施。对大型物业管理鼓励社会化、市场化，导入公平竞争机制，面向社会实行物业管理招标，逐步实现专业化、现代化管理。学校与物业管理公司制定节能减排管理目标。

11.2.1 设备维护系统

制冷与采暖设备是校园运行过程中的主要能耗设备，通过智能节能技术对制冷与采暖设备进行有效监测，对关键数据进行实时采集并记录，对上述设备系统按照设计要求进行可靠的自动化运行控制，达到了节能降耗的目的。

采暖工作是学校的一项重要工作，领导重视，师生关心，持续时间长，费用大。按照山东建筑大学领导的要求，一方面让师生满意，另一方面减少支出，采取了以下几个措施：①严把进煤关。进煤前对煤炭质量有严格的技术要求，并把重要指标明确到协议上，煤炭质量逐车采样进行化验。进煤过程中，成立进煤领导小组，逐车过磅，严把数量关，进煤单上有进煤领导小组负责人的签字，保证了进煤的质量和数量。②管理抓细节。根据室外气象条件变化调节进水出水温度，确保按需采暖。淡季进煤，节约从细节入手。冬季采暖结束后，大部分单位都松了一口气，山东建筑大学却抓住"省钱"机会，6月份以前把下个采暖季采暖煤采购进来。一方面节约了经费，另一方面为冬季采暖打下了坚实的基础。③探讨新的节能方式。通过和供应商的沟通，在锅炉内部涂刷了纳米节能涂料，经尝试，取得了不错的效果。④加强采暖锅炉计算机自动化控制与辅机变频技术。提高燃烧效率，增加热量回收。对于燃煤锅炉，采用炉渣二次回烧。加强锅炉的除氧和水处理及防腐阻垢等措施，延长锅炉使用寿命。⑤按节能标准要求对供热管道进行保温，杜绝供热系统存在的跑冒滴漏现象。改善管网输配性能。做好管网系统水力平衡调试，通过调节，消除热网水力失调。避免"大流量、小温差"的不经济运行状况。⑥加强管网系统的调节能力。对各楼宇采用平衡阀及平衡阀智能仪表，取代调节性能差的闸阀或截止阀，在建筑的热力入口处加装热量调节和计量装置，可以根据工作规律和实际情况进行调节，避免各楼宇供热"大一统"、"一刀裁"，改善了系统调节能力，降低了耗热量。⑦强化节能运行。根据学校不同建筑、不同使用特点实行分时段采暖，夜间低温运行。采暖系统宜根据室外气象条件变化进行调节，确保按需采暖。⑧改变供热方式。把原来的低温水采暖改为高温水采暖，这样一是能提高热效率,二是能减少采暖管道和设备的腐蚀,延长采暖管道和设备的使用寿命。⑨改造蒸汽管线。原先的蒸汽管线已经运行了8年,管道线路长,埋管深度大,维修复杂。到目前已经有近1/4的管线进行过更换。重新铺设新的蒸汽管线,缩短线路,减少埋管深度,方便维修,提高供热效果。最后,充分利用国家的政策支持,进一步扩大太阳能的利用范围。在动力中心再建造300m^2的太阳能集热器,这样可以提高蒸汽锅炉补水的基础水温,减少用煤量。

目前,国内各大专院校普遍存在严重浪费电的问题。教室与图书馆普遍存在长明灯现象,照明设备的电力消耗巨大。据调查统计,一个有2万名学生的大学,每年电费高达1000万~2000万元。采用节电智能控制技术,被控设备的节电率大约能在30%~60%之间。在能源匮乏的今天,采用有效的节电智能控制技术显得尤为重要,同时也可为学校节约大量资金。

节电是绿色照明技术的最大优势。山东建筑大学在绿色校园运行过程中,通过对传统的校园公共区域照明工作模式的分析研究,采用了多种绿色照明技术。这些技术可根据不同的场合、不同的人流量,从时间段和工作模式上进行细分,把不必要的照明关掉,在需要时自动开启。同时,绿色照明技术还能充分利用自然光,自动调节室内照度。绿色智能照明技术实现了不同工作场合的多种照明工作模式,在保证必要照明的同时,有效减少了灯具的工作时间,节省了不必要的能源开支,也延长了灯具的使用寿命。

在教室里安装了节电装置,满足了照明灯根据教室中学生人数的多少开启不同的盏数,以及"人在灯亮,人走灯灭"的要求,大大减少了"过度照明"及长明灯现象的发生。制定寒暑假期间教室等公共场合的节能照明控制措施。对学校公共办公区域照明灯安装声光控制开关,节约用电。更换非节能灯具,积极采用节能照明灯具。对学校用的水泵、电机、试验实习等大功率用电设备采取节电措施,对设备进行改造,加装了变频技术,根据负荷大小自动调节供电功率,节电20%~30%,达到节电目的。

对校内路灯实行分区分时控制,既保证了晚上学生高峰活动时的照明需求,又保证了夜间的安全需要。同时,学校又投资安装太阳能路灯61组,直接经济效益为72000元。

山东建筑大学每年学校供电经费按学生人数统一管理使用,而不是按建筑面积或设备多少拨款。虽然经费紧张,但本着"务实、节约、实效"的原则,采取了多种措施,都能度过难关。对经营及经费包干部门安装了用电智能卡表,实现了"先买后用"的市场原则,一方面提高了相关部门的节能意识,另一方面加大了电费的回收力度,减少了浪费现象。对各院、部和校直机关办公用房分门别类地安装用电计量装置,搭建节能平台,在完善计量平台的基础上,加大管理力度,节约用电。由学校后勤处会同财务处、教务处、试验设备处等相关部门,根据各有关单位和部门的具体情况核定其水、电用量,实行定量定额管理,并根据水、电用量核定水、电经费,以预算方式下达各单位部门包干使用,节约有奖,这样就可以杜绝无节制用电现象的发生。

山东建筑大学在校园水系统规划设计时,从可持续发展的角度出发,在满足校园用水定额、用水指标、用水安全的前提下,通过对校园水系统中给水排水系统、节水器具与非传统水源利用的优化设计,达到了节约、回收、循环使用水资源及校园内的饮用水、生活用水、杂用水、景观及绿化用水等高质高用、低质低用、分质供水的目标,有效提高了水资源的利用率。

(1) 给水排水系统的优化设计

给水系统设计主要包括，根据市政用水和再生水的用途不同，实行分类供给。校园内的市政用水给水系统采用高效节能的用水器具，管材、管道附件及设备等在选取和运行的过程中保证不对供水造成二次污染。校园内的再生水源主要包括雨水、盥洗、洗浴、冲厕用水等，针对再生水源的水质不同，排水系统也进行分类收集、处理和再利用设计，并且在再生水源的用水终端设置安全提示，保证用水安全（图11-1）。

(2) 雨水收集存储系统

校园内的雨水主要来自于建筑屋面、运动场地及园区道路，根据雨水来源不同，设定不同的收集途径。在校园的雪山上，按高度不同设置多个雨水坑，其目的是为了减缓山体对雨水流速的加速作用，增加雨水渗透时间，减少地表径流，防止水土流失。在学校非主要交通道路、广场、停车场等地面铺设

图11-1 中水出水口处安全提

过程中，采用生态透水措施，如采用生态透水砖、卵石、碎石、植草砖等（图11-2～图11-5），经过这样的透水路面保存下来的雨水，不仅可以补充校园地下水，地下水还可以慢慢蒸发出来，从而增加校园内的空气湿度和舒适度，滋养树木、花草，减少浇灌用水，同时夏季也能为校园降温、减少扬尘。对于来自校园建筑屋面、运动场地及主要交通道路路面的雨水，进行了有组织排水设计，对收集到的雨水进行沉淀过滤后，与中水系统相结合，回用于冲厕、道路冲刷、消防、绿化及景观用水，大大减少了市政用水量，有效节约了水资源，取得了良好的经济效益。

图11-2 生态透水砖铺地

图11-3 卵石铺地

图 11-4 碎石铺地

图 11-5 植草砖铺地

(3) 中水回收、处理分级利用系统

山东建筑大学在新校区建设的同时，投资 700 余万元，同步建设了污水处理系统，设计日处理中水 2800m^3。自 2005 年 9 月底进水调试至今，系统运行正常，这为加大中水利用力度提供了必要条件。每年生产中水 80 万 m^3，处理出水经过济南市给水排水监测站监测，完全达到国家现行《城市污水再生利用 城市杂用水水质》GB/T 18920—2002 的标准并满足了原设计要求。

中水的用途主要有以下几个方面。一是卫生间冲厕。现校园内有 10 栋学生公寓楼和 9 栋办公、教学楼。公寓楼和办公楼的卫生间冲厕全部利用中水，办公、教学、图书楼冲洗地面、拖布池也利用中水。二是校园内大部分绿地养护、树木浇灌。现正铺设绿地中的中水管线，扩大绿地养护的中水利用率，使校内中水管线形成封闭循环系统。三是校园道路清洗、喷洒。山东建筑大学中水利用率达到 70%，大大减少了自来水的用量，也为学校节约了经费。四是学校周边单位绿化也用山东建筑大学的中水。如：现在世纪大道道路两边进行绿化时，通过和施工单位联系，在绿化过程中利用我校的中水浇灌花草树木，既宣传了我校的中水使用，又为学校带来一定效益，可谓一举多得。利用中水，每年可节约自来水 50 万 m^3，节约费用 150 万元。

山东建筑大学新校区的中水工程主要收集校园内的杂排水（图 11-6），包括学生宿舍的盥洗、洗浴排水，学校餐厅的蔬菜、餐具冲洗排水等。将这些杂排水收集后进行集中处理，处理后达到 GB/T 18920—2002 要求，主要用于校园绿化、冲厕、冲洗道路、人工湖补水等（图 11-7～图 11-10）。

中水处理从建筑投资、运行管理、出水效果、运行成本及科研需要的角度出发，采用以生物接触氧化法为主的处理流程，此工艺流程运行稳定，处理效果好，管理简单方便。

图 11-6 中水处理站

图 11-7　中水回用——冲厕

图 11-8　中水回用——人工水体补水

图 11-9　中水回用——绿化

图 11-10　中水回用——道路喷洒

该中水工程投入使用后，每年可减少向周围环境排放污水 72 万 m^3，直接节约自来水费上百万元，同时也减少了学校污水排放对周围环境的影响，保护了学校及周边区域的生态环境。

山东建筑大学中水处理站收纳生产过程中产生的生产废水，防止废水外排污染环境，并对所收集的废水进行处理，使排出厂区的废水达到国家及地方规定的废水排放标准。

通过各种有效的途径充分发挥管理人员和操作工人的积极性，使他们积极、主动、熟练地投入到日常运转和维护保养中去，使中水站各种设备处于安全、良好的运行状态，从而保证了废水处理质量。

在中水处理站的管理过程中，建立完善的设施巡视制、安全操作制、交接班制、设备保养制等各项岗位制度。同时，还制定技术管理、质量管理、设备管理、安全生产管理、卫生管理等各项管理措施。

(4) 节水器具的应用

山东建筑大学在校园建筑的供水系统用户端均采用了节水器具，学生宿舍应用陶瓷阀芯水龙头，教学楼、实验楼、图书馆等校园公共建筑的卫生间内采用脚踏式节水型卫生器具，学校浴室选用电磁式淋浴节水装置和节水型淋浴喷头，学校食堂根据实际使用需要安装了相应的节水器具，校园的绿化灌溉也采用了渗灌与低压喷灌的节水灌溉方式，保证节水器具的使用率为100%。

11.2.2　各类建筑运行系统

1. 教学建筑

（1）照明节能措施

通过管理措施和技术手段，教室安装了节电装置。避免出现教室白天开灯、无人开灯、人少大面积开灯等电力空耗现象，达到了照明灯根据教室中学生人数的多少开启不同的盏数以及"人在灯亮，人走灯灭"的要求，大大减少了"过度照明"及长明灯现象的发生。对物业管理部门落实岗位责任制，采取适当的方式（如根据学生人数分层分区开放教室等措施）限制教室开放数量。

（2）空调系统节能措施

1）根据学校寒暑假特点，制定了相应的节能运行策略。

2）采取了有效措施监控教室空调设备的启停，室内无人时应关闭空调电源，避免课后空开现象，减少待机能耗。

3）采用风扇与空调结合的方式，尽量以电风扇代替空调；开启空调时关闭门窗；室内制冷温度设置在26℃以上，制热温度应设置在20℃以下。

（3）教学设备节能措施

1）采取有效措施监控多媒体设备使用状况，减少空开或待机电耗。

2）严格管理计算机房设备，采取措施减少待机电耗。

2. 办公建筑

（1）减少待机电耗

办公室用电设备（计算机、打印机、饮水机等）根据使用情况设置节能模式或及时关机。

（2）合理使用空调

过渡季节延缓空调开启时间，尽量以电风扇取代空调；开空调时关闭门窗；室内制冷温度应设置在26℃以上，制热温度应设置在20℃以下；提倡下班前半小时提早关闭空调，室内无人时应关闭空调电源。

（3）照明节能

充分利用自然光照，晴天时少开灯，人少时少开灯，长时间离开办公室或下班后要关闭照明电源。

3. 科研实验楼

（1）除严格执行办公建筑各类专项措施外，对高耗能、高耗水试验仪器设备专人负责，专项管理，做到节约使用。

（2）本着"谁用能，谁付费"的原则，将能源费用计入科研业务费成本。

(3) 特殊要求的实验室，可以采取有针对性的空调节能措施。

4. 学生公寓

山东建筑大学一直以推进节约型社会发展为己任，深入开展节约型校园建设工作。其中，公寓中心作为学校耗水电量大的部门，水电等的节能都有很大的发展潜力。对此，公寓中心采取了有效措施，对学校节能工作的推进作出了比较显著的贡献。

公寓内的能源浪费问题主要存在于生活用水和日常用电方面，所以公寓中心着重从这两方面入手。水电的浪费严重，这首先要归结于同学们的节能意识比较淡薄，同时学校宣传教育监督相对较少。其次，尽管公寓中心内部水电设施及水电能耗统计分析设备等都比较齐全，但是落后的科技发展也影响到节能的改造与建设。

为弥补这些不足，山东建筑大学首先在配电设施的节能改造与使用方面，采取相应的措施。各公寓楼内的公共场所的照明灯均使用声光控开关（图11-11），杜绝"长明灯"的浪费。每个宿舍内的照明设备采用新型节能灯管，也极大地降低了电功率的损耗。

另外，在基础设施的节水方面，学校也采取了很多不错的方式。比如，积极采用节能型供热水、用水设备（在生态学生公寓楼安装太阳能热水系统及淋浴控制器，图11-12），及时改造原有的陈旧、能效低的设备，废水回收等。

(a) (b)

图11-11 公寓楼内声光控开关照明灯

图11-12 淋浴控制器

从节能管理角度出发，开展学生宿舍节约型校园建设宣传活动，倡导校园节约风尚。通过在宿舍公示电耗水耗数据、展开节电节水竞赛等方式，加强学生节约水电的意识，量化节约成果，并配套实施相关奖惩措施。加强学生超定额水电收费管理工作，各宿舍用电用水实行"一室一表"的分表计量，采用"定额使用，累计使用，超额收费"的用水用电二级管理、用电超额按规定电价收费等措施减少水电的损耗。将节能内容纳入学生宿舍住宿规定中，通过实施定时熄灯、晚间限时断电、插卡用水等措施，强化宿舍能耗管理。禁止在学生宿舍使用电炉、电暖气、电饭锅、热得快等电器。在节约水电宣传上，加大水电节能宣传教育力度，督促同学们养成从我做起的自觉行为。充分利用学校网站、宣传栏、发传单宣传等方式，在工作人员和学生中间深入开展水电节能宣教活动。每年都会开展一些节能政策教育和节能知识竞赛活动,增强师生的节能意识。重视对新生进行节约用水用电专题教育,包括开展类似"节能月"等活动。在各种活动中,树立典型、表彰先进,带领和影响广大学生崇尚节约、反对浪费,努力营造一种"浪费可耻,节约光荣"的宿舍文化氛围。公寓水电设施的及时维修也避免了水电的严重浪费。比如,坏掉的水龙头会造成"长流水"现象,厕所水箱坏了也会造成水流不止。工作人员对于水电管网设施的及时维护、维修、改造和查核、验收,相对减少了很多不必要的水电浪费。

水电节能建设是一项科学管理过程,人是最重要的因素,公寓中心始终坚持"以人为本,崇尚节约,反对浪费"的管理原则,使学生公寓节约型建设工作日臻完善。

5. 学生食堂

(1) 倡导节约粮食,反对浪费,制止不文明的就餐行为。

(2) 加强内部管理,从源头上节约和控制采购成本;对食堂员工严格要求,加强制度建设,强化操作程序,在清洗、烹调、消毒过程中,充分注重节约水、电、气等资源。

(3) 树立绿色环保理念。严禁使用一次性餐具、筷子、纸杯、塑料袋等,学校食堂不使用一次性用品(图 11-13),提供经高温严格消毒的餐具,节约资源。

(a)

(b)

图 11-13　学生食堂餐具

图 11-14　供水阀门安装电磁阀

图 11-15　智能卡表供水控制系统

自 2005 年以来，陆续在学生食堂、超市等场所安装了智能卡表供水控制系统。用水实行先买后用，当卡上余额不足时，电磁阀自动关闭，停止供水（图 11-14、图 11-15）。该节水控制系统的实施，促使相关部门建立健全了节水制度，有效地强化了广大师生的节水意识，效果显著。

6. 学生浴室

学生集中浴室是校园生活设施中的耗水耗能大户，为了节约自来水，山东建筑大学对每个淋浴头都安装了自动控制系统（图 11-16），用上 IC 卡水控机。学生每次洗浴可根据季节的不同、男生女生用水量的不同、按需用水，插卡取水，拔卡结账。此方法灵活方便，大大减少了自来水用量，也为学生节约了费用，从根本上避免了浪费水的现象。仅此一项，学校每年可节约自来水 3000m^3。

在山东建筑大学绿色校园的建设过程中，对校园一期工程建成的学生浴室进行了太阳能热水改造应用设计。该太阳能热水改造工程采用集中集热、集中供水、集中辅助加热的方式为学生浴室提供热水供应，并通过强制循环加热的方式使太阳能的利用达到最大化。整个太阳能热水系统由真空管连接式太阳能集热循环系统、防冻循环系统、自动补水系统、储热系统、控制系统和保温系统等多个子系统组合而成，并且对原有的燃煤锅炉供热系统进行了合理改造，利用燃煤锅炉作为辅助热源，降低了一次性设备投入。

图 11-16　沐浴头自动控制系统

太阳能热水系统集热器集中布置于浴室楼面上，根据学生浴室的日常使用需求，开放日每天可供 1500 人洗浴，每周开放 4 天。

11.2.3　废弃物管理与处置系统

1. 垃圾分类处理

山东建筑大学依据校园分区明确的特点，对教学区、宿舍区、后勤服务区等实行不同的垃圾分类收集措施。教学区的垃圾主要以废纸为主，因此实行分类收集、分楼层集中的回收模式；宿舍区的垃圾以废纸、玻璃、塑料和果皮为主，可回收部分超过 50%，且果皮等垃圾可用来堆肥，因此实行宿舍内分类、楼底集中的回收模式；食堂产生的垃圾比较单一，大部分是厨余垃圾和剩菜剩饭，产生量大且时间集中，因此实行单独收集、及时清运的处理方式；校园绿化垃圾主要包括园区植被落叶以及园林修剪的枝叶等有机垃圾，通过设置堆肥场的方式，将绿化垃圾集中堆肥处理，形成肥料清洁、无异味，又可重新用于绿化栽培，实现了绿化垃圾 100% 的循环。

校园的垃圾站选址隐蔽，并对周围环境进行了绿化景观设计，垃圾站内部设冲洗和排水设施。建立垃圾管理制度，保证存放的垃圾及时清运，不污染环境，不散发臭味，最大限度地减少了对园区环境的污染。

废旧资源（如废旧钢铁、废旧有色金属、废旧塑料、废纸、废旧轮胎、废旧电子设备和器材）应当再生利用。山东建筑大学经常开展资源循环利用活动，积极回收利用书籍、衣物、文具等。

2. 垃圾的管理

（1）制定科学合理的垃圾收集、运输与处理计划

在校园运行阶段，首先要考虑垃圾收集、运输等整体系统的合理规划，其次要制定有效的垃圾管理制度。垃圾管理制度包括垃圾管理运行操作手册、管理设施、管理经费、人员配备及机构分工、监督机制、定期的岗位业务培训和突发事件的应急反应处理系统等。

（2）垃圾容器

垃圾容器一般设在学校建筑出入口附近。对位于教学楼、办公楼、图书馆等学校公共建筑处的垃圾容器应做到分楼层、分区域合理布置，学校的道路两侧也应设置相当数量的垃圾容器，垃圾容器的数量、外观色彩及标志应符合垃圾分类收集的要求。垃圾容器分为固定式和移动式两种，其规格应符合国家有关标准。垃圾容器应选择美观与功能兼备，并且与周围景观相协调的产品，要求坚固耐用，不易倾倒（图11-17）。

（3）垃圾站的景观美化及环境卫生

学校内部垃圾站（间）的景观美化及环境卫生有利于提高学校的生活环境品质，垃圾站（间）设冲洗和排水设施，存放的垃圾应及时清运，做到不污染环境，不散发臭味。

（4）垃圾分类收集与处理

大学校园从开始建设到后期的运行会产生大量的建筑垃圾和生活垃圾，对垃圾进行分类收集，并通过分类的清运和回收使之分类处理或重新变成资源，有利于资源回收利用，同时便于处理有毒有害的物质，减少垃圾的处理量，减少运输和处理过程中的成本。

(a)

(b)

(c)

图11-17　校园内各式各样的垃圾容器（一）

(d)   (e)

图 11-17 校园内各式各样的垃圾容器（二）

11.3 宣传教育

11.3.1 课程与讲座

首先，从学科建设入手，以各院系所学专业为基础，将环境保护、可持续发展等节约理念的教育纳入学校课堂教学和科技实践，成为学生的必修课与基础课，培养学生具备环境意识和相关知识，倡导健康、文明、节俭、适度的生活理念，使节能成为每个师生的良好习惯和自觉行动。山东建筑大学作为建筑特色类高等学校，现已开设太阳能建筑一体化的新型太阳能建筑专业。这一新专业的开设，不仅对我国太阳能行业的快速发展起到一定的推动作用，更是响应了党的十七大号召，落实了党中央、国务院在新形势下作出的"建设节约型社会"的重大战略决策，加快了建设资源节约型、环境友好型社会的步伐。

其次，通过专题讲座、学科渗透、社会实践和环境意识普及等活动，加强宣传力度，让更多的学生参与其中，提高学生的环境保护意识。

最后，利用山东建筑大学的专业优势与人才优势，定期开展形式多样的以资源节约利用和环境保护为主要内容的专题讲座和观摩活动。山东高校节能工作现场会曾多次在山东建筑大学召开，会议的举办有效地利用了信息资源，传播和宣传了节约理念、节约科技和绿色校园建设活动，交流了绿色校园建设的经验。

11.3.2 科研与实践

利用山东建筑大学在规划设计、建筑结构、建筑材料和施工技术等方面的科研优势，进行绿色建筑规划、绿色建筑设计、绿色结构体系、绿色建材及绿色施工技术等方面的科学研究，将研究成果应用于绿色建设实践，通过示范项目扩大社会影响，促进社会的资源节约利用和环境保护理念发展。

通过山东建筑大学绿色校园的示范工程，让在校广大师生切实感受绿色校园带来的良好工作、学习、生活环境，成功地使校园变为了环境保护教育和可持续发展教育的基地。

山东建筑大学历来重视新能源建筑技术、尤其是太阳能建筑技术的研究和应用，并取得了较为丰硕的科研成果。其中"太阳能和浅层地热能在建筑中应用的关键技术开发与应用"获国家科技进步二等奖，"大学园区环境综合保障体系技术研究与开发"与"寒冷地区太阳能采暖技术应用研究"均获山东省科技进步一等奖。

"居住建筑中太阳能综合技术应用研究"获教育部科技进步二等奖，"山东农村中小学被动式太阳房设计与研究"先后获得省建设厅科技进步一等奖、山东省科技进步二等奖、建设部科技进步三等奖；"高校学生公寓节能设计与室内环境舒适度的研究"获山东省科技进步二等奖。学校在新校区大面积使用了太阳能技术，为推动节能减排创造了条件。设置太阳能利用集中区，将天健路和闵学路的一侧路灯替换为太阳能灯；高度重视太阳能热水技术的应用，对公共浴室、部分学生宿舍进行太阳能热水改造，尽量扩大集热面积，达到充分利用太阳能资源、减少运行费用、节能环保的目的。建成的山东省首座生态学生公寓，被评为建设部科技示范工程。

11.3.3 宣传与普及

山东建筑大学在校园中大力开展节约的教育和普及工作。通过校园报刊、广播、影视、网络等媒体，开展形式多样的绿色校园宣传活动，倡导良好的节约风气，形成建设绿色校园的舆论氛围。认真开展适应山东建筑大学实际情况的城市节约宣传周活动，在节约宣传周活动中，利用学校一切宣传工具进行节约用水宣传，加强全校职工及学生的节约用水意识。

充分利用网络资源优势，发挥网络便捷、灵活、双向互动、实时全交互的优点，创建节能网站，扩大绿色理念的宣传范围。通过设置绿色论坛、绿色社区等交流方式，促进师生环境保护意识和可持续发展理念的形成与发展。

在2008年12月中国城镇供水排水协会主办的全国高校节水工作经验展评会议上，山东建筑大学副校长作了《强化意识，扎实工作，将节水型校园建设推向深入》的典型发言。学校的《扩大中水利用，建设节约型校园》一文被收录至《全国高校节水经验交流材料汇编》中。经过专家认真评选，山东建筑大学获得"2008年全国城市节水工作示范校园"荣誉称号。

2008年7月12日，山东建筑大学学生参加了由山东省环境保护宣传中心主办、山东环境保护基金会承办、山东建筑大学协办的"迎绿色奥运，促节能减排，共建节约型校园"大学生演讲会。

开展了能源紧缺体验。每月在山东建筑大学开展一天无水无电的能源紧缺体验活动，让每一位师生员工真正体会到缺水缺电给人们生活带来的诸多不便，强化节能意识。

开展了城市节水宣传周、节能宣传周等活动。学工部、团委、学生会和学生社团积极组织学生开展或参与节约竞赛活动和社区节能宣传普及活动，制作分发节能节水宣传小册子，在校园和社区普及了节能节水科技知识。

大力推广使用中水。按照高质高用、低质低用的原则，减少自来水用量，对每一名学生确定每月用水指标，大力提倡景观用水、绿化浇灌、冲厕用水、道路冲刷用中水，最大限度地提高中水的利用率。

推广使用节能产品。鼓励和引导师生员工购买使用有节能产品认证标志的空调等电器，使用节能灯、节水水龙头，利用太阳能产品，减少能源消耗。培养自觉节约的习惯：晴朗的天气，室内尽量使用自然光照明，做到人走灯灭，杜绝白昼灯、长明灯；及时关闭办公设备和电器，减少待机能耗；使用感应水龙头，杜绝长流水；对损坏的用电用水设施及时维修更换。加强资源节约宣传和教育，树立"节约光荣，浪费可耻"的观念，培育校园节约文化。

加强校园节约文化建设，树立节约理念，普及节约科技。全员参与节约型校园建设，将节约理念贯彻到每个人的行为中。成立了节约型校园学生志愿者队伍，巡查、监督并制止校园的能源浪费现象。自觉执行室内空调采暖温湿度的节能设定，严格控制空调开启时间。开空调时不开门窗，提倡下班前半小时提早关闭空调。过渡季节尽量不开或少开空调，以开窗通风或使用电风扇为主。离开办公室前随手熄灯、人离关机。倡导减少私家车的使用，提高学校班车的满载率。提倡校园内使用自行车。公务用车采购小排量、低油耗、低排放车辆，按规定及时淘汰环保不达标、油耗高的车辆。倡导纸张耗材节约行为。节约用纸，推广无纸化办公，废纸重复利用，积极采用可再生纸。提倡双面用纸，减少打印复印次数，节约使用打印耗材。严格控制会议铺张浪费。减少或不使用精装请帖，避免礼品过度包装，减少或不使用校园横幅，积极使用电子显示屏及网站。

第 12 章 绿色大学校园综合评价体系

12.1 绿色大学评价体系简介

近年来,社会对环境保护和可持续发展给予了高度重视,国内大学也普遍加入到绿色大学创建活动中,特别是在 2008 年北京奥运会提出的"绿色奥运"理念的影响下,绿色大学建设进入了新一轮高潮。为使大学建设走绿色可持续发展道路,将期望和理想状态下的绿色大学变成现实,除了必要的前期绿色大学校园规划、设计和后期的建造及运营管理外,还必须对绿色大学建设全过程进行评价监督。实践证明,评价具有缩小认识差距、明确发展方向、营造竞争氛围、规范行为、建立反馈机制等重要功能,而制定评价标准又是做好评价工作的关键环节。因此,绿色大学评价体系是绿色大学建设的基础,该体系的建立能够为绿色大学建设提供科学的信息和数据,便于对整个校园绿色体系中的各因子进行定量和定性分析,客观反映出绿色大学的"绿色水平"。目前,国内外比较常用的绿色大学评价体系有生态足迹成分法评价体系和"绿色度"评价指标体系等,本节中将对这两种评价体系进行简要的介绍。

12.1.1 生态足迹成分法评价体系

国外绿色大学评价体系中比较常用的是生态足迹成分法评价体系。该体系是在 1998 年由 Simmons 和 Chambers 提出,并由 Lewis 和 Barett 进一步完善而成的。它以构成消费成分的单体测量为基础,适合于小单元对象的生态足迹计算,通过生态足迹计算来评价绿色大学的建设水平。

生态足迹成分法将生态生产性土地分为六类,分别是农耕地、牧草地、建设用地、林地、化石能源间接用地和水域,它的计算成分主要有能源、食物、垃圾、水、交通工具和纸张等。生态足迹法的计算过程分为四步:第一步,将需进行生态足迹成分计算的消费量通过其土地占用分类,转换成为获得该等量成分而需要的相应生态生产性土地面积;第二步,将为取得各成分消费量而占用的土地面积分别归类到六类用地中,并计算出六类土地中每一类土地的占用总量;第三步,将各类土地的占用总量乘以相应土地类别的等量因子,将得到的结果相加,最终得出一个以全球公顷为度量单位的土地占用总面积;第四步,将得到的土地占用总面积除以在校人数,就可以得出单位生态消耗强度。

因此,生态效率是评价绿色大学的基准。生态足迹成分法还可以对各组成成分进行单独计算,通过计算得出各组成成分在单位生态消耗强度中所占的百分比,通过百分比的数值对比,确定在绿色大学校园建设过程中如何进行改进。

12.1.2 "绿色度"评价指标体系

"绿色度"评价指标体系是国内常用的绿色大学评价体系之一,由陈文荣、张秋根于

2002 年提出并完善而成。该体系采用目标层、准则层、指标层三层结构,针对绿色教育、绿色校园、绿色科研、绿色实践、绿色办学五个方面进行指标评价,并将评价结果采用百分制权重加和法进行运算,将得到的数值与设立的五个等级权重加和分值进行比对,从而确定绿色大学的"绿色度"。

在"绿色度"评价指标体系三层结构中,第三层指标层为组成该评价体系的因子层,它们分别属于准则层中的相关指标,具体内容见表 12-1 所列。

绿色大学评价指标体系表　　　　　　　　表12-1

目标层	准则层	指标层
绿色大学绿色度 G	绿色教育 G_1	课程设置 G_{11}
		课堂渗透 G_{12}
		专题教育 G_{13}
		专题活动 G_{14}
		教育氛围 G_{15}
		师资力量 G_{16}
		教育效果 G_{17}
	绿色校园 G_2	生态园林景观 G_{21}
		绿化美化工程 G_{22}
		环境卫生状况 G_{23}
		污染控制措施 G_{24}
	绿色科研 G_3	绿色技术 G_{31}
		绿色项目 G_{32}
		绿色产品 G_{33}
	绿色实践 G_4	绿色课程实践 G_{41}
		绿色社会实践 G_{42}
	绿色办学 G_5	绿色教学 G_{51}
		绿色管理 G_{52}
		绿色机构 G_{53}
		绿色制度 G_{54}

在评价过程中,为取得评价结果的客观性与直观性,采用了百分制权重加和法。首先,邀请环境教育理论与方法学专家、园林绿化专家、环境质量评价专家、教育主管及部门管理官员等对评价大学进行实际调查,对所有指标进行打分(分值均为 100),并将最终得分进行加权平均,然后将标准分值除以 100 作为指标权重。其次,将指标层的评价指标单列,交由学校和教育部门的工作人员进行打分(分值为 100),然后利用公式计算:

$$G = \sum_{i=1}^{m}\sum_{j=1}^{n} W_{ij}\, G_{ij}$$

式中　　m——准则层指标数（$m=5$）；
　　　　n——每准则层下指标层指标数；
　　　　W_{ij}——指标层具体指标的权重；
　　　　G_{ij}——指标层具体指标的得分值。

由上式，可获得某大学的实际总分值 G，即得到该大学的绿色程度值。最后，通过与绿色大学绿色等级划分标准的对比，确定绿色大学的绿色度。表12-2为绿色大学绿色等级划分标准。另外，各分指标的数值 G_{ij} 可反映所评价大学进行绿色大学建设存在的问题和需改进之处。

绿色大学绿色等级划分标准　　　　表12-2

等级	非绿色	准绿色	浅绿色	绿色	深绿色
G值	0~20	20~40	40~60	60~80	80~100

12.2 分值星级评价体系建立的意义与启示

该评价体系涵盖了绿色大学校园规划、设计、建设、运营管理四方面内容，不仅可以对绿色大学校园进行评价，同时也可为绿色大学校园建设提供借鉴依据，通过四个方面对绿色大学校园进行定性与定量评价。以下内容为该评价体系在绿色大学校园建设各个方面的指导意义。

12.2.1 节地与室外环境

1. 场地的选择与规划

（1）选址与规划

首先，新建大学校园在选择建设用地时应严格遵守国家和地方的相关法律法规，保护建设用地现有的生态环境和自然资源，优先选择已开发且具有城市改造潜力的区域，提高土地使用效率。

其次，尽量选用废弃场地进行建设。通过改良，将荒地和废地变为建设用地，提高土地的使用效率，合理高效地利用现有的土地资源，提高环境质量。

再次，场地建设应不破坏当地的自然生态环境。在建设过程中应尽可能地维持原有场地的地形地貌，这样既可以减少由于场地平整所带来的建设投资的增加，也有利于减少因场地建设而对原有场地生态环境造成的破坏。

最后，应合理设置大学园区的交通系统。新建大学园区大多位于城市边缘地区，距离城市中心较远且占地面积较大。所以，应实行以步行、自行车、公交为主的出行模式，合理设置足够的自行车、机动车停车位,大学园区的主要出入口在规划中应与城市交通网络有机结合,出入口设置应方便在校师生充分利用城市公共交通网络。

(2) 场地安全

大学校园的建设用地是否安全是决定大学校园外部大环境是否安全的重要前提,因此,在建设用地的选择过程中应避开危险源。校园建设用地的选择应遵循以下几条原则:

1)大学校园选址应避开易泛滥的河川流域,避免将建设用地选在洪泛区、内涝区、古河道、干河滩等区域。同时,要考察当地的水文气象条件,校园的校址标高应满足防洪的要求,防汛能力达到《防洪标准》GB50201—1994 要求。

2)近年来的研究结果表明,因泥土或岩石中的自然物质裂变而释放的放射性气体——氡元素是无色无味的致癌物质,对人体健康有极大的危害。因此,在大学校园建设前应对选址进行土壤取样分析,检测选址地区是否有氡元素的存在,土壤中的氡元素浓度应低于国家《民用建筑工程室内环境污染控制规范》GB50325 中的规定值。

3)电磁辐射无色无味无形,且不易被人体察觉。其对人体有两种影响:一是电磁波的热效应,当人体吸收到一定量的时候就会出现高温生理反应;二是电磁波的非热效应,当电磁波长时间作用于人体时,就会出现如心率改变、健忘等生理反应。因此,绿色大学校园的选址区域应避免出现电视广播发射塔、雷达站、通信发射台及高压线等。如无法避免,应对产生电磁辐射的污染源进行屏蔽改造,使建设场地电磁辐射本底水平符合《电磁辐射防护规定》GB8702—1988 的要求。

4)易燃易爆物品存储建筑(油库、燃气站等)及有毒物质车间均有发生火灾、爆炸和毒气泄漏的可能,因此,绿色大学校园选址区域应避免出现此类建筑。

5)绿色大学校园选址周围不应存在于污染物排放超标的污染源,包括超标排放的燃煤锅炉房、垃圾站、垃圾处理场及其他工业项目等,这些污染源会污染场地内的大气环境,影响在校师生及工作人员的学习、工作和生活。

2. 室外环境设计

(1) 日照与采光

大学校园内建筑的室内外日照环境和天然采光直接影响室内环境的舒适度,良好的日照与采光会对在校学生的身心健康以及学习、生活产生积极的作用。所以,校园的选址首先要做到建设用地本身无自然地势的遮挡,其次是通过合理的校园整体规划与布局,使园区建筑之间无相互遮挡。

(2) 噪声控制

对于噪声的主动控制。应在大学校园建设项目可行性研究阶段进行环境噪声影响评价,对规划实施后的噪声进行预测,从声源、传播途径、保护对象等方面进行合理规划和布局,保证园区建筑满足区域环境噪声的要求:白天 $L_{Aeq} \leq 70dB$(A),夜间 $L_{Aeq} \leq 55dB$(A)。影响大学校园的噪声主要有交通噪声、建筑施工噪声及生活噪声等。

交通噪声主要是指机动车辆、飞机、火车和轮船等交通工具在运行时发出的声音,这些噪声的噪声源是流动的,干扰范围较大。因此,当校园紧邻城市交通主干道时,在校园规划过程中,应将教学区与学生宿舍远离城市交通主干道,且在校园与道路接壤区域进行种植绿化,形成声屏障。

建筑施工噪声主要指建筑施工现场产生的噪声。在施工中要大量使用各种动力机械，要进行挖掘、打洞、搅拌，要频繁地运输材料和构件，因此会产生很大的噪声。要避免此类噪声，在校园规划初期就必须对校园分期建设进行合理规划，将建设施工对学校的教学生活产生的影响降至最低。同时，对施工时间进行合理安排，避免学校的教学生活与施工建设产生矛盾。

生活噪声主要指学生在室外活动、体育比赛、社团集会、娱乐游戏等各种活动中产生的噪声。要消除生活噪声产生的影响，就必须在进行校园规划时充分考虑建筑功能和学生的生活作息制度这两个主要因素，将体育场馆、礼堂及室外活动区域远离教学区域，同时对各区域、各场馆控制开放时间。

(3) 风环境

校园建筑属于群体性建筑，应进行合理布局，否则这种群体性建筑易形成不良的区域性风气候，会造成局部区域气流不畅，在建筑周围形成旋涡和死角，使得污染物不能及时扩散，直接影响学生的身体健康。因此，绿色大学校园在规划初期应充分考虑选址区域的风环境特征，对规划后的校园建筑进行计算机风环境模拟，尽量减少校园建筑建成后对该区域原有风环境的改变。

此外，风环境还涉及建筑能耗。在夏季、过渡季节，自然通风对于建筑节能十分重要。大学校园室外风环境不良，在夏季可能阻碍室内外自然通风降温，影响室内舒适度；在冬季又可能增加围护结构的渗透风，而造成采暖能耗的提高。因此，设计良好的室外风环境也能够有效降低建筑能耗。

(4) 热环境

与城市有着类似区域群落生态系统特征的新建大学校园，在夏季极易受"热岛效应"的影响。因此，在大学校园的规划和初步设计阶段应按规划图纸设计的内容进行前期室外热环境舒适性的评价。

降低"热岛效应"对大学校园造成的影响途径如下：首先，要保护并维持建设用地原有的绿地、水体面积，即对建筑屋顶和墙面进行立体绿化；其次，加强园区自然通风，减小热岛强度；最后，控制园区的人口密度和建筑物密度，防止因密度过大形成的气温高值区。

(5) 绿化与景观

校园绿地应采用集中与分散、大与小相结合的布局方式，以适应不同使用对象的要求。并且，植物的配置也应该从生态角度来考虑，即要着重恢复和重建植物的多样性。校园绿化以保护校园中的自然植被为主，建立自然保护区域。应多种植乡土植物，加强绿地凋落和绿肥等的再循环利用。

3. 节地措施的应用

(1) 地下空间的利用

大学校园地下空间的开发利用必须遵循以下几点要求：①可持续性开发，不以牺牲环境为代价；②地下空间的开发利用必须与学校未来发展定位和社会发展趋势相结合；③坚持"人在地上，物在地下"的原则，充分利用地下空间作为公共活动场所、停车场、实验室或设备用房等；④各单体之间建立空间上的相互联系和协调，发挥整体功能优势；⑤地下空间应为营造积极的校园文化创造条件。

(2) 旧建筑的改造再利用

绿色大学校园建设应注意对选址区域尚可使用的旧建筑的保护和改造再利用，充分利用尚可使用的旧建筑，延长建筑的使用寿命，这既是节地的重要措施之一，也能防止资源的巨大浪费。对于旧建筑，可根据校园规划要求保留或改变其原有使用性质，纳入校园规划建设项目中。

12.2.2 大学校园节能与能源利用策略

1. 建筑热工节能设计

(1) 建筑的规划设计

校园建筑应根据选址的自然条件进行整体布局，建筑的节能规划设计应考虑日照、主导风向、夏季的自然通风、朝向等因素，而且建筑的总平面布置及建筑平、立、剖面形式和太阳辐射等也对建筑能耗有影响。建筑总平面的布置和设计应做到：迎风面尽量少开门窗或其他孔洞，处理好窗口和外墙的构造与保温，以使得在冬季，可减少作用在围护结构外表面的冷风渗透，最大限度地利用日照，多获得太阳辐射，降低能源的消耗；在夏季，最大限度地减少得热，并利用自然通风来冷却降温。

(2) 建筑围护结构的热工设计

绿色大学校园建筑的围护结构热工设计应符合或超过现行的节能设计标准的规定值。

1) 正确选择建筑节能材料体系。要达到建筑节能的效果，可根据不同建筑结构的具体要求选择不同的建筑节能材料体系。

2) 合理的窗墙面积比。在整个外围护结构中，提高外墙和屋面保温隔热效果的技术相对容易实现，并且增加的建筑成本有限。

3) 屋面保温。屋面的热损耗在建筑物外围护结构热损耗中约占20%左右，因此，在进行屋面保温设计时，应选用导热率低、重量轻、强度高的新型保温材料，适当增加保温层的厚度，降低保温层内的含水率，采用吸水率低的材料，可以采用新型生态型屋面，如排汽屋面、种植屋面等。

2. 采暖、通风和空调节能设计

(1) 提高集中采暖、空调系统冷热源的能效

大学校园建筑一般采用集中式采暖、通风和空调系统。在集中式空调采暖系统中，冷热源的能耗是空调采暖系统能耗的主体，冷热源的能源效率对节能有着至关重要的作用。建筑冷热源、照明、生活热水等部分能耗应实现分项和分区计量，通风空调系统在建筑部分负荷和部分空间利用时不降低能源利用效率，有效地实施建筑节能。

(2) 节能技术和措施的应用

大学校园建筑的节能水平直接影响全国的建筑节能发展，而且还将产生积极的示范作用。因此，大学校园建设应根据实际情况，选择适宜的绿色校园节能技术方案。

3. 绿色照明工程设计

校园的绿色照明工程是绿色大学校园建设的重要组成部分，照明节电已成为校园节能的重要方面。目前的照明节能潜力很大，一般节能方案均能达到节约20%~35%的目标。校园的绿色照明工程应采取以下措施：①选择优质的电光源；②选择节电的照明电器配件；

③安装照明系统节电器；④合理地选择照明线路；⑤合理地选择控制开关和充分利用自然光；⑥合理地选择照明方式；⑦合理地选择照度值；⑧加强照明用电管理。

4. 新能源与可再生能源利用

绿色大学校园建设中应重视新能源与可再生能源的利用，表12-3列出了新能源与可再生能源的利用方式。在绿色大学校园建设中应重点推广太阳能（光—热转换、光—电转换）、地热能、风能等可再生能源的利用。

新能源与可再生能源利用方式统计表　　　表12-3

利用方式	备注
太阳能利用技术	
1.太阳能发电	提供电量
2.太阳能采暖	提供热量
3.太阳能光利用	不含采光，但包括干燥、炊事等较高温用途热量的供给
4.太阳能热水	提供热量
5.太阳能吸收式制冷	提供冷量
地热利用技术	必须100%回灌
6.地热发电+梯级利用	提供电量和热量
7.地热梯级利用技术（地热直接采暖—热泵采暖联合利用）	提供热量
8.地热采暖技术	提供热量
风能利用技术	
9.风能发电技术	提供电量
生物质能利用技术	
10.生物质能发电	提供电量
11.生物质能转换热量利用	提供热量
其他新能源与可再生能源利用技术	
12.地源热泵技术	提供热量与冷量
13.污水源热泵技术	提供热量与冷量
14.湖水与河水水源热泵技术	提供热量与冷量
15.地下浅层水热泵	提供热量与冷量，必须100%回灌
16.地下水直接供冷	提供冷量，必须100%回灌
17.地道风空调	提供热量与冷量

12.2.3 大学校园节水与水资源利用策略

1. 水资源规划设计

水资源规划是绿色大学校园建设的重要内容之一，水资源规划应结合区域的给水排水、水资源、气候特点等客观环境状况进行设计，尽可能节约、回收、循环使用水资源，合理提高水资源利用率，减少市政供水量和污水排放量。对校园内的直接饮用水、生活用水、杂用水、景观及绿化用水等，应按照高质高用、低质低用的原则，推行分质供水。水系统规划方案包括用水定额的确定、用水量估算及水量平衡、给水排水系统设计、节水器具与非传统水源利用等内容。

2. 给水排水系统优化设计

（1）给水系统

绿色大学校园给水系统经规划、设计、建设完成后，水质应达到国家或行业规定的相应标准，应优先采用高效节能的给水系统。采用雨水、再生水等非传统水源，其非传统水源用作冲厕等杂用水的建筑，水质应符合《城市污水再生利用 城市杂用水水质》GB/T 18920—2002 的要求；用作景观环境用水的，水质应符合《城市污水再生利用 景观环境用水水质》GB/T 18921—2002 的要求。

（2）排水系统

绿色大学校园的排水系统应设有完善的污水收集和污水排放等设施，靠近或在市政排水管网服务区域的建筑，其生活污水可排入市政污水管网，纳入城市污水集中处理系统；远离或不能接入市政排水系统的污水，保证污水处理率和达标排放率达100%。

绿色大学校园的排水系统还应合理规划雨水排放渠道、回渗途径，保证排水渠道畅通，减少雨水受污染的几率，尽可能合理利用雨水资源。雨、污水的收集、处理及排放系统不应对校园周边人与环境产生负面影响。

冲厕废水与其他废水宜分开收集、排放，分质排水系统的目的就是将盥洗、洗浴等优质杂排水或杂排水经处理后用作杂用水，减少市政供水量和污水排放量，达到节约的目的。

（3）避免管网漏损

校园给水系统应采取有效措施避免和防止管道渗漏，减少优质水资源的浪费。室内、室外给水管道应合理选择管材，采取管道涂衬、管内衬软管、管内套管道等措施，选用性能高的阀门、零泄漏阀门等，合理设计供水压力，避免持续高压或压力骤变，做好管道基础处理和覆土，控制管道埋深，加强管道工程施工监督，把好施工质量关。

（4）施工用水管理

校园建设过程中的施工用水主要来自两个途径，一个是附近的市政给水管网，另一个是抽取地下水。无论施工用水来自何处，都要设置完善的给水措施，节约用水，并对用水进行计量。施工现场的雨水及地下水经沉淀后也可用作施工用水。同时，施工现场应设置临时排水设施。

3. 非传统水源的开发和利用

（1）规划非传统水源利用方案

非传统水源开发和利用是校园节水的重点。非传统水源主要指中水和雨水。此类水源可作为校园景观绿化用水、洗车用水、消防用水、浇洒道路用水等,应根据水源的不同特点合理利用。同时,应分别设置收集、处理与供水系统,水质应达到国家相关标准要求,不对校园公共卫生产生威胁。

(2) 中水开发与利用

中水主要用作室内冲厕、室外绿化、景观、道路浇洒及洗车用水。影响中水回用的关键因素有,费用、水质、回用对象和使用上的安全与方便等。中水回用应结合城市规划、建筑区域环境、城市中水设施管理办法、水量平衡等因素,根据校园项目的具体情况,确定水源、用水量及回用对象后,进行开发利用。校园周边有集中再生水厂的,首先采用市政再生水;没有集中再生水厂的,要根据学校建筑所在地区的中水设施建设管理办法或其他相关规定,确定是否进行再生水处理设施的建设。

(3) 雨水管理与利用

大学校园的地面、校舍屋面和体育场地等,面积较大、相对污染较轻,通过建立生态雨水综合利用系统,可将降落至校舍屋面、硬质地面上的雨水,通过雨水管、道路雨水口等汇集到雨水收集设备中,经沉淀处理后,可与中水系统相结合,回用作冲厕、洗车、消防、绿化及景观用水。直接进入绿地或通过透水性地面渗入地下的雨水,可补给地下水,减少地表面径流,防止水土流失。

(4) 海水利用

位于缺水的滨海、岛屿等沿海地区的大学,可考虑利用海水用于冲厕、冷却用水等。但是,海水利用要经过取水、前处理、消毒杀菌等环节,且海水含盐量较高,容易对管材和设备产生腐蚀作用。海水污水需要进行单独处理,所以在海水利用规划设计阶段应注意选用耐腐蚀管材,单独进行给水排水系统及污水处理系统设计。

4. 节水器具的应用

大学校园的居住建筑和公共建筑均应安装节水器具。学生宿舍宜选用加气节水龙头、陶瓷阀芯或停水自动关闭水龙头、感应式或脚踏式高效节水型卫生器具;教学楼、实验楼、图书馆等校园公共建筑宜选用延时自动关闭水龙头、感应式或脚踏式高校节水型卫生器具;学校浴室宜选用电磁式淋浴节水装置、自动感应冲洗装置、节水型淋浴喷嘴及节水型水龙头等;学校食堂可根据实际使用需要选择相应的节水器具。

12.2.4 大学校园节材与材料资源利用策略

1. 传统建筑材料的合理选择

在校园建设过程中,需从节材的角度对传统建材进行合理的选择。学校建筑多采用框架结构体系,以使用现浇混凝土为主。现浇混凝土既可以在现场搅拌,也可以在专门的混凝土搅拌站预先搅拌、再运输至浇筑地点。在绿色大学校园建设过程中,应优先选用预拌混凝土,在资金允许情况下应大量使用高性能混凝土和高强度钢材。混凝土与钢材的强度越高,其结构构件的尺寸、体积越小,其用料也会越少,基础工程相应节省。

2. 绿色建筑材料的合理选择

我国绿色建材虽然发展起步较晚,但在国家和社会各界的支持下得到了迅猛发展,国内市场出现了众多的绿色建材与绿色装饰材料。在绿色大学校园建设过程中,可根据校园建设实际情况，进行合理选择，以绿色建材及装饰材料替代传统建材与装饰材料。

3. 建筑材料的合理利用

在设计中，要控制造型要素中没有功能作用的装饰构件的大量应用。没有功能作用的装饰构件主要指：①不具备遮阳、导光、导风、载物、辅助绿化等作用的飘板、格栅和构架等；②单纯为追求标志性效果在屋顶等处设立的大型塔、曲面等异形构件；③女儿墙高度超过规范要求 2 倍以上。

选用的建筑材料，70% 应在距施工现场 500km 以内生产，其目的是鼓励使用当地生产的建筑材料，提高就地取材制成的建筑产品所占的比例。

4. 材料的再生利用

材料的再生利用就是鼓励在施工过程中最大限度地利用建设用地内拆除的或其他渠道收集到的旧建筑材料以及建筑施工和场地清理时产生的废弃物等资源，延长其使用周期，节约原材料，减少废弃物的产生，降低由于更新材料的生产及运输对环境所造成的影响。

5. 土建与装修一体化设计施工

绿色大学校园建筑的土建和装修一体化设计施工，要求建筑师进行土建和装修的一体化设计，加强建筑物内涵和表现的协调统一，加强建筑物的完整性。同时，由于土建和装修一体化设计施工，可以事先统一进行建筑构件上的孔洞预留和装修面层固定件的预埋，避免了在装修施工阶段对建筑构件的打凿、穿孔，既保证了结构的安全性，又减少了建筑垃圾。

6. 新型建筑结构体系的选用

目前，我国大学校园建筑中常采用钢筋混凝土结构体系，该体系造成了建造过程中消费成本的增加。钢结构比钢筋混凝土结构体系具有优势，钢结构体系的组成材料——钢材就是可循环利用的建筑材料，而且具有自重轻、基础省料、施工快捷和使用面积大的优点。

7. 提高建筑结构的耐久性

校园建筑结构耐久性的提高，不仅可以减少因旧建筑拆迁对环境造成的破坏，而且也避免了对资源的浪费，能够节约大量的资金投入到科研中，创造更大的经济和社会效益。同时，也有利于校园文化的延续。

12.2.5 大学校园室内环境质量保障策略

1. 室内声环境

（1）室内允许噪声级

室内噪声主要来自室内电器，而室外环境对室内噪声的影响时间更长、影响程度更大，主要是交通噪声、建筑施工噪声、商业噪声、工业噪声等。大学校园建筑中既有居住建筑又有公共建筑，因此，校园建筑在规划设计时应尽可能地远离室外噪声源，并且对室内噪声源进行有效控制。

（2）建筑的隔声减噪

阻隔外界噪声传入室内，要依靠提高外墙和外窗的空气声隔声性能。校园建筑中的教室、宿舍等房间对室内噪声等级有着严格的控制，这就要求在建筑设计、建造和设备系统设计、安装的过程中全程考虑建筑平面和空间功能的合理安排，并在设备系统设计、安装时就考虑对其引起的噪声与振动采取的控制手段和措施，从建筑设计上将对噪声敏感的房间远离噪声源，从噪声源开始实施控制。

2. 室内光环境

（1）日照

校园建筑的日照受地理位置、朝向、外部遮挡等许多外部条件的限制，尤其在冬季，太阳的高度角比较小，在建筑密集区域很容易形成互相遮挡。因此，在进行校园建筑规划设计时，应注意建筑的朝向、建筑之间的距离和相对位置、建筑内部功能平面的布置，通过精心的计算调整，使室内空间能够获得充足的日照。

（2）采光

天然光环境是人们长期习惯和喜爱的工作环境。各种光源的视觉试验结果表明，在同样照度的条件下，天然光的辨认能力优于人工光。自然采光的最大缺点就是不稳定和难以达到所要求的室内照度均匀度。因此，在建筑的高窗位置采取反光板、折光棱镜玻璃等措施不仅可以将更多的自然光线引入室内，而且可以改善室内自然采光形成照度的均匀性和稳定性。

（3）照明

良好、舒适的照明首先要求在参考平面上具有适当的照度水平，不但要满足视觉工作要求，而且要在整个建筑空间创造出舒适、健康的光环境气氛。室内照明质量的另一个重要因素是光源的显色性，以标准光源为准，将其显色指数定为100，其余光源的显色指数均低于100。校园建筑应根据其使用功能进行照明设计，在室内照度、统一眩光值、一般显色指数等方面满足《建筑照明设计标准》GB 50034—2004 中的有关规定。

3. 室内热舒适性

在进行室内热环境设计时，引用室内温度、湿度和气流速度三个参数评判室内环境的人体热舒适性，围护结构的热工设计符合《民用建筑热工设计规范》GB50176—1993 中的规定。

（1）自然通风

自然通风是实现节能和改善室内空气品质的重要手段，是提高室内热舒适性的重要途径。绿色大学校园建设应注重在建筑设计和构造设计中采取诱导气流、促进自然通风的措施，如导风墙、拔风烟囱、太阳能强化自然通风等，必要时还可以应用软件对建筑室内的自然通风效果进行模拟，根据模拟的结果对设计进行调整，以促进室内自然通风的效率。

（2）室内表面温度和防结露

校园建筑应符合《民用建筑热工设计规范》GB 50176—1993 对建筑围护结构热工设计的要求，采取合理的保温、隔热措施，减少围护结构热桥部位的传热损失，防止外墙和外窗等外围护结构内表面温度过低。

（3）采暖空调

校园建筑中面积较大的综合类建筑（如多功能厅、图书馆、礼堂等），是很难通过一般性的绿色技术措施来保证室内热环境的舒适度和室内空气品质的，还需要集中空调采暖系统的支持。其室内的温度、湿度、风速等参数应满足《公共建筑节能设计标准》GB50189—2005 中的相关设计要求。

4. 室内空气品质

(1) 室内空气污染物浓度的控制

在进行校园建设时,应严格按照《民用建筑工程室内环境污染控制规范》GB 50325—2010 的规定,有效控制室内的污染物浓度,从而保证在校人员的身体健康。

(2) 室内空气质量监控

在进行主要功能房间的设计和安装室内污染监控系统时,利用传感器对室内主要位置进行温湿度、二氧化碳、空气污染物浓度等数据的采集和分析。室内污染监控系统应能够将所采集的有关信息传输至计算机或监控平台,实现对室内空气质量的采集、数据存储、实时报警,对历史数据的分析、统计以及处理和调节控制等功能,保障室内良好的空气质量。

12.2.6 大学校园的运行与管理策略

1. 节能、节水与节材管理

(1) 制定节能、节水与节材的管理方案

绿色大学校园在运行阶段应进行节能、节水与节材的管理方案设计。节能管理方案主要包括:由学校成立的绿色校园建设管理委员会制定节能管理方案,交由学校物业实施;按照生活服务设施、行政办公设施、教学设施、实验设施、实习设施等类别实施分类建筑物能耗计量;建立学校各部门内部的节能管理机制。节水管理制度主要包括:按照高质高用、低质低用的梯级用水原则,制定节水方案。耗材管理制度主要包括:建立建筑、系统的维护制度,减少因维修带来的材料消耗。

(2) 选用节能的智能技术

在绿色大学校园运行阶段,采用智能化技术提高科学管理水平,能大幅度地节省运营期的能耗费用。在当前建筑节能工作中,对具体项目的能耗计量、能耗诊断与评估、能耗监测等进行动态管理也需要智能建筑技术的支持。

2. 绿化管理

(1) 制定绿化管理制度

绿化管理制度主要包括:对绿化用水进行计量,建立并完善节水型灌溉系统;规范杀虫剂、除草剂、化肥、农药等化学药品的使用,有效避免对土壤和地下水环境的损害。

(2) 采用无公害病虫防治技术

对树木、花灌木、绿篱和草坪及时修剪,及时做好树木病虫害预测、防治工作,做到树木无暴发性病虫害,保持草坪、地被的完整,保证树木有较高的成活率,发现危树、枯死树木作及时处理。同时,应加强预测预报,严格控制病虫害的传播和蔓延,增强病虫害防治工作的科学性,要坚持生物防治和化学防治相结合的方法,促进校园的绿色可持续发展。

3. 垃圾管理

(1) 制定科学合理的垃圾收集、运输与处理计划

在校园运行阶段,首先要考虑垃圾收集、运输等整体系统的合理规划,其次要制定有效的垃圾管理制度。垃圾管理制度包括:垃圾管理运行操作手册、管理设施、管理经费、人员配备及机构分工、监督机制、定期的岗位业务培训和突发事件的应急反应处理系统等。

(2) 垃圾容器

垃圾容器一般设在学校建筑出入口附近。对于教学楼、办公楼、图书馆等学校公共建筑处的垃圾容器应做到分楼层、分区域合理布置，学校的道路两侧也应设置相当数量的垃圾容器，垃圾容器的数量、外观色彩及标志应符合垃圾分类收集的要求。

(3) 垃圾站（间）的景观美化及环境卫生

学校内部垃圾站（间）的景观美化及环境卫生有利于提高学校的生活环境品质。垃圾站设冲洗和排水设施，存放的垃圾应及时清运，做到不污染环境，不散发臭味。

(4) 垃圾分类收集与处理

绿色大学校园从开始建设到后期的运行会产生大量的建筑垃圾和生活垃圾，对垃圾进行分类收集，并通过分类的清运和回收使之分类处理或重新变成资源，有利于资源回收利用，同时便于处理有毒有害的物质，减少垃圾的处理量，减少运输和处理过程中的成本。

4. 建立监管体系

(1) 组织建设

学校应成立由主要校级领导负责的绿色大学校园建设管理委员会，委员会应由能源管理、基建、房产、资产、设备、学工、团委等部门的负责人和相关专家组成，负责制定绿色大学校园建设工作的方针，指导绿色大学校园的建设工作，审核建设项目规划和节能、节地、节水、节材和保护环境的技术方案，为绿色大学校园建设工作的实施提供基本保障。绿色大学校园建设管理委员会应下设职能办公室。

(2) 制度建设

绿色大学校园的运行与管理是一项综合性的管理工作，科学性、技术性、政策性强，难度大，为了不影响学校教学、科研、生活的稳定与发展，应成立绿色大学校园建设管理委员会，还应建立和完善绿色大学校园运行和管理制度。高校应依据国家及地方的相关法规和建设标准等进行绿色大学校园的相关制度建设，实现绿色大学校园安全、长期、有效的运行。

12.3 山东建筑大学绿色校园的绿色综合评价

12.3.1 山东建筑大学绿色校园评价体系的选用

在对山东建筑大学绿色校园评价过程中，采用的是分值星级评价体系。该评价体系是通过借鉴已有的绿色大学评价体系和美国绿色建筑委员会（USGBC）颁发的 LEEDTM-NC2.2 版，将绿色大学校园构成模式策略进行分解，分解后的各项措施作为评价体系指标层中的各因子，并给予相应分值作为评价星级的参考基础。其中，准则层中的六个方面得分比例参照 LEEDTM-NC2.2 版中的六大体系分值比重进行设置，最终的评价结果分值等级也以 LEEDTM-NC2.2 版中的评价结果为依据，进行星级评价。该评价体系涵盖了绿色大学校园规划、设计、建设、运营管理四方面内容，不仅可以对绿色大学校园进行评价，同时也可以为绿色大学校园建设提供借鉴依据。

12.3.2 评价打分标准及格式

该绿色大学校园评价体系以《绿色建筑评价标准》为理论基础，以《高等学校节约型校园建设管理与技术导则》为参考依据，从绿色大学校园节地与室外环境、节能与能源利用、节水与水资源利用、节材与材料资源利用、室内环境质量和运行与管理六个方面进行评价。该体系共分为目标层、准则层、一级指标层和二级指标层四个层次（表12-4），通过这四层指标对绿色大学校园进行定性与定量的评价，基本做到了评价的客观性、全面性和代表性。

绿色大学校园分值星级评价体系表　　　　　　　　　　表12-4

目标层	准则层	一级指标层	二级指标层
绿色大学校园（100分）	节地与室外环境（20分）	场地选择与规划（4分）	选址与规划（2分）
			场地安全（2分）
		室外环境设计（10分）	日照与采光（2分）
			噪声控制（2分）
			风环境（2分）
			热环境（2分）
			绿化与景观（2分）
		节地措施应用（6分）	地下空间利用（3分）
			旧建筑改造利用（3分）
	节能与能源利用（25分）	建筑热工节能设计（6分）	建筑的规划设计（3分）
			围护结构热工设计（3分）
		采暖、通风及空调节能设计（5分）	提高设备能效（2分）
			节能技术及措施应用（3分）
		绿色照明工程设计（8分）	合理照明系统设计（2分）
			绿色照明设备应用（3分）
			节电智能控制技术（3分）
		非常规能源利用（6分）	可再生能源利用（3分）
			新能源利用（3分）
	节水与水资源利用（7分）	给水排水系统优化设计（2分）	给水系统优化设计（0.5分）
			排水系统优化设计（0.5分）
			避免管网损漏措施（0.5分）
			施工用水管理（0.5分）
		非传统水源开发利用（3分）	规划利用方案（0.5分）
			中水回收与利用（1分）
			雨水收集与利用（1分）
			其他水源利用（0.5分）
		节水措施应用（2分）	节水器具应用（1分）
			节水灌溉方式（1分）

续表

目标层	准则层	一级指标层	二级指标层
绿色大学校园（100分）	节材与材料资源利用（19分）	传统建材合理选择（3分）	预拌混凝土（1分）
			高强度混凝土（1分）
			高强度钢材（1分）
		绿色建材合理选择（10分）	生产原料来源（2分）
			生产过程低能耗（2分）
			生产过程无污染（2分）
			使用无危害（2分）
			可回收（2分）
		建材合理利用（2分）	减少无功能性构建（1分）
			运输路程短（1分）
		土建与装修一体化设计施工（2分）	制定一体化设计方案（1分）
			进行一体化施工（1分）
		建筑结构体系（2分）	新型结构体系应用（1分）
			建筑结构耐久性（1分）
	室内环境质量（22分）	室内声环境（4分）	室内允许噪声级（2分）
			建筑隔声减噪（2分）
		室内光环境（6分）	日照（2分）
			自然采光（2分）
			照明（2分）
		室内热环境（8分）	自然通风（3分）
			室内温度与防结露（3分）
			采暖空调设计（2分）
		室内空气品质（4分）	室内空气污染物浓度控制（2分）
			室内空气质量监控（2分）
	运行与管理（7分）	能耗管理（1分）	制定节约能耗管理制度（0.5分）
			智能节约能耗技术（0.5分）
		绿化管理（1分）	制定绿化管理制度（0.5分）
			无公害病虫防治技术（0.5分）
		垃圾管理（2分）	制定科学合理的垃圾收集、运输与处理管理制度（0.5分）
			垃圾容器合理布置（0.5分）
			垃圾站美化及环境卫生（0.5分）
			垃圾分类收集与处理（0.5分）

续表

目标层	准则层	一级指标层	二级指标层
绿色大学校园（100分）	运行与管理（7分）	组织建设（2分）	设有各级节约管理负责人（0.5分）
			设有校级专门机构和人员（0.5分）
			建立建设管理委员会（0.5分）
			运行人员素质状况（0.5分）
		宣传、教育、推广（1分）	课程与讲座（0.5分）
			宣传与推广（0.5分）

12.3.3 评价办法说明

在该评价体系的二级指标层中，各因子均可实行定性与定量分析。实行定性分析的因子可按照国家及地方出台的相关设计标准进行评价，达到或超过标准规定的为满分，不达标的为 0 分；实行定量分析的因子可采取是否应用于绿色大学校园建设为评价标准，采用的为满分，未采用为的 0 分。通过测定，若室外日平均热岛强度不高于 1.5℃ 得满分，高于 1.5℃ 得 0 分。

1. 节地与室外环境（20 分）

（1）场地选择与规划（4 分）

1）选址与规划（2 分）：优先选择可利用原市政基础场地，选用废弃场地，建设选址不破坏生态环境和自然资源，交通便捷。

2）场地安全（2 分）：选址无自然灾害、核辐射、电磁辐射、易燃易爆物品存储建筑、有毒物质车间、污染物排放超标的污染源。

（2）室外环境设计（10 分）

1）日照与采光（2 分）：自然地势无遮挡，建筑之间无遮挡。

2）噪声控制（2 分）：场地环境噪声符合《城市区域环境噪声标准》GB3096—1993 的规定。

3）风环境（2 分）：无不良的区域性风气候，室外风环境设计有利于建筑自然通风、行人行走。

4）热环境（2 分）：校园内日平均热岛强度不高于 1.5℃。

5）绿化与景观（2 分）：原有植被保护，绿化植物配置多样性，植被造景，校园内土地无裸露，绿地率高于国家标准要求。

（3）节地措施应用（6 分）

1）地下空间利用（3 分）：可持续性开发，遵循"人在地上，物在地下"、"人的长时间活动在地上，短时间活动在地下"的原则，促进校园文化发展。

2）旧建筑改造利用（3 分）：保留原有使用功能进行加固，改变使用功能重新改造设计。

2. 节能与能源利用（25 分）

（1）建筑热工节能设计（6 分）

1) 建筑的规划设计(3分)：规划设计考虑日照、主导风向、夏季的自然通风、朝向等因素。

2) 围护结构热工设计（3分）：正确选择保温材料，合理窗墙面积比与体型系数，墙体与屋面保温热工性能指标符合国家和地方建筑节能标准有关规定。

(2) 采暖、通风及空调节能设计（5分）

1) 提高设备能效（2分）：能效比符合《公共建筑节能设计标准》GB50189—2005 中的规定，能耗实行分项和分区计量。

2) 节能技术及措施应用（3分）：能源系统节能控制技术，使用热泵技术、采暖末端装置可调技术、新风处理及空调系统的余热回收技术、独立除湿空调节电技术、辐射型采暖空调末端装置节能技术，太阳能建筑一体化设计。

(3) 绿色照明工程设计（8分）

合理照明系统设计（2分），绿色照明设备应用（3分），节电智能控制技术（3分）。

(4) 非常规能源利用（6分）

1) 可再生能源利用（3分）：使用生物质能、太阳能、风能、小水电、地热能、海洋能等，使用量占建筑总能耗大于 5%。

2) 新能源利用（3分）：使用氢能、燃料电池等。

3. 节水与水资源利用（7分）

(1) 给水排水系统优化设计（2分）

1) 给水系统优化设计（0.5分）：符合《建筑给水排水设计规范》GB50015—2003 规定，杂用水水质符合《城市污水再生利用 城市杂用水水质》GB/T 18920—2002 要求，景观环境用水水质符合《城市污水再生利用 景观环境用水水质》GB/T 1891—2002 要求。

2) 排水系统优化设计（0.5分）：无法接入市政排水系统的校园污水处理率和达标排放率达 100%，合理规划雨水排放渠道回渗途径，冲厕废水与其他废水分开收集排放。

3) 避免管网损漏措施（0.5分）：室内、室外供水管道合理选择管材，采取管道涂衬、管内衬软管、管内套管道等措施，合理设计供水压力。

4) 施工用水管理（0.5分）：完善给水措施，节约用水，用水计量，利用雨水及地下水，施工现场应设置临时排水设施。

(2) 非传统水源开发利用（3分）

1) 规划利用方案（0.5分）：设计合理利用中水和雨水的规划方案，包括收集、处理、利用三个方面，且非传统水源利用率大于 60%。

2) 中水回收与利用（1分）：中水回用结合城市规划、建筑区域环境、城市中水设施管理办法、水量平衡等因素。

3) 雨水收集与利用（1分）：结合当地气象气候、地形地貌、水文地质及水资源等特点，确定收集与利用方式，利用透水措施补给地下水，地面透水率大于 0.5×（1－建筑覆盖率）。

4) 其他水源利用（0.5分）：滨海或岛屿地区的海水利用。

(3) 节水措施应用（2分）

1) 节水器具应用（1分）：选用加气节水龙头、陶瓷阀芯水龙头、感应式或脚踏式节水型卫生器具、延时自动关闭水龙头、电磁式淋浴节水装置、自动感应冲洗装置、节水型淋浴喷嘴等，节水率大于 25%。

2) 节水灌溉方式（1分）：绿化灌溉采用微灌、渗灌、低压管灌等节水灌溉方式，节水率大于10%。

4. 节材与材料资源利用（19分）

（1）传统建材合理选择（3分）

建筑材料中有害物质满足《室内装饰装修材料有害物质限量》GB18580～GB18588和《建筑材料放射性核素限量》GB6566的要求，选用预拌混凝土、高强度混凝土、高强度钢材。

（2）绿色建材合理选择（10分）

绿色建材生产原料来源于工农业或城市固态废物，绿色建材生产采用低能耗制造工艺和不污染环境的生产技术，使用的绿色建材不损害人体健康，有利于改善生活环境。

（3）建材合理利用（2分）

在建筑设计中，控制造型要素中没有功能作用的装饰构件的大量应用，选用的建筑材料70%应在距施工现场500km以内生产。

（4）土建与装修一体化设计施工（2分）

土建和装修的一体化设计、施工，室内装饰材料对室内空气质量影响符合《民用建筑工程室内环境污染控制规范》GB50325的要求。

（5）建筑结构体系（2分）

采用新型建筑结构体系，提高建筑结构的耐久性。

5. 室内环境质量（22分）

（1）室内声环境（4分）

1) 室内允许噪声级（2分）：建筑在规划设计时考虑远离噪声源，室内背景噪声应满足《民用建筑隔声设计规范》GBJ118中室内允许噪声标准一级要求。

2) 建筑隔声减噪（2分）：提高建筑围护结构的隔声性能，建筑外窗的隔声性能达到《建筑外窗空气声隔声性能分级及检测方法》GB8485—2008中Ⅱ级以上要求。

（2）室内光环境（6分）

1) 日照（2分）：建筑设计应注意朝向、建筑之间的距离和相对位置、建筑内平面的布置，通过计算调整，使室内空间能够获得充足的日照。

2) 自然采光（2分）：建筑室内采光满足《建筑采光设计标准》GB/T50033—2001要求，合理使用高窗位置的反光板、折光棱镜玻璃等措施引入更多自然光，保证75%以上建筑实现自然采光。

3) 照明（2分）：校园建筑室内照度、统一眩光值、一般显色指数等方面满足《建筑照明设计标准》GB 50034—2004中的有关规定。

（3）室内热环境（8分）

1) 自然通风（3分）：在建筑设计和构造设计中采取诱导气流、促进自然通风的措施，应用CFD软件对建筑室内的自然通风效果进行模拟，建筑自然通风保证率大于75%。

2) 室内温度和防结露（3分）：采取合理的保温、隔热措施，减少围护结构热桥的传热损失，建筑围护结构的热工设计符合《民用建筑热工设计规范》GB 50176—1993中的要求。

3) 采暖空调设计（2分）：选用新型节能空调设备降低能源消耗，采用集中空调的建筑，其室内的温度、湿度、风速等参数应满足《公共建筑节能设计标准》GB50189—2005 中的相关设计要求。

(4) 室内空气品质（4 分）

1) 室内空气污染物浓度控制（2 分）：选用环保建材和室内装饰材料，室内污染物浓度控制在《民用建筑工程室内环境污染控制规范》GB 50325 的规定值以下。

2) 室内空气质量监控（2 分）：在进行主要功能房间的设计和安装室内污染监控系统时，利用传感器进行温湿度、二氧化碳、空气污染物浓度等数据的采集和分析。检测进、排风设备的工作状态，并与室内空气污染监控系统关联。

6. 运行与管理（7 分）

(1) 能耗管理（1 分）

1) 制定节约能耗管理制度（0.5 分）：对生活服务设施、行政办公设施、教学设施、学科研究设施、实验设施、实习设施等实行能耗计量，制定节能、节水、节材管理制度。

2) 智能节约能耗技术（0.5 分）：对学校的耗能设备进行自动化运行控制，保证校园节能、节材与节水管理制度的实施。

(2) 绿化管理（1 分）

1) 制定绿化管理制度（0.5 分）：制定针对绿化用水、杀虫剂、除草剂、化肥、农药等的管理制度。

2) 无公害病虫防治技术（0.5 分）：对树木、花灌木、绿篱和草坪及时修剪，做好树木病虫害预测、防治工作，保持草坪、地被的完整，保证树木的成活率。

(3) 垃圾管理（2 分）

1) 制定科学合理的垃圾收集、运输与处理管理制度（0.5 分）：对垃圾收集、运输、处理进行合理规划，制定包括垃圾管理运行操作手册、管理设施、管理经费、人员配备及机构分工和监督机制等的管理制度。

2) 垃圾容器合理布置（0.5 分）：垃圾容器合理布置，数量、外观、色彩及标志符合垃圾分类收集的要求，且坚固耐用、不易倾倒。

3) 垃圾站美化及环境卫生（0.5 分）：针对校内垃圾站进行景观美化和保持环境卫生，垃圾站设冲洗和排水设施，存放的垃圾及时清运。

4) 垃圾分类收集与处理（0.5 分）：对大学校园从建设至运行产生的建筑垃圾和生活垃圾进行分类收集、运输、处理。

(4) 组织建设（2 分）

1) 设有各级节约管理负责人（0.5 分）：学校主管领导为校园节能工作的责任人，各院系、部门负责人为该部门单位能源管理和节能工作的最终责任人，并列入业绩考核内容。

2) 设有校级专门机构和人员（0.5 分）：由校级有关管理人员成立专门的绿色大学校园建设管理机构，全面负责绿色校园建设的具体职能工作。

3) 建立建设管理委员会（0.5 分）：成立由主管校级领导负责的绿色大学校园建设管理委员会。委员会可由能源管理、基建、资产、设备、学工、团委等职能部门的负责人和相关专家组成，负责制定绿色大学校园建设工作方针，指导绿色校园建设的工作，组织协调各院系、各部门的资源。

4）运行人员素质状况（0.5分）：包括空调、锅炉等用能系统运行人员的专业素质、技能水平、思想觉悟、工作态度等内容。

(5) 宣传、教育、推广（1分）

1）课程与讲座（0.5分）：从学科建设入手，将绿色教育纳入学生素质教学中，将环境保护、可持续发展等课程融入日常教学实践中，成为学生的必修课与基础课，培养学生的环境意识和相关知识。

2）宣传与推广（0.5分）：利用校园报刊、广播、影视、网络等媒体，开展绿色大学校园宣传活动，认真开展节水、节能宣传周等活动，普及节能、节水、节材和环境保护知识。

12.3.4 评价标准设定

在绿色大学校园评价过程中，通过校园建设实践内容与该绿色大学校园评价体系中二级指标各因子相比对，得出各因子相应得分。至于校园的星级评定，可将二级指标层中的各因子得分相加得到总分，将总分与分值星级评价标准（表12-5）进行比较，即可获得绿色大学校园星级。

分值星级绿色大学校园评价标准 表12-5

等级	非绿色	★	★★	★★★	★★★★
分值	<36	36~46	46~55	55~74	74~100

12.3.5 山东建筑大学绿色校园评价总分

根据绿色大学校园星级评价标准对山东建筑大学新校区绿色校园进行初步评价，结果表明，山东建筑大学新校区绿色等级为4星级，评价总分值为92分。见表12-6所列。

山东建筑大学校园分值评价表 表12-6

目标层	准则层	一级指标层	二级指标层
绿色大学校园（92分）	节地与室外环境（18分）	场地选择与规划（2分）	选址与规划（0分）
			场地安全（2分）
		室外环境设计（10分）	日照与采光（2分）
			噪声控制（2分）
			风环境（2分）
			热环境（2分）
			绿化与景观（2分）
		节地措施应用（6分）	地下空间利用（3分）
			旧建筑改造利用（3分）
	节能与能源利用（20.5分）	建筑热工节能设计（4.5分）	建筑的规划设计（3分）
			围护结构热工设计（1.5分）

续表

目标层	准则层	一级指标层	二级指标层
绿色大学校园（92分）	节能与能源利用（20.5分）	采暖、通风及空调节能设计（5分）	提高设备能效（2分）
			节能技术及措施应用（3分）
		绿色照明工程设计（8分）	合理照明系统设计（2分）
			绿色照明设备应用（3分）
			节电智能控制技术（3分）
		非常规能源利用（3分）	可再生能源利用（3分）
			新能源利用（0分）
	节水与水资源利用（6.5分）	给水排水系统优化设计（2分）	给水系统优化设计（0.5分）
			排水系统优化设计（0.5分）
			避免管网损漏措施（0.5分）
			施工用水管理（0.5分）
		非传统水源开发利用（2.5分）	规划利用方案（0.5分）
			中水回收与利用（1分）
			雨水收集与利用（1分）
			其他水源利用（0分）
		节水措施应用（2分）	节水器具应用（1分）
			节水灌溉方式（1分）
	节材与材料资源利用（19分）	传统建材合理选择（3分）	预拌混凝土（1分）
			高强度混凝土（1分）
			高强度钢材（1分）
		绿色建材合理选择（10分）	生产原料来源（2分）
			生产过程低能耗（2分）
			生产过程无污染（2分）
			使用无危害（2分）
			可回收（2分）
		建材合理利用（2分）	减少无功能性构建（1分）
			运输路程短（1分）
		土建与装修一体化设计施工（2分）	制定一体化设计方案（1分）
			进行一体化施工（1分）
		建筑结构体系（2分）	新型结构体系应用（1分）
			建筑结构耐久性（1分）

续表

目标层	准则层	一级指标层	二级指标层
绿色大学校园（92分）	室内环境质量（21分）	室内声环境（4分）	室内允许噪声级（2分）
			建筑隔声减噪（2分）
		室内光环境（6分）	日照（2分）
			自然采光（2分）
			照明（2分）
		室内热环境（8分）	自然通风（3分）
			室内温度与防结露（3分）
			采暖空调设计（2分）
		室内空气品质（3分）	室内空气污染物浓度控制（2分）
			室内空气质量监控（1分）
	运行与管理（7分）	能耗管理（1分）	制定节约能耗管理制度（0.5分）
			智能节约能耗技术（0.5分）
		绿化管理（1分）	制定绿化管理制度（0.5分）
			无公害病虫防治技术（0.5分）
		垃圾管理（2分）	制定科学合理的垃圾收集、运输与处理管理制度（0.5分）
			垃圾容器合理布置（0.5分）
			垃圾站美化及环境卫生（0.5分）
			垃圾分类收集与处理（0.5分）
		组织建设（2分）	设有各级节约管理负责人（0.5分）
			设有校级专门机构和人员（0.5分）
			建立建设管理委员会（0.5分）
			运行人员素质状况（0.5分）
		宣传、教育、推广（1分）	课程与讲座（0.5分）
			宣传与推广（0.5分）

参考文献

[1] 王崇杰，薛一冰等．生态学生公寓．北京：中国建筑工业出版社，2007．

[2] 王崇杰，薛一冰等．太阳能建筑设计．北京：中国建筑工业出版社，2007．

[3] 刘跃群，王强，刘卓炯．光源电器原理和应用技术 [M]．北京：化学工业出版社，2003．

[4] 陈涛．照明控制与自动化系统的完美结合——智能照明控制系统的再认识．照明工程学报，2003，14(3)：26-32．

[5] 刘军华，叶锋．照明控制系统的智能化发展趋势 [J]．2008．

[6] 余刚，冯林，吴振宇，孙志伟．一种多功能电子教室智能中央控制系统 [J]．电子技术应用，2001，(4)：31-33．

[7] 陈龙．智能建筑楼宇控制与系统集成技术 [M]．北京：中国建筑工业出版社，2004．

[8] 靳会清．热释电红外传感器原理及应用 [J]．煤炭技术，2008，(08)．

[9] Nordic VLSI ASA. Guidelines to low cost wireless system design[OB/OL]．http://www.nordicsemi.com，2004.

[10] 瞿贵荣．热释电红外传感器的结构原理及特性 [J]．家庭电子，2005，(08)．

[11] 尹应增．微波射频识别技术研究 [D]．西安：西安电子科技大学，2002．

[12] 李进东，范琴秀．射频识别技术的发展与应用 [J]．科技信息，2006，(01)．

[13] Rafael C. Gonzalez. Digital Image Processing (second Edition) [M]．北京：电子工业出版社，2004．

[14] 王雪文，张志勇．传感器原理及应用 [M]．北京：北京航空航天大学出版社，2004．

[15] 王俊峰，薛鸿德．现代遥控技术及应用 [M]．北京：人民邮电出版社，2005．

[16] 李一丹，丛望．电器控制原理及其应用 [M]．哈尔滨：哈尔滨工程大学出版社，1999．

[17] 高峰．单片机应用系统设计及使用技术 [M]．北京：机械工业出版社，2004．

[18] Quidway S8500 系列路由交换机安装手册．华为技术有限公司，2003．

[19] C&C08 数字程控交换机技术手册．华为技术有限公司．2002．

[20] 一卡通应用手册．广东三九智慧电子信息产业有限公司．2006．

[21] GST 火灾自动报警系统应用设计说明书．海湾安全技术股份有限公司．2008．

[22] 住房和城乡建设部．高等学校节约型校园建设管理与技术导则（试行）[S]．2008．

[23] 王崇杰，张蓓，何文晶，薛一冰，赵学义．绿色大学园区评价标准的构筑与实践 [J]．建筑学报，2007，(9)．

[24] 房涛．绿色大学校园的构成模式研究与实践——以山东建筑大学新校区建设为例 [D]．济南：山东建筑大学建筑与城市规划学院，2005．

[25] 山东建筑大学后勤处．后勤运行管理文稿汇编．2007．

[26] 鲁敏，李英杰．园林景观设计 [M]．北京：科学出版社，2005．

[27] 刘滨谊．现代景观规划设计．南京：东南大学出版社，1999．

[28] 戴志中，褚冬竹，肖晓丽．高校校前空间 [M]．南京：东南大学出版社，2004．

[29] 克莱尔·库珀·马库斯、卡罗琳·弗朗西斯，人性场所—城市开放空间设计导则 [M]．俞孔坚，孙鹏，王志芳等译．北京：中国建筑工业出版社，2001．

[30] 费曦强，高晋生.中国高校校园规划新特征.城市规划，2002，26（5）：33-37.

[31] 高晋生.当代高校校园规划要点提示.新建筑，2002（4）

[32] 李广贺、张旭、张思聪等.水资源利用与保护.第二版.北京：中国建筑工业出版社，2010.

[33] 金兆丰、徐竟成、余志荣等.城市污水回用技术手册.北京：化学工业出版社，2003.

[34] 给水排水设计手册.城镇给水.第二版.北京：中国建筑工业出版社.

[35] 韩庆祥，陈新华，郝志民等.悬浮填料流化床在小区中水工程中的应用.山东建筑工程学院学报，2005，20（1）：96-98.

[36] 汪慧贞，车武，胡家骏.浅议城市雨水渗透.给水排水，2001，27（12）：4—7.

[37] 孟德良，赵世明.城市雨水入渗系统的设计.给水排水，2006，32（6）：27—31.

[38] 建设部.绿色施工导则[S].建质[2007]223号.2007.

[39] 王宝申，杨健康，朱晓峰.绿色施工中存在的问题及对策.施工技术，2009，（6）

[40] 刘运武.抓绿色施工促管理创新.建筑施工，2009，（6）

[41] 周红艳.浅析绿色建筑的设计与施工.长春理工大学学报（高教版），2009，（5）